Lars Lewandowitz

Markenspezifische Auswahl, Parametrierung und Gestaltung der Produktgruppe Fahrerassistenzsysteme

Ein methodisches Rahmenwerk

Markenspezifische Auswahl, Parametrierung und Gestaltung der Produktgruppe Fahrerassistenzsysteme

Karlsruher Schriftenreihe Fahrzeugsystemtechnik
Band 9

Herausgeber
FAST Institut für Fahrzeugsystemtechnik
    Prof. Dr. rer. nat. Frank Gauterin
    Prof. Dr.-Ing. Marcus Geimer
    Prof. Dr.-Ing. Peter Gratzfeld
    Prof. Dr.-Ing. Frank Henning

Das Institut für Fahrzeugsystemtechnik besteht aus den eigenständigen Lehrstühlen für Bahnsystemtechnik, Fahrzeugtechnik, Leichtbautechnologie und Mobile Arbeitsmaschinen

Eine Übersicht über alle bisher in dieser Schriftenreihe erschienenen Bände finden Sie am Ende des Buchs.

Markenspezifische Auswahl, Parametrierung und Gestaltung der Produktgruppe Fahrerassistenzsysteme

Ein methodisches Rahmenwerk

von
Lars Lewandowitz

Dissertation, Karlsruher Institut für Technologie
Fakultät für Maschinenbau, 2011

Impressum

Karlsruher Institut für Technologie (KIT)
KIT Scientific Publishing
Straße am Forum 2
D-76131 Karlsruhe
www.ksp.kit.edu

KIT – Universität des Landes Baden-Württemberg und nationales
Forschungszentrum in der Helmholtz-Gemeinschaft

KIT Scientific Publishing 2012
Print on Demand

ISSN 1869-6058
ISBN 978-3-86644-701-1

Vorwort des Herausgebers

Die Fahrzeugtechnik ist gegenwärtig großen Veränderungen unterworfen. Klimawandel, die Verknappung einiger für den Fahrzeugbau und -betrieb benötigter Rohstoffe, globaler Wettbewerb und das rapide Wachstum großer Städte erfordern neue Mobilitätslösungen, die vielfach einer Neudefinition des Fahrzeugs gleich kommen. Die Forderungen nach Steigerung der Energieeffizienz, Emissionsreduktion, erhöhter Fahr- und Arbeitssicherheit, Benutzerfreundlichkeit und angemessenen Kosten finden ihre Antworten nicht aus der singulären Verbesserung einzelner technischer Elemente, sondern benötigen Systemverständnis und eine domänenübergreifende Optimierung der Lösungen.

Hierzu will die Karlsruher Schriftenreihe für Fahrzeugsystemtechnik einen Beitrag leisten. Für die Fahrzeuggattungen Pkw, Nfz, Mobile Arbeitsmaschinen und Bahnfahrzeuge werden Forschungsarbeiten vorgestellt, die Fahrzeugsystemtechnik auf vier Ebenen beleuchten: das Fahrzeug als komplexes mechatronisches System, die Fahrer-Fahrzeug-Interaktion, das Fahrzeug in Verkehr und Infrastruktur sowie das Fahrzeug in Gesellschaft und Umwelt.

Der vorliegende Band nimmt sich der Wechselwirkung zwischen Fahrzeug und Fahrer hinsichtlich einer Unterstützung durch Fahrerassistenzsysteme an. Sie versorgen den Fahrer mit Informationen, warnen ihn vor und in kritischen Situationen, ermöglichen dem Fahrer ein schnelleres Handeln und führen in zunehmendem Maße ohne sein Zutun das Fahrzeug autonom. Sie dienen dem Komfort, der Fahr- und Betriebssicherheit, der Energie- und Zeiteffizienz, neuerdings auch der Gesundheitsvorsorge während des Fahrvorgangs. Sie entlasten den Fahrer von seinen Aufgaben in den Bereichen der Navigation, der Fahrzeugführung und der Fahrzeugstabilisierung, bei der Überwachung des Fahrzeugzustands sowie beim Einsatz weiterer im Fahrzeug vorhandener Systeme, die nicht zur eigentlichen Fahraufgabe gehören wie etwa dem Telefon.

Aufgrund der Fülle der bereits verfügbaren und zukünftig zu erwartenden Fahrerassistenzsysteme ergibt sich die Notwendigkeit einer generischen, stets erweiterbaren Einbindung in die Fahrer-Fahrzeug-Schnittstelle. Ein einheitliches Interaktionskonzept zwischen Assistenzsystem und Fahrer ist erforderlich, um eine Überlastung des Fahrers zu vermeiden. Noch grundlegender stellt sich die Frage, welche Assistenzsysteme überhaupt sinnvollerweise in ein Fahrzeug zu integrieren sind und, wenn sie eingebunden werden, in welcher konkreten Ausprägung dies erfolgen soll. Letztlich münden die genannten Punkte jeweils in die Frage, welche Ausprägung von Assistenzsystemen für das Produkt Fahrzeug angemessen ist. Diese Frage lässt sich nicht für alle Fahrzeuge gleich beantworten sondern hängt von den Nutzererwartungen und der Nutzerakzeptanz ab, verlangt also nach einer breiten Systembetrachtung. Seitens der Fahrzeugkonzepte werden die Nutzererwartungen vor allem durch Fahrzeugklassen und Fahrzeugmarken erfüllt.

Mit diesem Fragenkomplex setzt sich Herr Lewandowitz in seiner Arbeit auseinander, indem er ein Rahmenwerk zur fahrzeugmarkenspezifischen Auswahl, Parametrierung und Gestaltung von Fahrerassistenzsystemen vorschlägt, konkrete Umsetzungsverfahren erarbeitet und diese exemplarisch anwendet.

Karlsruhe, im Juni 2011   Frank Gauterin

Markenspezifische Auswahl, Parametrierung und Gestaltung der Produktgruppe Fahrerassistenzsysteme

Ein methodisches Rahmenwerk

Zur Erlangung des akademischen Grades

Doktor der Ingenieurwissenschaften

von der Fakultät für Maschinenbau des

Karlsruher Instituts für Technologie (KIT)

genehmigte

Dissertation

von

Dipl.-Ing. Lars Lewandowitz

Tag der Vorlage:	22.03.2011
Tag der mündlichen Prüfung:	09.05.2011
Hauptreferent:	Prof. Dr. rer. nat. F. Gauterin
Korreferent:	o. Prof. Dr.-Ing. Dr. h. c. A. Albers

Kurzfassung

Die Arbeit identifiziert und adressiert den Bedarf für die Berücksichtigung markenspezifischer Aspekte während der Entwicklung und Integration von Fahrerassistenzsystemen in Personenkraftwagen. Zunächst werden die Sicherheits- und die wirtschaftliche Relevanz dieser Produktgruppe dargestellt und im Rahmen einer systemtheoretischen Analyse das Ziel einer gesteigerten Kundenakzeptanz hergeleitet. Um diesem zu entsprechen, folgt die Konzeption, Anwendung und empirische Evaluation eines Rahmenwerks, welches sich aus vier Verfahren zusammensetzt. Das Rahmenwerk erlaubt die markenspezifische Auswahl, Parametrierung und Gestaltung von Fahrerassistenzsystemen. Hierbei wird der Nutzer einerseits als Kunde mit akzeptanzbeeinflussenden Bedürfnissen, andererseits als informationsaufnehmende und -verarbeitende Instanz mit physiologischen und psychologischen Eigenschaften aufgefasst.

Durch diesen gesamtheitlichen Ansatz wird, im Gegensatz zu isolierten Betrachtungen, ein generischer Charakter der Ergebnisse erzeugt. Zusammenfassend werden die erstellten Verfahren diskutiert, in Modelle des Produktentstehungsprozesses eingebettet sowie deren Grenzen aufgezeigt. Die dadurch implizierten Empfehlungen für weiterführende Forschungsarbeiten werden abschließend benannt. In Summe leistet die Arbeit Beiträge zur Steigerung der Kundenakzeptanz von Fahrerassistenzsystemen in Personenkraftwagen. Diese kann zu erhöhter Durchdringung von Fahrzeugen mit den Systemen und Nutzung ihres Potenzials für die Verkehrssicherheit führen.

Abstract

This work identifies and addresses requirements for the consideration of brand-specific aspects during development and integration of driver assistance systems in passenger vehicles. Starting with an illustration of this product group's road traffic safety and economic potentials a systems engineering analysis is performed revealing the main goal of customer acceptance enhancement. A framework consisting of four procedures meeting this goal is conceived, utilized and evaluated empirically. It allows the brand-specific selection, parametrization and configuration of driver assistance systems. The user is regarded as a customer including needs which influence the product's acceptance on the one hand and as an information perceiving and processing entity with physiological and psychological properties on the other hand.

In contrast to isolated methods, this holistic approach leads to results with generic character. In a summary, the conceived procedures are discussed, linked to product development process models and analyzed regarding limitations. Finally, implied recommendations for future works are specified. Altogether, this work contributes to customer acceptance enhancement of driver assistance systems in passenger vehicles which can lead to increased equipment and thus to improved realization of their traffic safety potential.

Vorwort des Autors

In den zurückliegenden Jahren habe ich mit großem Interesse Danksagungen und Vorworte in zahllosen Dissertationen gelesen. Die unterschiedlichen Ausprägungen dessen sind so divers und spannend wie die Menschen selbst. Sie sind mal kreativ – durch die Thematisierung des „Reihenfolgedilemmas" bei der Nennung der unterstützenden Personen und Kreieren eines Buchstabensuchfeldes nach Kreuzworträtselvorbild als Lösung; mal herzlich-familiär – durch das Bedanken bei der Großmutter für den motivierenden Kuchen und dem eigenen Hund für die ablenkenden Momente; mal naturverbunden – durch die Verwendung einer Bienenstockmetapher zur Beschreibung des Arbeitsumfeldes; manchmal geradezu pathetisch – ein in diesen Tagen unrühmlich prominent gewordenes Beispiel spricht gar von einem „Kairos" (griechisch *kairós*; der für etwas entscheidende, günstige Augenblick), um den Moment der Fertigstellung des Werks zu beschreiben; und durch das Verwenden austauschbarer Standardformeln teilweise auch banal und lieblos. So sind Vorworte unterschiedlich amüsant zu lesen, allerdings scheint mir letztlich jede Danksagung eine gelungene, bei der die Botschaft des *Danke Sagens* die adressierten Personen erreicht. Diesem Ziel hoffe ich, mit den folgenden Zeilen zu entsprechen.

Das Hauptreferat meiner Arbeit haben Sie, Herr Prof. Gauterin, übernommen. Wir hatten zuvor – während der Zeit meines Studiums – keinerlei Kontakt, so dass ich den Vertrauensvorschuss sehr zu schätzen wusste. Ihre wissenschaftliche Betreuung habe ich als anspruchsvoll und die Effizienz des Zusammenarbeitens als hoch empfunden. Eine nicht immer sofort erzeugbare Einigkeit ist meines Erachtens absolut gewinnbringend und hilfreich, sofern die Meinungen im Verlauf der Bearbeitungszeit konvergieren. Genau so ist es meines Erachtens geschehen, wofür ich Ihnen herzlich danke. Auch das Ermöglichen des reibungsfreien organisatorischen Ablaufs soll nochmals betont sein – dies ist keineswegs eine Selbstverständlichkeit.

Als Sie, Herr Prof. Albers, das Korreferat meiner Arbeit angeboten bekamen, zögerten Sie keinen Moment und erklärten sich sofort dazu bereit. Korreferenten im Allgemeinen interpretieren eine solche Aufgabe sicher sehr unterschiedlich. Ihre Mischung aus Anspruch an die Dissertation und Vertrauen in Hauptreferenten und Doktoranden habe ich als ideal empfunden. Für Ihre offenen, hilfreichen Anregungen, die aktive Vernetzung zu verschiedenen Institutsmitarbeitern sowie das organisatorische Entgegenkommen danke ich Ihnen vielmals.

Für die unkomplizierte Übernahme des Prüfungsvorsitzes danke ich Ihnen, Frau Prof. Lanza, ebenso wie für das fachliche Interesse an meiner Arbeit und die Unterstützung im administrativen Teil des Promotionsverfahrens.

Herr Dr. Chatziastros, Sie haben als Mentor den gesamten Bearbeitungszeitraum meiner Dissertation begleitet. Ihr beeindruckendes fachliches und methodisches Wissen haben zweifellos zum Gelingen der Arbeit beigetragen. Die Inhalte unserer Diskussionen waren so vielfältig wie die Orte, an denen die Termine stattfanden und wir hätten nicht selten gern noch mehr Zeit für unsere stets interessanten Gespräche gehabt. Vielen Dank für Ihre Unterstützungen.

Die Bearbeitung meiner Dissertation erfolgte im Rahmen eines Vorentwicklungsprojekts der Dr. Ing. h. c. F. Porsche AG, dessen Zustandekommen vor allem Herr Dr. Richter ermöglicht hat. Für diese tolle Möglichkeit bin ich dir, Götz, sehr dankbar. Den Verlauf der Arbeit haben in erster Linie Herr Dr. Herdeg und Herr Eberhardt begleitet. Ihnen, Herr Dr. Herdeg, danke ich für das umfangreiche Vertrauen in meine Tätigkeiten und die so entstandene inhaltliche sowie organisatorische Freiheit. Dir, Stefan, danke ich herzlich für die umfassende inhaltliche Auseinandersetzung und den hohen Detailgrad unserer Diskussionen. Zudem möchte ich betonen, wie sehr ich den mir stets gewährten Spielraum bei der Ausrichtung meiner Arbeit zu schätzen wusste. Sämtlichen Kollegen der Elektrik / Elektronik Vorentwicklung möchte ich für die überaus angenehme Atmosphäre danken und behalte mir sehr gern vor, hin und wieder auf die Einladung zum gemeinsamen Mittagessen im Entwicklungszentrum Weissach zurückzukommen.

Die zahlreichen weiteren Unterstützer aus den Reihen der Porsche AG namentlich zu nennen, würde an dieser Stelle den Rahmen sprengen. Ich habe mich bemüht, meine Dankbarkeit bereits während und zum Abschluss der jeweiligen Zusammenarbeit deutlich zum Ausdruck zu bringen. Dies sei nochmals betont: ohne Sie und euch wäre die Arbeit in dieser Form nicht zu Stande gekommen – meinen herzlichen Dank dafür.

Ein hohes Maß an wertvoller Unterstützung erhielt ich außerdem von euch, liebe Studenten. Die Betreuung eurer Studien- bzw. Diplomarbeiten hat mir viel Freude bereitet und ich hatte zu jeder Zeit das Gefühl, gemeinsam an einem Strang zu ziehen. Euer Interesse und eure Leidenschaft für die Themen haben ganz maßgeblich zum Gesamtergebnis der Arbeit beigetragen. Vielen Dank Elmar, Eva, Hannes, Malte, Marat und Tim.

An den Lehrstühlen des Karlsruher Instituts für Technologie (KIT) habe ich mich vergleichsweise selten aufgehalten, fand dort jedoch stets eine bemerkenswerte Hilfsbereitschaft. Dies gilt bezüglich administrativer Belange ebenso wie bezüglich der Nutzung von Instituteinrichtungen. Den Mitarbeitern des FAST – Institut für Fahrzeugsystemtechnik sowie des IPEK – Institut für Produktentstehung danke ich dafür vielmals.

Die vorliegende Arbeit besitzt einen stark empirisch geprägten Charakter. Dieser wurde ermöglicht durch die insgesamt 763 Versuchs- und Befragungsteilnehmer. Das Verhältnis war zumeist anonym, meine Dankbarkeit für die Teilnahmebereitschaft dennoch groß.

Ferner möchte ich euch, den Doktoranden des internen und externen Netzwerks, danken. Unser fachlicher und persönlicher Austausch sowie die Schreib- und bisweilen auch Leidensgemeinschaften werden mir ebenso in toller Erinnerung bleiben wie die gemeinsamen Events in kleinem oder großem Rahmen, von denen es sicher auch in Zukunft noch einige geben wird.

Die abschließenden Worte möchte ich meinen Liebsten widmen. Meine Eltern und meine Schwester haben mich immer, in jeder Lebenslage und in jeder Hinsicht unterstützt. Euch danke ich von ganzem Herzen für alles.

Meinen lieben Freundinnen und Freunden, die mich begleiten, sage ich danke, dass ihr immer und bedingungslos da seid. Sir Peter Ustinov hat es einmal ähnlich formuliert und ich bin mir sicher, es trifft für uns ebenso zu: *Jetzt* sind die guten alten Zeiten, von denen wir später einmal mit großer Begeisterung und vielleicht sogar ein bisschen Wehmut erzählen werden.

Berlin, im Juni 2011   Lars Lewandowitz

Inhalt

1 Einleitung und Motivation

Fahrerassistenzsysteme (FAS) können den Fahrzeugführer in verschiedensten Situationen bei der Ausübung seiner Fahraufgabe unterstützen und zu einer Steigerung der Straßenverkehrssicherheit und des Komforts beitragen. Sie können somit hinsichtlich der Unfallvermeidung sowie hinsichtlich deren kommerziellen Potenzials betrachtet werden. Eine Vielzahl von Veröffentlichungen belegt einerseits die Chance einer Reduktion der Zahl getöteter und verletzter Personen im Straßenverkehr durch FAS, andererseits deren aktuelles und prognostiziertes Marktvolumen. In der Literatur zu diesem Thema wird nahezu standardmäßig das von der Europäischen Union erklärte Ziel aufgeführt, zwischen 2002 und 2010 eine Reduktion der Verkehrstotenzahl um 50 % zu erwirken, wozu Maßnahmen der aktiven Fahrzeugsicherheit entscheidend beitragen sollen (European Commission 2001). Bis einschließlich 2009 wurde zwar lediglich eine Reduktion um 36 % erreicht und so das ursprüngliche Ziel verfehlt (Destatis 2010*b*), allerdings sind die ca. 20 000 geretteten Leben ein ausgesprochen wertvoller Erfolg. Bezüglich der Marktrelevanz von FAS ist ein in den letzten Jahren steigender absoluter und relativer Wertanteil in Neuwagen zu beobachten, dessen Fortgang auch für die Zukunft erwartet wird (Baum & Grawenhoff 2006). Im Gegensatz zu reinen Fahrerinformationssystemen (z. B. Navigationssysteme) besteht bezüglich aktiver FAS nicht bzw. deutlich weniger eine Bedrohung durch Substitutionsprodukte, wie mobile Navigationsendgeräte („Nomadic Devices"). Auch aus diesem Grund kann von einer zukünftig hohen Marktrelevanz ausgegangen werden. Die angesprochenen Potenziale werden im Kapitel zum Stand der Forschung (Kapitel 2) ausführlich beleuchtet und quantifiziert.

Bisher werden die sicherheitstechnische und kommerzielle Dimension der Produktgruppe Fahrerassistenz häufig getrennt voneinander betrachtet. Dies ist teilweise in den unterschiedlichen Wissenschaftsdisziplinen begründet, welche sich mit den jeweiligen Themen befassen. Zwar werden die Betrachtungen bezüglich beider Themen interdisziplinär vorgenommen, jedoch befindet sich der Sicherheitsaspekt im Gebiet von Ingenieurwissenschaft und Psychologie, der kommerzielle in der Ingenieur- und Wirtschafts-wissenschaft sowie teilweise Psychologie. Im ersten Fall wird der Fahrzeugführer vornehmlich als Instanz verstanden, bei welcher die menschliche Aufnahme und Verarbeitung von Fahrzeugrückmeldungen im Fokus stehen. Im zweiten Fall wird der Fahrzeugführer vor allem als Kunde adressiert. Es werden Fragen nach Bedürfnissen und Werten gestellt, welche die Akzeptanz und Kaufentscheidung von FAS beeinflussen.

Die vorliegende Arbeit leistet einen Beitrag zur Verknüpfung beider Dimensionen. Eine optimale Nutzung der Sicherheitspotenziale von FAS zur Unfallvermeidung soll erfolgen, indem der Fahrzeugführer als Informationsverarbeiter sowie als Kunde gleichermaßen aufgefasst und berücksichtigt wird. Ergonomisch optimierte FAS, welche von Kunden nicht akzeptiert werden, sind ebenso unzweckmäßig wie FAS, die ein Verkaufserfolg sind, deren Rückmeldungen in sicherheitskritischen Situationen vom Fahrzeugführer jedoch nicht oder nicht schnell und präzise genug verstanden werden. Um die angestrebte Verknüpfung der Dimensionen zu erwirken und zu strukturieren, werden zusätzlich zu den oben genannten Disziplinen Ansätze aus der System- und Produktentwicklungstheorie verwendet. Das entstehende Gesamtrahmenwerk besitzt dadurch einen generischen Charakter, was „in allgemeingültigem Sinne" bedeutet (Duden 2009). Durch diese Bezeichnung soll die umfassende Berücksichtigung des Menschen in seiner Rolle als Fahrzeugführer sowie als Kunde gleichermaßen betont werden. Zusätzlich wird der Anspruch einer FAS-übergreifenden Anwendung des zu konzipierenden Rahmenwerks ausgedrückt, d. h., es erfolgt keine Beschränkung auf bestimmte Systeme oder Systemgruppen, wodurch allgemeine Anwendbarkeit gewährleistet wird.

Die Struktur dieser Arbeit (Abbildung 1.1) spiegelt durch die verschiedenen Unter-kapitel der Grundlagen in Kapitel 2 die multidisziplinäre Ausrichtung wider. Es werden FAS allgemein, Human Factors inklusive psychologischer Modelle der Informationsaufnahme und -verarbeitung, Grundlagen der Systemtheorie, der Produktentstehung inklusive Marketing sowie wissenschaftstheoretische Ausführungen behandelt. Darauf basierend erfolgen eine systemtheoretische Situationsanalyse und das Ableiten der Zielsetzung dieser Arbeit in Kapitel 3. Hierbei wird ausführlich der Bedarf für eine übergreifende Betrachtungsweise hergeleitet und ein diesen Bedarf adressierendes Rahmenwerk entwickelt, welches aus vier Verfahren besteht. Diese werden innerhalb der Kapitel 4

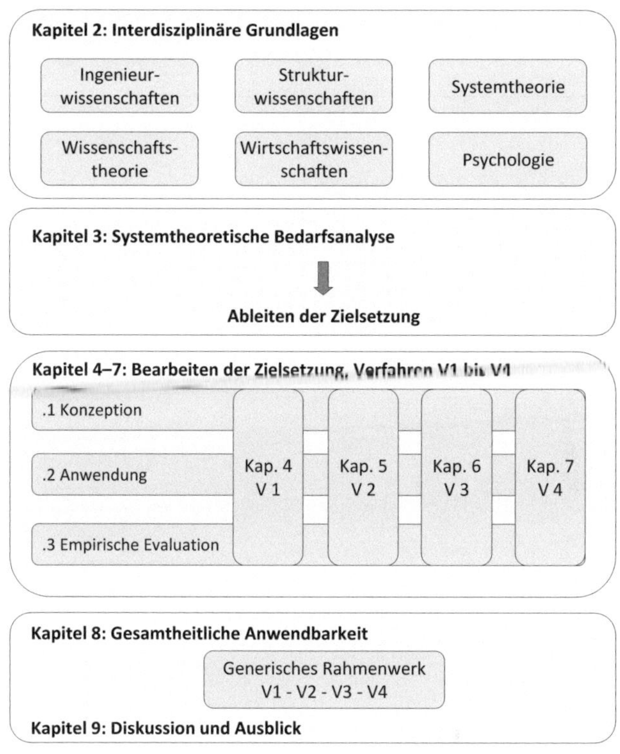

Abb. 1.1: Struktur der Arbeit

bis 7 einzeln konzipiert, beispielhaft angewendet sowie empirisch validiert und abschließend diskutiert. In Kapitel 8 erfolgen zusammenfassend Überlegungen zur gesamtheitlichen Anwendbarkeit des Rahmenwerks. Hierbei wird ein Rückbezug auf den generischen Anspruch und die systemtheoretische Analyse vorgenommen. Abschließend werden Übertragbarkeit und Grenzen des Rahmenwerks diskutiert sowie Empfehlungen für anschließende Forschung ausgesprochen.

Die empirischen Validierungen erfolgen zum großen Teil am Beispiel der Dr. Ing. h. c. F. Porsche AG und werden davon ausgehend verallgemeinert. In seiner Gesamtheit kann das generische Rahmenwerk dieser Arbeit einen Beitrag zur Erhöhung der Verkehrssicherheit durch FAS und der Kundenakzeptanz dieser Produktgruppe leisten.

2 Stand der Forschung

In diesem Kapitel finden sich zunächst Ausführungen zum Wissensstand bezüglich der Produktgruppe Fahrerassistenzsysteme. Um dem Ziel des gesamtheitlichen Betrachtens von FAS und der zugehörigen Mensch-Maschine-Schnittstelle (HMI) zu entsprechen, werden zusätzlich Aspekte des Produktentstehungsprozesses und des Marketings sowie der System- und Wissenschaftstheorie dargestellt. Insgesamt vermittelt dieses Kapitel relevantes Grundlagenwissen für die Ableitung der Zielstellung sowie die spätere Konzepterstellung und -validierung. Dieser Aufbau repräsentiert den multidisziplinären Charakter der vorliegenden Arbeit.

2.1 Fahrerassistenzsysteme (FAS)

In diesem Abschnitt werden bezüglich FAS notwendige Definitionen, ein Überblick zu konkreten Ausführungen und Produkten, Kategorisierungen sowie die Bedeutsamkeit und Relevanz dieser Systeme detailliert besprochen. Laut Duden ist ein *Fahrer* „jmd., der fährt, ein Fahrzeug führt", *Assistenz* bedeutet „Beistand, Mithilfe" und ein *System* wird in diesem Zusammenhang als eine „Einheit aus technischen Anlagen, Bauelementen, die eine gemeinsame Funktion haben", definiert (Duden 2009). Für das allgemeine Konstrukt Assistenz werden mit dem Ziel eines einheitlichen und gemeinsamen definitorischen Verständnisses in der Taxonomie nach Wandke (2005) die folgenden Unterstützungsstufen genannt:

- Motiv- und Zielbildung,
- Informationsaufnahme,
- Informationsanalyse und -integration, Situationserkennung,
- Entscheidung: Auswahl einer Aktion – was ist zu tun?,
- Aktionsausführung: Wie ist es zu tun?,
- Effektkontrolle: Was ist passiert? Wie war der Erfolg?

Streng diesen Definitionen folgend stellen mit Blick auf Pkw bereits die automatische Blinkerrückstellung oder der Tachometer Fahrerassistenzsysteme dar (Maurer 2009). In der Tat wurden bereits Anfang des 20. Jahrhunderts mit dem Einsatz elektrisch betriebener Scheibenwischer in Pkw erste HMI-bezogene Diskussionen bezüglich dieser „Fahrerassistenzsysteme" geführt. Es wurde befürchtet, die Fahrer könnten durch die monotone Bewegung vor ihren Augen hypnotisiert werden (Rößger 2010).

Eine spezifischere und zeitgemäßere Charakterisierung aktiver FAS erfolgt nach Response 3 (2006) gemäß der folgenden Aspekte:

- Unterstützung des Fahrers bei der primären Fahraufgabe,
- aktive Unterstützung der Längs- und Querführung mit oder ohne Warnungen,
- Sensieren und Bewerten der Fahrzeugumgebung,
- Verwenden komplexer Signalverarbeitung,
- direkte Interaktion zwischen dem Fahrer und dem System.

Zusammenfassend definiert Stiller (2007): „So genannte *Fahrerassistenzsysteme* nehmen die Fahrzeugumgebung sensoriell wahr und generieren aus der Interpretation der aktuellen Situation heraus angemessenes automatisches Handeln." Im Rahmen der vorliegenden Arbeit soll diese kompakte Definition um die Aspekte der Wahrnehmung auch des eigenen Fahrzeugs sowie des Zustandes und der Handlungen des Fahrers erweitert werden.

Die im Jahr 2006 gestartete Kampagne „Bester Beifahrer" des Deutschen Verkehrssicherheitsrats e. V. (DVR) möchte Aufklärungsarbeit bezüglich der Unfallminderung und -vermeidung mithilfe von FAS leisten. Folglich ist im Glossar in Deutscher Verkehrssicherheitsrat e. V. (2008) der Begriff *Fahrerassistenzsysteme* beschrieben als „Überbegriff für Komponenten, die den Fahrer unterstützen – die besten Beifahrer eben." Diesen Aspekt des gemeinsamen Wirkens von Fahrer und Assistenzsystem beleuchtet Tabelle 2.1 detaillierter.

Wie zu erkennen, ist der menschliche Fahrzeugführer dem Assistenzsystem vor allem bezüglich Situationsinterpretation und Improvisationsvermögen sowie Fehlertoleranz und Verantwortungsbewusstsein überlegen. Die technischen FAS bieten eine höhere Performanz hinsichtlich Dauerbelastung sowie der parallelen Verarbeitung mehrerer Informationen. Die Auflistung der Stärken und Schwächen ist nicht vollständig und

Tab. 2.1: Stärken und Schwächen von Fahrer und FAS (Brasseur 2005)

Stärken / Schwächen	Fahrer	FAS	Fahrer & FAS
Dauerbelastung	o	++	++
Reaktionsfähigkeit	+	+	++
Improvisation auf Unvorhergesehenes	+	-	+
Fehlertoleranz	++	o	++
Schnelle Interpretation von Situationen	++	o	++
Parallele Verarbeitung vieler Informationen	o	++	++
Verantwortungsbewusstsein	++	-	++

könnte um Punkte wie beispielsweise Präzision einer Handlungsausführung ergänzt werden. Die zentrale Aussage ist allgemeinerer Natur und sei an dieser Stelle betont – nur die Kombination der Stärken von Fahrer und FAS führt zur höchsten Performanz und somit besten Sicherheit im Straßenverkehr.

2.1.1 Überblick

Im Anschluss an die begriffliche Definition soll nun ein kurzer Überblick aktueller Fahrerassistenzsysteme erfolgen. Eine Auflistung dieser inklusive gebräuchlicher Abkürzungen ist in Tabelle 2.2 zu finden. Diese Fülle an verfügbaren Assistenzfunktionen im Fahrzeugbereich hat verschiedene Implikationen. Zum einen muss seitens des Automobilherstellers (Original Equipment Manufacturer, OEM) eine sorgfältige Auswahl der in die Serienfahrzeuge zu integrierenden Funktionen erfolgen. Zum anderen besteht bei einer steigenden Anzahl von Systemen mit aktivem Zugriff auf die Mensch-Maschine-Schnittstelle im Fahrzeug die Gefahr einer auf den Fahrer zurollenden „Informationslawine". Zur Bewältigung der beschriebenen Herausforderungen stellt die vorliegende Arbeit, wie in Kapitel 3 ausführlich erklärt wird, ein Rahmenwerk bereit. Im folgenden Abschnitt wird eine Auswahl der in Serie verfügbaren und am weitesten verbreiteten Systeme exemplarisch vorgestellt.

Abstandsregeltempomat, Adaptive Cruise Control (ACC)

Der Abstandsregeltempomat (Abbildung 2.1) passt die Geschwindigkeit des eigenen Fahrzeugs automatisiert an den Verkehrsfluss an, indem er die Verkehrssituation vor dem Fahrzeug überwacht. Auf Basis einer ständigen Kontrolle der Geschwindigkeiten

Tab. 2.2: Übersicht aktueller Fahrerassistenzsysteme

Deutsche Bezeichnung	Englische Bezeichnung	Abkürzung
Abbiegeassistent	Turn Assistant	-
Abstandsregeltempomat	Adaptive Cruise Control	ACC
Abstandswarner	Distance Warning	-
Adaptive Lichtsysteme	Intelligent Light	-
Ampelassistent	Traffic Light Assistant	TLA
Automatischer Notruf	Automatic Emergency Call	eCall
Automatisches Fahren	Autonomous Driving	-
Bergabfahrhilfe	Hill Descent Control	HDC
Einparkassistent	Park Distance Control	PDC
Elektronisches Stabilitätsprogramm	Electronic Stability Control	ESP / ESC
Energieeffizientes ACC	Green ACC	-
Fahrdynamischer Sitz	Active Driver Seat	-
Fahrerzustands-/-müdigkeitserkennung	Driver Drowsiness Detection	-
Fahrzeug-Umfeldkommunikation	-	Car2X
Fußgängererkennung	Pedestrian Recognition	-
Kollisionswarnung / autom. Notbremsung	Collision Warning / Collision Mitigation	ANB / CW/CM
Kreuzungsassistent	Intersection Assistance	-
Nachtsicht	Night Vision	NV
Reifendruckkontrolle	Tire Pressure Warning	RDK
Spurhalteassistent	Lane Keeping Assist	LKA
Spurverlassenswarnung	Lane Departure Warning	LDW
Spurwechselassistent	Lane Change Assistant	SWA / LCA
Totwinkelüberwachung	Blind Spot Detection	BSD
Überholassistent	Overtake Assistant	-
Verkehrszeichenanzeige	Traffic Sign Recognition	VZA / TSR

Abb. 2.1: Abstandsregeltempomat, Adaptive Cruise Control (ACC) (Deutscher Verkehrssicherheitsrat e. V. 2007)

und des Abstands zu anderen Verkehrsteilnehmern mithilfe von Sensoren, wird der Pkw beschleunigt oder abgebremst, bei aktuellen Umsetzungen bis in den Fahrzeugstillstand. Der ACC-Sensor zeichnet Informationen auf, die in kritischen Fahrsituationen eine Fahrzeugverzögerung von bis zu 40 % des maximal möglichen Wertes veranlassen können. Berechnet das ACC-Steuergerät die maximal mögliche Verzögerung des Systems als zu gering, fordert es den Fahrer über die Ausgabe einer Information zur Übernahme auf (Deutscher Verkehrssicherheitsrat e. V. 2010).

Kollisionswarnung / automatische Notbremsung, Collision Warning / Collision Mitigation (ANB, CW/CM)

Ähnlich wie beim ACC erfolgt bei der Kollisionswarnung (Abbildung 2.2) eine kontinuierliche sensorische Überwachung der Fahrzeugumgebung mit hoher zeitlicher Auflösung. In detektierten sicherheitskritischen Situationen warnt das FAS den Fahrzeugführer vor einer möglichen Kollision und präkonditioniert die Bremsanlage für ein starkes Bremsmanöver. Reagiert der Fahrer nicht selbst, kann es zu einer autonom initiierten Notbremsung durch das Fahrzeug kommen.

Nachtsicht, Night Vision (NV)

Klassische Scheinwerfersysteme sind in ihrer Ausleuchtung der linken Fahrspur meist auf ca. 60 Meter begrenzt. Aktive Nachtsichtsysteme (Abbildung 2.3) verwenden Infrarot-Technik, um diesen Sichtbereich für das menschliche Auge auf ca. 150 Meter zu erweitern. Eine Kamera hinter der Windschutzscheibe nimmt die aktuelle Verkehrs-

Abb. 2.2: Kollisionswarnung / automatische Notbremsung, Collision Warning / Collision Mitigation (ANB, CW/CM) (Deutscher Verkehrssicherheitsrat e. V. 2007)

Abb. 2.3: Nachtsicht, Night Vision (NV) (Deutscher Verkehrssicherheitsrat e. V. 2007)

situation in Echtzeit auf und stellt sie dem Fahrer auf einem Monitor oder über ein Head-Up-Display dar (Deutscher Verkehrssicherheitsrat e. V. 2007).

Parkassistent, Park Distance Control (PDC)

Bei der Basisversion des Parkassistenten (PDC) überwachen Ultraschallsensoren während des Einparkvorgangs das Fahrzeugumfeld. Das System warnt den Fahrer, wenn der Abstand zu einem im Umfeld liegenden Hindernis zu gering wird bzw. zeigt den Abstand kontinuierlich an. Die weiterentwickelte Version des PDC ist der Einparkassistent (Abbildung 2.4). Das Fahrzeug misst bei gemäßigter Vorbeifahrt die Länge und Tiefe einer Parklücke, vergleicht diese mit den Dimensionen des eigenen Fahrzeugs und vermeldet eine adäquate Möglichkeiten zum Einparken. Verfügt das Fahrzeug über eine elektrifizierte Lenkung, wird die Querführung von dem System übernommen und der Fahrer muss lediglich beschleunigen oder verzögern (Deutscher Verkehrssicherheitsrat e. V. 2010). Die darauf folgende Ausbaustufe ist das komplett autonome Vollziehen der Quer- und Längsführung des Einparkmanövers. Der Fahrer begibt sich hierbei ausschließlich in die Rolle des Überwachers der Automatik.

Abb. 2.4: Parkassistent, Park Distance Control (PDC) (Deutscher Verkehrssicherheitsrat e. V. 2007)

Abb. 2.5: Spurverlassenswarnung, Lane Departure Warning (LDW) (Deutscher Verkehrssicherheitsrat e. V. 2008)

Spurverlassenswarnung, Lane Departure Warning (LDW)

Die Spurverlassenswarnung (Abbildung 2.5) überwacht mittels Kamera- und optional Radarsensorik den Verlauf der vorausliegenden Fahrspuren und gleicht diesen permanent mit der Position und dem Kurs des eigenen Fahrzeugs ab. In entsprechender Situation warnt das System den Fahrer vor unbeabsichtigtem Abkommen von der Fahrbahn. Setzt der Fahrer den Blinker deaktiviert sich das System für diese Fahrsituation und es wird keine Meldung ausgegeben (Deutscher Verkehrssicherheitsrat e. V. 2010). Die Spurverlassenswarnung ist zumeist durch eine Vibration des Lenkrades bei detektiertem Verlassen der Fahrspur realisiert. Die Weiterentwicklung des Systems ist der Spurhalteassistent, welcher nah an den Rändern der Fahrspur ein zur Mitte gerichtetes Lenkmoment als Empfehlung für den Fahrer aufschaltet. Je nach Ausprägung kann dies bis hin zu einer komplett autonomen Querführung des Fahrzeugs umgesetzt sein.

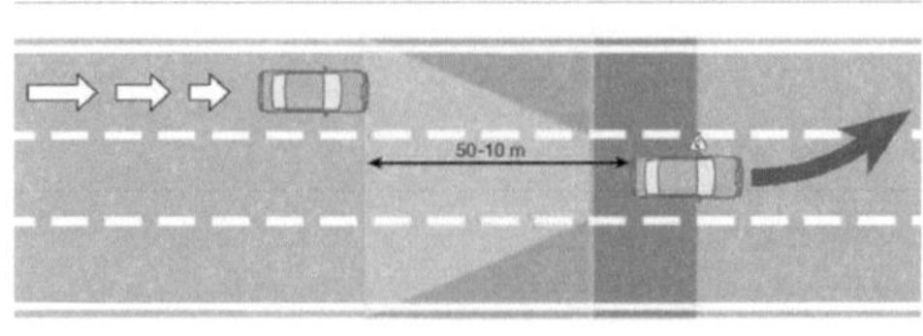

Abb. 2.6: Spurwechselassistent, Lane Change Assistant (SWA, LCA) (Deutscher Verkehrssicherheitsrat e. V. 2007)

Spurwechselassistent, Lane Change Assistant (SWA, LCA)

Der Spurwechselassistent (Abbildung 2.6) verfügt über Radar- oder Ultraschallsensoren, welche eine kontinuierliche Beobachtung des hinter dem Fahrzeug liegenden Bereichs ermöglichen. Dem Fahrer wird über eine visuelle Anzeige des FAS permanent gemeldet, ob sich ein Fahrzeug im „toten Winkel" befindet oder mit einer hohen Relativgeschwindigkeit auf einem nebenliegenden Fahrstreifen herannaht. Falls der Fahrzeugführer in einer solchen Situation beabsichtigt, den Fahrstreifen zu wechseln und den Blinker betätigt, erfolgt eine Warnung (Deutscher Verkehrssicherheitsrat e. V. 2010). Eine einfachere Form der Assistenz beim Spurwechsel ist die Totwinkelüberwachung (engl.: Blind Spot Detection, BSD), welche ausschließlich das Vorhandensein eines Fahrzeugs im „toten Winkel" überwacht, ohne vor herannahenden Fahrzeugen mit hoher Relativgeschwindigkeit zu warnen.

Verkehrszeichenanzeige, Traffic Sign Recognition (TSR)

Die Verkehrszeichenanzeige (Abbildung 2.7) unterstützt den Fahrer durch die Detektion von Verkehrsschildern und permanente Anzeige im Kombiinstrument oder Head-Up-Display. Dargebotene Informationen sind die jeweils gültige Geschwindigkeitsbegrenzung sowie mögliche Verbote. Dadurch können Geschwindigkeitsüberschreitungen reduziert und gleichzeitig die Sicherheit im Straßenverkehr gesteigert werden (Deutscher Verkehrssicherheitsrat e. V. 2010).

Abb. 2.7: Verkehrszeichenanzeige, Traffic Sign Recognition (TSR) (Deutscher Verkehrssicherheitsrat e. V. 2008)

2.1.2 Kategorisierung

Wie in Tabelle 2.2 zunächst ohne Systematisierung gezeigt, ist eine Vielzahl unterschiedlicher FAS in Serienreife verfügbar. In der Literatur existieren diverse Ansätze von Kategorisierungen hinsichtlich unterschiedlicher Eigenschaften und Beschaffenheiten der Systeme. Diese dienen einerseits zur Systematisierung und Strukturierung der Menge an unterschiedlichen FAS. Andererseits lassen sich hieraus teilweise potenzielle Schwierigkeiten und systematische Defizite in der Mensch-Maschine-Interaktion ableiten.

Da FAS dem Fahrer Handlungen abnehmen und automatisiert durchführen, ist eine Unterscheidung hinsichtlich des Automatisierungsgrades eines Systems nahe liegend. Eine solche Kategorisierung ist als nicht spezifisch für die Fahrer-Fahrzeug-Interaktion anzusehen, sondern kann bei zwischen Menschen und Maschinen stattfindenden Interaktionen stets vorgenommen werden. In Anlehnung an Endsley & Kiris (1995) führt Lange (2008) folgende Stufen des Automatisierungsgrades auf:

- keine Automatisierung,
- Information/Entscheidungsunterstützung,
- zustimmungspflichtige Automatisierung,
- überwachte Automatik,
- Vollautomatisierung.

In dieser Klassifizierung stellt ein ACC in seiner heute in Serienfahrzeugen verbreiteten Form eine „überwachte Automatik" der Fahrzeuglängsführung dar. Hieraus können Probleme wie Vigilanzminderung[1], Übungsverlust sowie Complacency-Effekte[2] entstehen (Endsley & Kiris 1995, Bainbridge 1983, Krüger 2001). Diese Gefahren treten bei dieser Automatisierungsstufe in systematischer Weise auf, sodass bei einer überwachten

---

1 verringerte Aufmerksamkeit wegen Unterforderung

2 Nachlässigkeit aufgrund von übermäßigem Vertrauen in das System

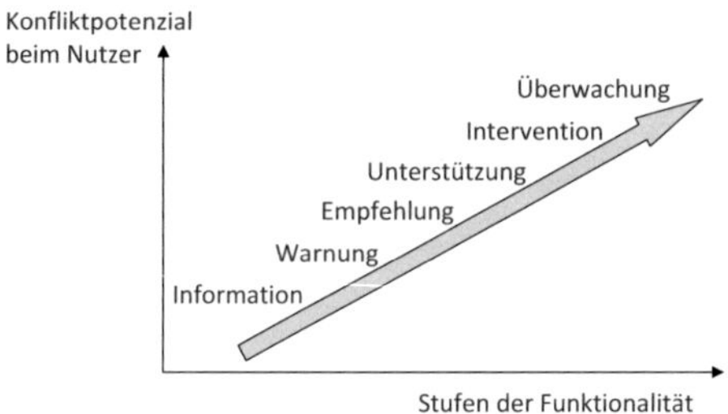

Abb. 2.8: Automatisierungsgrad vs. Konfliktpotenzial beim Nutzer (Becker & Dosch 2007)

Automatik der Fahrzeugquerführung beispielsweise in gleicher Weise mit diesen Problemen zu rechnen ist (Krüger 2001). Bereits in der Entwicklungsphase könnte hieraus ein Schluss bezüglich des HMI sein, das gleichzeitige Aktivieren der automatischen Quer- *und* Längsführung seitens des Fahrers nicht zuzulassen, um die Gefahr des Potenzierens dieser systematischen Defizite zu minimieren.

Ergänzend hierzu kann, wie in Abbildung 2.8 aufgezeigt, bei steigendem Automatisierungsgrad eines Assistenzsystems von einem steigenden Konfliktpotenzial bei dessen Nutzer ausgegangen werden. Der Nutzer gibt bei höheren Automatisierungsgraden mehr Kompetenz und Verantwortung an das System ab. Dies kann in konkreten Entscheidungssituationen die Gefahr einer gefühlten Bevormundung steigern und beim Nutzer zu starken Irritationen führen.

Zusätzlich relevant sind die sogenannten „Ironies of Automation" nach Bainbridge (1983). Diese sagen beispielsweise, je höher automatisiert ein System ist und je einwandfreier es funktioniert, desto seltener muss der Mensch selbst eingreifen. Durch eben diesen Übungs- und potenziellen Aufmerksamkeitsverlust wird er jedoch desto schlechter hierzu in der Lage sein.

Sehr verbreitet und spezifisch auf den automobilen Anwendungsbereich bezogen ist die Unterteilung der Fahraufgabe, welche der Fahrzeugführer zu bearbeiten hat, in die Bereiche Planung, Führung und Stabilisierung. Dies illustriert Abbildung 2.9. Wie zu erkennen, ist die kognitive Anforderung für den Fahrzeugführer auf der Planungsebene hoch und auf der Stabilisierungsebene gering, bezüglich der Frequenz der Tätigkeit ist dieser Zusammenhang gerade invertiert.

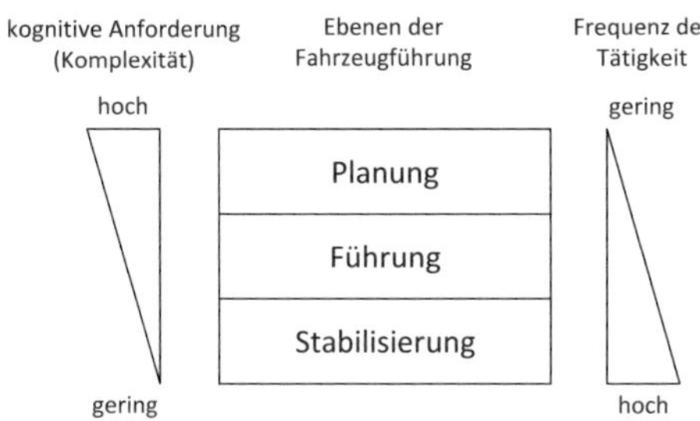

Abb. 2.9: Ebenen der Fahraufgabe: Planung, Führung und Stabilisierung (Donges 1982)

Tab. 2.3: Kombination aus Ebenen der Fahraufgabe und Verhaltensebenen des Fahrzeugführers
(Lange 2008)

	Wissensbasiert	Regelbasiert	Fertigkeitsbasiert
Navigation	Zurechtfinden in einer fremden Stadt	Wahl zwischen vertrauten Wegen	Täglicher Weg zur Arbeit
Führung	Steuern auf schneebedeckter oder vereister Fahrbahn	Überholen anderer Fahrzeuge, Spurwechsel	Abbiegen an einer Kreuzung
Stabilisierung	Fahrschüler in der ersten Fahrstunde	Ein ungewohntes Auto fahren	Kurven fahren, Kuppeln und Schalten

Zusätzlich klassifiziert Rasmussen (1983) die bei der Bearbeitung der Fahraufgabe notwendigen Handlungen des Fahrzeugführers in die Verhaltensebenen wissensbasiert, regelbasiert und fertigkeitsbasiert. Diese beiden sehr etablierten Kategorisierungen werden in den fachlichen Veröffentlichungen der letzten Jahre verstärkt zu einer Matrix kombiniert dargestellt. Dies zeigt Tabelle 2.3.

Die hauptsächlichen Anwendungsfälle für FAS sind auf der hervorgehobenen Diagonalen zu finden. Innerhalb dieser Arbeit wird keine Systemklasse ausgeklammert, sondern eine generische Gültigkeit des Rahmenwerks erzeugt. Allerdings kann für regelbasierte Systeme der Führungsebene die höchste Relevanz der in der systemtheoretischen Analyse (Kapitel 3) herzuleitenden Herausforderungen festgestellt werden.

In der Klassifikation nach Schindler (2007) werden Assistenzsysteme in Kraftfahrzeugen hinsichtlich ihrer funktionalen Ebene folgendermaßen unterteilt:

- Längsführung,
- Querführung,
- Sehen und Einschätzen,
- Routineaufgaben,
- Post-Crash,
- Energieeffizienz.

Eine FAS-Einteilung entlang dieser Rubriken würde jedoch nicht zu disjunkten Mengen führen. Ein energieeffizientes ACC würde beispielsweise zu „Längsführung" und „Energieeffizienz" gleichermaßen zählen. Zudem lässt sich zwischen diesen Rubriken und der Matrix in Abbildung 2.3 kein zwingender Zusammenhang herstellen. So kann ein FAS, welches Routineaufgaben adressiert, ebenso regelbasiert auf der Führungsebene, z. B. ein SWA, wie fertigkeitsbasiert auf der Navigationsebene, z. B. ein Navigationssystem mit aktuellen Verkehrsmeldungen, sein. Die Ausführungen dieser Arbeit nehmen daher keinen weiteren Bezug auf diese funktionale Klassifikation.

Einen empirisch gestützten Ansatz zur Kategorisierung präsentieren Helmer et al. (2008). Hierbei wurde mittels mehrerer Card-Sorting Experimente eine erwartungskonformen Gruppierung von FAS ermittelt, welche aus folgenden Clustern besteht:

- Parken,
- ACC,
- Warnungen,
- autonome Notfallsysteme,
- Navigation,
- Information.

Diese experimentell erstellte Kategorisierung weist allerdings einige Schwächen für die konkrete Anwendung auf. Die gefundenen Cluster sind wiederum nicht vollständig disjunkt, da beispielsweise ein Parkassistent ebenso der Kategorie Parken als auch Information oder Warnung zuordnet werden kann. Außerdem fehlt die von Schindler (2007) genannte Ebene der Energieeffizienz.

Es wurden in diesem Abschnitt mögliche Kategorisierungen von Fahrerassistenzsystemen nach unterschiedlichen Gesichtspunkten vorgestellt. Diese dienen der Strukturierung und Illustration des Fokus und der zulässigen Anwendungsbereiche des Rahmenwerks, welches in der vorliegenden Arbeit erstellt wird. Außerdem können sie helfen, systematische Defizite und Problemstellungen in der Fahrer-Fahrzeug-Interaktion zu identifizieren und zu umgehen.

2.1.3 Bedeutsamkeit und Relevanz

Die Motivation der Beschäftigung mit dem Thema ist in knappen Worten bereits in Kapitel 1 benannt. An dieser Stelle soll dies ausführlicher geschehen. Es wird auf die historische Entwicklung, die Sicherheitsrelevanz sowie das Marktpotenzial von FAS eingegangen und somit die Wichtigkeit und Relevanz dieses Themas illustriert.

Historisches

Wie im Rahmen der Definition des Begriffs „Fahrerassistenzsysteme" genannt, können Systeme dieser Produktgruppe zugeordnet werden, die bereits zu Beginn des 20. Jahrhunderts in Fahrzeugen verbaut wurden. FAS, wie sie im Rahmen dieser Arbeit aufgefasst werden, erhielten deutlich später Einzug in moderne Pkw. Abbildung 2.10 zeigt die historische Entwicklung von Maßnahmen der passiven und aktiven Sicherheit sowie deren Sicherheitspotenzial. Die Entwicklungen der passiven Sicherheit sollen mit Blick auf das Thema der vorliegenden Arbeit an dieser Stelle nicht detaillierter besprochen werden. Die Entwicklung der aktiven FAS begann auf der Stabilisierungsebene mit Systemen wie ABS und der Traktionskontrolle, welche über zehn Jahre später in das ESP integriert wurden. Als erstes serienreifes Assistenzsystem auf Führungsebene (vgl. Tabelle 2.3) wird das ACC genannt, wobei genau genommen der Tempomat ein Vorgänger dessen ist und weltweit erstmals bei Chrysler bereits 1958 eingeführt wurde (Rowsome 1958).

Das Schaubild beinhaltet neben aktuellen Seriensystemen einen Ausblick und prognostiziert, aktive Unfallvermeidung in den zwanziger Jahren dieses Jahrhunderts in Pkw vorzufinden. Hiermit sind autonome Vollverzögerung und Ausweichmanöver gemeint. Aktuelle FAS, welche die Unfallschwere mindern, indem sie autonom eingreifen, wenn der Unfall bereits nicht mehr zu verhindern ist, sind unter „Pre-Crash" zusammengefasst. Solche zeitlichen Schätzungen hängen neben dem technologischen Fortschritt sehr stark an Markttrends, Wertewandeln sowie politisch-legislativen Entwicklungen und sind insofern prinzipiell schwierig zu validieren. Das folgende Beispiel illustriert diese Aussage.

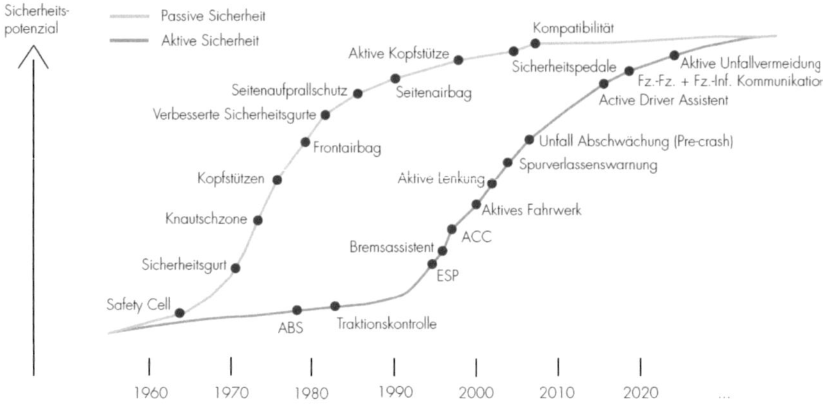

Abb. 2.10: Historische Entwicklung von Systemen der aktiven und passiven Sicherheit (Brühning & Seeck 2006)

Bartels (2008) zitiert die Zeitung „Darmstädter Echo" vom 4. Juli 1970, welche in einem Artikel mit der Überschrift „Das Auto von morgen und übermorgen" auf Seite 52 schreibt: „Das vollautomatische Fahren dürfte nach Auffassung der Battelle-Ingenieure zunächst für Fernlastzüge in Betracht kommen. [...] Es sei aber noch nicht abzusehen, ob und wann der Verkehr vollautomatisch fließen könne. Voraussichtlich nicht vor 1985."

Von der zeitlichen Adäquatheit dieser Art von Prognosen abgesehen sind der Trend und die Bedeutungszunahme von Fahrerassistenzsystemen unstrittig. Dafür spricht auch die steigende Anzahl und Komplexität an diesbezüglichen deutschen, europäischen und internationalen Normen, die beispielsweise in Ständer et al. (2008) und Lewandowitz (2008) umfassend dokumentiert sind.

Die genannten Entwicklungen sprechen für eine hohe Bedeutsamkeit und Relevanz des Themas an sich. Das konkrete Sicherheitspotenzial der Systeme, welches in Abbildung 2.10 auf der Ordinate qualitativ aufgetragen ist, soll im nun folgenden Abschnitt ausführlicher beleuchtet werden.

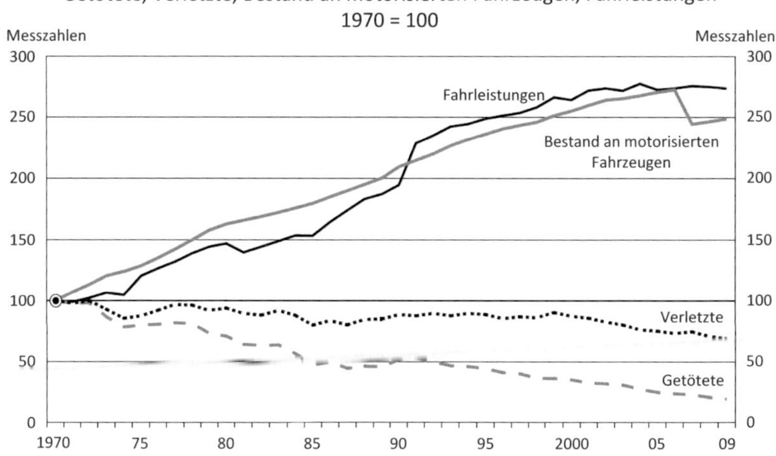

Abb. 2.11: Getötete, Verletzte, Bestand an motorisierten Fahrzeugen und Fahrleistungen in Deutschland, 1970 bis 2009 (Destatis 2010*b*)

Sicherheitsrelevanz

Wie in Abbildung 2.11 zu erkennen sind das Verkehrsaufkommen und die Anzahl der zugelassenen Pkw in Deutschland innerhalb der vergangenen 30 Jahre stetig gestiegen, wobei die Anzahl der Verkehrstoten von ca. 21 000 im Jahre 1970 auf 4 160 im Jahre 2009 (Destatis 2010*a*) nahezu kontinuierlich gesunken ist.

Ein in Publikationen zum Thema Fahrerassistenz sehr häufig zitierter Punkt ist das Ziel der Europäischen Kommission, die Zahl der Unfalltoten im Straßenverkehr innerhalb der Europäischen Union (EU) von ca. 54 300 im Jahre 2001 bis zum Jahre 2010 zu halbieren (European Commission 2001) – eine Herausforderung, zu der FAS einen wesentlichen Beitrag leisten sollen. Aller Voraussicht nach wurde dieses Ziel jedoch verfehlt. Im Jahre 2007 waren EU-weit noch 42 500 Unfalltote, 39 000 in 2008 (Destatis 2009) und 34 700 in 2009 (Destatis 2010*b*) zu beklagen, sodass das sehr ehrgeizige Ziel klar verfehlt wurde. Wie in der Einleitung bereits angemerkt, sind die seit 2001 über 20 000 geretteten Leben als ein großer Erfolg anzusehen.

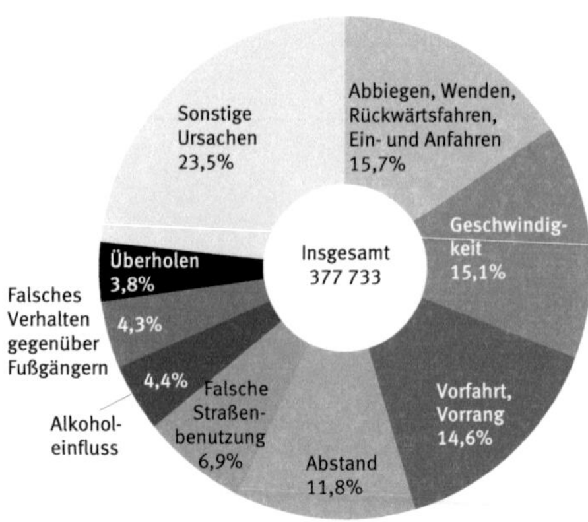

Abb. 2.12: Unfälle nach Fehlverhalten des Fahrzeugführers in Deutschland (Destatis 2010*b*)

Um aus diesem Kardinalbefund den separaten Einfluss von FAS herauszustellen, ist es zielführend, sich die Aufschlüsselung der Unfälle mit Personenschaden nach Fehlverhalten des Fahrzeugführers anzusehen. Eine entsprechende Übersicht vermittelt Abbildung 2.12. Wie zu erkennen sind Fehleinschätzungen, Unachtsamkeit und menschliches Versagen die Hauptursachen für Unfälle im Straßenverkehr. FAS können insofern einen wesentlichen Beitrag zur Unfallprävention und Minderung der Unfallfolgen leisten, da sie Gefahrensituationen frühzeitig erkennen, rechtzeitig Warnungen an den Fahrer ausgeben und gegebenenfalls selbst aktiv eingreifen.

Zur konkreten Zuordnung einzelner FAS zu Unfalltypen entwerfen Khanafer et al. (2007) eine Methode zur Auswertung von Unfalldatenbanken wie der des Statistischen Bundesamts Deutschlands (Destatis) oder der German In-Depth Accident Study (GIDAS). Als Ergebnis wird ein generell höheres Unfallvermeidungspotenzial seitens longitudinaler Systeme, wie ACC oder CM, als lateraler Systeme wie LDW oder LKA nachgewiesen. Allerdings besitzen lateral wirkende Systeme ein geringfügig höheres Potenzial zur Vermeidung von Unfällen mit Todesfolge.

Ebenfalls eine Analyse der GIDAS-Datenbank hinsichtlich des Unfallvermeidungspotenzials von FAS, jedoch speziell bezüglich LKW und Lieferwagen, nehmen Christen et al. (2008) vor. Einen Überblick der Ergebnisse bietet Tabelle 2.4. Analog ist auf

Tab. 2.4: Potenzial der Unfallvermeidung ausgewählter FAS gemäß Christen et al. (2008)

FAS	Anzahl beeinflussbarer Unfälle	
	ungewichtet	gewichtet
Kollisionswarnung	129	146
ACC	95	105
ACC Stop&Go	89	87
ESP	39	37
Abbiegeassistent	28	37
Spurwechselassistent	20	23
Spurverlassenswarnung	20	20
Totwinkelüberwachung	10	20

Grundlage dieser Daten die Relevanz longitudinal-aktiver FAS allgemein auf die Unfallvermeidung im Vergleich zu lateralen Systemen höher zu bewerten.

Die generelle Reduzierung unerwünschter Geschehnisse im Straßenverkehr durch FAS dokumentiert Tabelle 2.5. Unter Bezugnahme auf verschiedene Quellen werden verhinderte Unfälle, Versicherungsschäden und Verkehrsverstöße aufgelistet. Die Vergleichbarkeit zu den oben aufgeführten Daten ist nur eingeschränkt gegeben, da sich beispielsweise beim LDW ausschließlich auf LKW-Unfälle bezogen wird.

Neben diesen positiven und optimistischen Stimmen bezüglich des Sicherheitspotenzials von FAS existieren auch kritische Meinungen. So nennt Koebler (2008) Gründe für die Verfehlung des EU-Ziels, stellt eigene Prognosen bezüglich der zukünftigen Entwicklungen dar und resümiert, Fahrerassistenzsysteme seien tendenziell überschätzt. Dagegenzusetzen ist neben den oben beispielhaft angeführten Statistiken über gerettete Leben der immense volkswirtschaftliche Schaden, welcher durch Schwerverletzte und Getötete entsteht. Die Bundesanstalt für Straßenwesen (BASt) geht von volkswirtschaftlichen Kosten in Höhe von über 1,1 Mio. Euro pro im Straßenverkehr getötetem Menschen aus (BASt 2003). Insofern ist die Bedeutsamkeit und Relevanz des Themas auch unterstrichen, setzte man die pessimistischen Zahlen von Koebler (2008) als Basis der Betrachtungen an.

Tab. 2.5: Potenzial der Unfallvermeidung ausgewählter FAS gemäß Deutscher Verkehrssicherheitsrat e. V. (2010)

FAS	prozentuale Reduzierung
ACC	17 % weniger schwere Unfälle mit Personenschaden (BASt 2006), 10 % weniger Kraftstoffverbrauch (TU-D 2004)
Notbremsassistent	28 % weniger Auffahrunfälle mit Personenschaden (Gesamtverband der Deutschen Versicherungswirtschaft e.V. 2009)
Spurhalteassistent	49 % weniger Unfälle von LKW durch Spurverlassen auf Autobahnen (AZT 2006)
Spurwechselassistent	26 % weniger Unfälle (IIHS 2008)
Einparkassistent	30 % der Versicherungsschäden entstehen bei Parkmanövern (Deutscher Verkehrssicherheitsrat e. V. 2010)
Lichtsysteme	18 % weniger Verkehrstote auf Autobahnen und Landstraßen (TÜV 2007)
Nachtsichtassistent	6 % weniger Verkehrstote bei Nacht (eIMPACT 2008)
Verkehrzeichenanzeige	60 % weniger Verkehrsverstöße durch überhöhte Geschwindigkeit (KBA 2007)

Marktrelevanz

Neben der historischen Entwicklung von FAS und deren Potenzial zur Unfallvermeidung bildet deren Marktpotenzial eine wichtige Dimension der Relevanz dieses Themas. In Abbildung 2.13 wird die Entwicklung des Marktvolumens aufgezeigt. Diese vollzieht sich sehr dynamisch und so kann laut Baum & Grawenhoff (2006) zwischen 2003 und 2015 von einer geschätzten jährlichen Wachstumsrate von 15 % ausgegangen werden.

FAS der 1. Generation wie ABS, ESP aber auch Bremsassistenz (Kollisionswarnung) und ACC werden laut dieser Prognose im Jahre 2015 zur serienmäßigen Ausstattung von Neuwagen zählen. Zudem steigen die Anteile von Systemen der 2. und 3. Generation ebenso stetig.

Die weltweite Entwicklung wird noch positiver gesehen. So zeigt Abbildung 2.14 die zeitlich Entwicklung des Weltmarkts spezifisch für FAS. Selbst im Jahre 2009, in welchem der Automobilmarkt besonders stark von der weltweiten Wirtschafts- und Finanzkrise betroffen war, wurde ein durchschnittliches Wachstum von ca. 15 % erreicht. Die Prognose gemäß Carlson (2009) für die Jahre 2011 bis 2013 sieht jährliche Wachstumsraten von ca. 30 %.

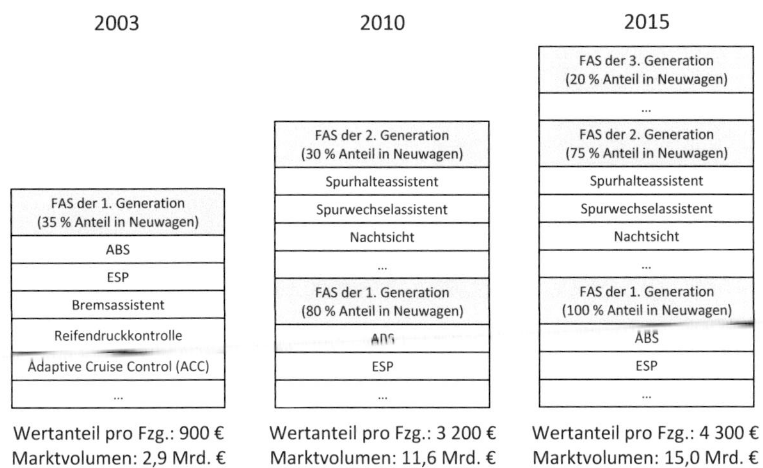

Abb. 2.13: Schätzung des Marktvolumens der Produktgruppe Fahrerassistenzsysteme in Deutschland (Baum & Grawenhoff 2006)

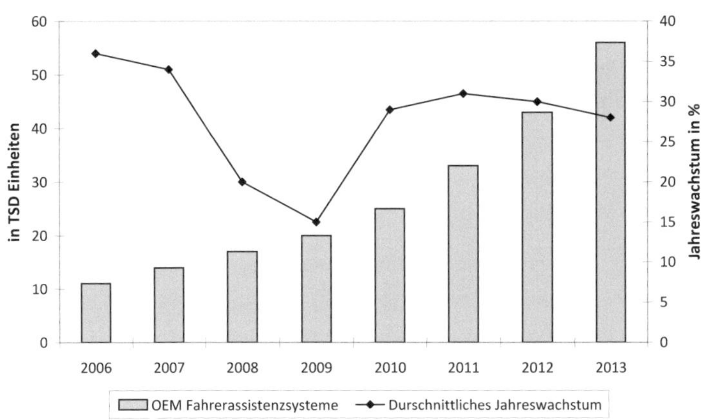

Abb. 2.14: Weltmarkt und jährliches Wachstum der Produktgruppe FAS (Carlson 2009)

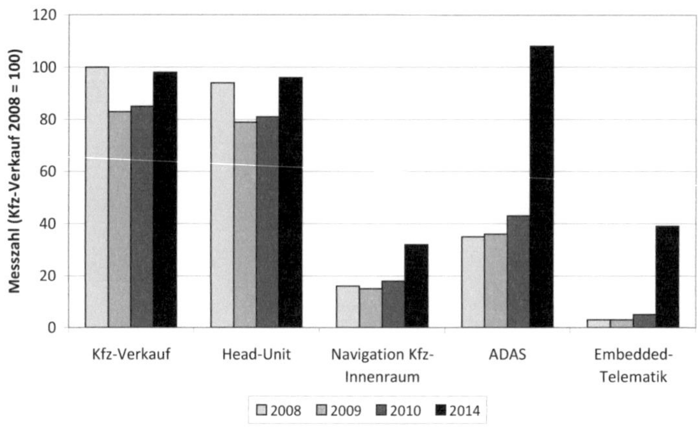

Abb. 2.15: Weltmarkt und relative Nachfrage der Produktgruppe FAS (Juliussen 2009)

Die Absolutanzahl der verkauften Stück wird nach dieser Prognose bei nahezu 60 Mio Assistenzsystemen im Jahre 2013 liegen. Um diese Zahl einordnen zu können, zeigt Abbildung 2.15 die Nachfrageentwicklung von FAS relativ zum Gesamtfahrzeug und anderen Ausstattungsextras. Hierbei wird gemäß Juliussen (2009) eine überproportional starke Nachfragesteigerung nach Assistenzsystemen prognostiziert.

Neben dem direkten Marktpotenzial der Produktgruppe FAS gilt es einen weiteren Aspekt zu berücksichtigen: die Auswirkungen dieser Funktionen auf das Gesamtprodukt „Fahrzeug" und somit auf das Markenimage des jeweiligen Herstellers. So sind FAS hinsichtlich dieses Aspekts aus folgenden Gründen als besonders sensibel anzusehen.

- FAS sind nicht als eigenständiges Produkt zu erwerben oder zu erfahren, sondern stets nur in der Interaktion mit einem Automobil[3] [Schnieder & Wansart (2008), Oltersdorf & Schlager (2006)], wobei diese gesamtheitliche Wahrnehmung den Charakter eines Fahrzeugs ändern kann.
- Mit innovativen FAS ändert sich die gewohnte Form des Autofahrens (Oltersdorf & Schlager 2006).
- Mit FAS werden oftmals fahrerische Defizite verbunden (Huber et al. 2008).

---

3 Eine Ausnahme bilden hier mobile Navigationsendgeräte, sogenannte „Nomadic Devices".

- Kundenseitig werden häufig die Dimensionen „Komfort" und „Sicherheit" in Verbindung mit FAS gesehen (Happe & Lütz 2008).

Aufgrund des somit potenziell hohen Einflusses auf die Wahrnehmung des Gesamtfahrzeugs ist eine erhöhte Wachsamkeit in der Einführung dieser Systeme angeraten. Die Wechselwirkungen zwischen der Produktgruppe FAS und dem Produkt Gesamtfahrzeug werden explizit und ausführlich im Rahmen der systemtheoretischen Analyse in Kapitel 3 sowie durch das in Kapitel 4 beschriebene Verfahren adressiert und sollen an dieser Stelle nicht weiter ausgeführt werden.

Zusammenfassend lässt sich auch aus Marktsicht eine hohe Relevanz des Themas FAS erklären. Die Gründe wurden diskutiert und liegen vor allem in einem zukünftig überproportional steigenden Marktvolumen sowie einem potenziell hohen Einfluss auf die Wahrnehmung des Gesamtfahrzeugs.

2.2 Human Factors

Die Ausnutzung der im vergangenen Abschnitt angesprochenen Potenziale von FAS hinsichtlich Unfallvermeidung und Markterfolg hängt neben der reinen Funktionalität von der Darbietung für den Fahrzeugführer ab. Über die Mensch-Maschine-Schnittstelle interagiert der Fahrer mit den Systemen. Die allgemeine Mensch-Technik-Interaktion stellt ein stark interdisziplinäres Wissenschaftsfeld dar, welches von Ingenieuren und Psychologen, aber auch Wirtschaftswissenschaftlern, Medizinern u. a. bearbeitet wird. Ein Zeichen für die Relevanz und Eigenständigkeit dieses Gebiets ist auch der im Wintersemester 2006/07 in Deutschland erstmals angebotene Master-Studiengang „Human Factors" an der Technischen Universität zu Berlin (TU-B 2006). Dieser beabsichtigt unter anderem das gezielte Einbeziehen des „Faktors Mensch" in die Entwicklung von FAS, um das Ausschöpfen der Sicherheits- und Marktpotenziale zu ermöglichen.

Zu Aspekten der menschlichen Informationsaufnahme und -verarbeitung existiert eine Vielzahl wissenschaftlicher Publikationen und Normen im nationalen und internationalen Raum. Mit dem Ziel der systematischen Berücksichtigung dieser Erkenntnisse zur optimierten Gestaltung von FAS-Ausgaben wird in Kapitel 6 der vorliegenden Arbeit ein Verfahren entwickelt und empirisch evaluiert. Unter „Ausgaben" bzw. „Rückmeldungen" werden hierbei Informationen und Warnungen verstanden, welche von den FAS

Tab. 2.6: Übersicht verbreiteter Bezeichnungen bezüglich der Interaktion von Mensch und Maschine

Human-Machine Interaction	HMI
Mensch-Maschine-Interaktion	MMI
Man-Machine Interaction	MMI
Mensch-Technik-Interaktion	-
Fahrer-Fahrzeug-Interaktion	FFI
Human-Machine Interface	**HMI**
Mensch-Maschine-Schnittstelle	MMS
Man-Machine Interface	MMI
Fahrer-Fahrzeug-Schnittstelle	FFS

mittels visueller, auditiver oder haptischer Modalität an den Fahrzeugführer übermittelt werden. Dies klammert (teil-)autonome Fahrmanöver des Fahrzeugs aus. In den folgenden Abschnitten werden bezüglich des HMI von FAS einige begriffliche Definitionen vorgenommen, bevor auf physiologische und psychologische Details der menschlichen Informationsaufnahme und -verarbeitung eingegangen wird.

2.2.1 Terminologie und Definitionen

Innerhalb der englisch- und deutschsprachigen Fachliteratur sind verschiedene Begrifflichkeiten für die allgemeine Interaktion und konkrete Schnittstelle zwischen Mensch und Maschine vorzufinden. Einen Überblick dieser bietet Tabelle 2.6. Im Rahmen dieser Arbeit wird vorrangig das übliche englischsprachige Akronym „HMI" verwendet. Wie in der Tabelle zu sehen, ist dies als synonym für die allgemeine Interaktion und die konkret umgesetzte Schnittstelle aufzufassen.

Allgemein sind sämtliche Objekte, mittels derer der Fahrzeugführer mit dem Fahrzeug interagiert als Mensch-Maschine-Schnittstellen anzusehen. Hierzu gehören zunächst auch z. B. die Fensterheber oder der Zündschlüssel. Da jedoch, wie oben erklärt, ein inhaltlicher Fokus auf Fahrerassistenzsystemen der Führungsebene liegt, werden vorrangig diesbezügliche Schnittstellen besprochen. Hierbei handelt es sind um verschiedenartige auditive und haptische Ausgaben sowie visuelle Displayinhalte, deren Beschaffenheit im Rahmen der konzipierten Verfahren diskutiert wird. Bisweilen wird hierfür der Begriff „kognitive Ergonomie" verwendet.

Die Anordnung von Schaltern und Armaturen inklusive der Betrachtung von Greifräumen des Menschen und Ähnliches ist Inhalt der klassischen, physischen Ergonomie und wird insofern in dieser Arbeit ausgeklammert. Ebenso ist eine Beschäftigung mit Details einzelner Systeme, z. B. der Menüführung eines Navigationssystems, nicht angedacht. Vielmehr steht der innerhalb der Einleitung angesprochene generische Gedanke im Vordergrund, welcher zu systemübergreifend wiederverwendbaren Verfahren führen soll.

Als entscheidender Parameter des letztlichen Erfolgs von FAS nimmt die Akzeptanz eine zentrale Position für die hier durchgeführten Betrachtungen ein. Nach Kauer et al. (2010, S. 9) in Anlehnung an Dethloff (2004) ist Akzeptanz als „positive Einstellung gegenüber einem Produkt und die Bereitschaft zur Benutzung des Produkts" aufzufassen. In umfangreichen empirischen Untersuchungen eruieren Arndt & Engeln (2008) messbare Prädiktoren der Akzeptanz von FAS. Hierbei wird von dem Akzeptanzmodell „Theory of planned Behavior" (TpB) nach Ajzen (1991) ausgegangen und die Befunde mit dem „Technology Acceptance Modell" (TAM) nach Davis (1989) abgeglichen. Im Ergebnis sind folgende vier Prädiktoren der Akzeptanz herauszustellen:

- Einstellungen potenzieller Endnutzer zum Kauf und der Nutzung,
- allgemeine Attraktivität,
- mutmaßliche Akzeptanz bei relevanten Bezugsgruppen (Freunde, Kollegen, Familien),
- mögliche negative Konsequenzen, Nachteile des Kaufs und der Nutzung.

Die Punkte lassen sich bei einer Produktbewertung durch einen potenziellen Käufer oder Nutzer nur schwer exakt differenzieren, da generell von einer Vermischung von Einstellungs- und Verhaltensaspekten auszugehen ist (Arndt & Engeln 2008). In den empirischen Studien dieser Arbeit werden sämtliche Prädiktoren berücksichtigt. So adressiert das in Kapitel 4 erstellte Verfahren vor allem die Einstellungen zu Kauf und Nutzung, Akzeptanz bei Bezugsgruppen sowie mögliche Konsequenzen. Die Attraktivität ist in dieser frühen Phase weniger relevant, da die Bewertung abstrahiert von konkreten Produktumsetzungen erfolgt. Mögliche Umsetzungen werden mittels eines weiteren Verfahrens in Kapitel 6 konzipiert und bewertet. Dort stellt sich weniger die Frage der Kaufentscheidung, sondern stärker der Akzeptanz von faktisch im Fahrzeug befindlichen und agierenden FAS. Diese setzt sich gemäß Hassenzahl et al. (2003) aus einer

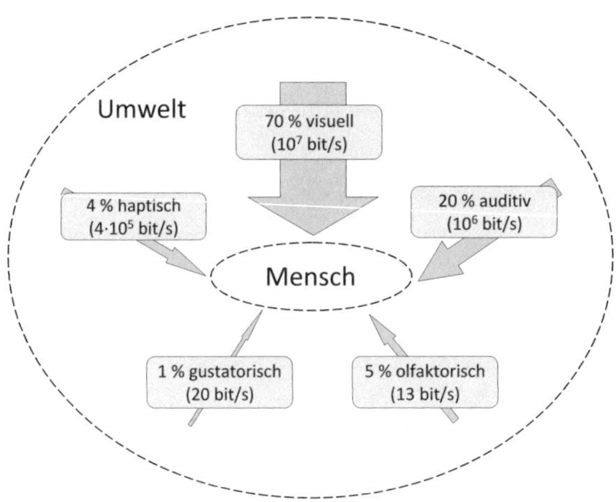

Abb. 2.16: Durchschnittliche Anteile der Sinneskanäle und Reizaufnahmepotenziale bei der menschlichen Umweltwahrnehmung (Jackél 2004, Kunsch & Kunsch 2007)

pragmatischen, dem „Ease of Use", und einer hedonischen Komponente, dem „Joy of Use", zusammen und wird vorrangig der Dimension Attraktivität zugeordnet.

2.2.2 Menschliche Informationsaufnahme

Die menschliche Aufnahme von Informationen, die sogenannte Perzeption, erfolgt über die fünf Sinne – visuelle, auditive, haptische, olfaktorische und gustatorische Wahrnehmung. Unter Haptik sind der Lage-, Bewegungs- und andere Sinne zusammengefasst, welche weiter unten besprochen werden. Die Verteilung der durchschnittlichen Informationsanteile und Reizaufnahmepotenziale bei der Umweltwahrnehmung zeigt Abbildung 2.16.

Wie zu erkennen, ist der visuelle Kanal absolut dominierend, wobei diese Dominanz bei spezieller Betrachtung der Fahrzeugführung sogar noch ausgeprägter ist. So ermitteln Rockwell (1972) sowie Cohen (1986) eine ca. 90-prozentige Aufnahme relevanter Informationen bei der Fahrzeugführung über den visuellen Kanal. Zusätzlich sind die maximalen Bandbreiten der Informationsaufnahme (Reizaufnahmepotenziale) je Kanal dargestellt. Im Vergleich der Kanäle zeigt sich ein ähnliches Bild. Das bei Weitem höchste Aufnahmepotenzial ist bezüglich des Lichtsinns, d. h. visuellen Sinneskanals, zu ver-

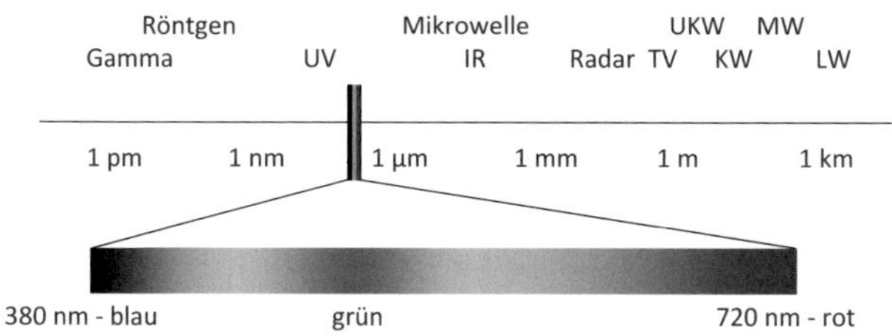

Abb. 2.17: Wellenlängenspektrum des sichtbaren Lichts (Krönert 2005)

zeichnen. Es folgen das Gehör, d. h. der auditive Kanal, sowie der Tastsinn, d. h. der haptische Kanal. Der Geruchs- und Geschmackssinn besitzen das geringste Reizaufnahmepotenzial – ungefähr Faktor 5 bzw. $7,5*10^5$ geringer als der visuelle Kanal. Auf Basis dieser Verteilungen beschränken sich die Sinnesmodalitäten für eine zweckmäßige Anwendung im Kontext von Fahrerassistenzsystemen auf die visuelle, auditive sowie haptische Wahrnehmung.

Die systematische Auswertung von Vor- und Nachteilen der Modalitäten in unterschiedlichen Situationen nimmt das in Kapitel 6 präsentierte Verfahren vor. In den folgenden Abschnitten soll kurz auf physiologische Details der menschlichen Informationsaufnahme bezüglich des visuellen, auditiven und haptischen Wahrnehmungskanals eingegangen werden.

Der visuelle Wahrnehmungskanal

Während der Fahrzeugführung erfolgt durch den Sehapparat eine Perzeption von Bewegungen im Straßenverkehr. Hierzu zählen Parameter der Eigenbewegung, z. B. die Spurabweichung, die Giergeschwindigkeit und der Neigungswinkel des Fahrzeugs sowie das Verkehrsumfeld und die zahlreichen Signalisierungen der Streckenführung (Schweigert 2003). Außerdem erfolgt ein Abgleich visueller Wahrnehmung mit dem haptischen Lage- und Bewegungssinn. Der für den Menschen sichtbare Bereich der elektromagnetischen Strahlung „Licht" liegt ungefähr zwischen 400 und 700 nm Wellenlänge (Abbildung 2.17). Die Größe und Bewegungsrichtung von Objekten können hierbei mittels des peripheren Sehens abgeschätzt werden (Kornhuber 1978). Für eine hohe Wahrscheinlichkeit der bewussten Wahrnehmung sind Fixationen notwendig (Cohen 1986), von denen

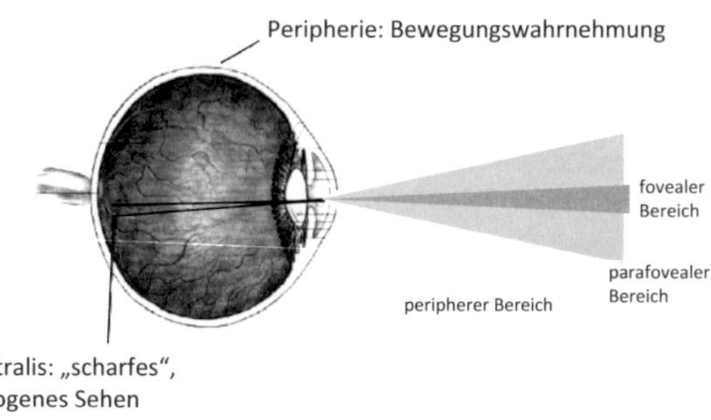

Abb. 2.18: Wahrnehmungsbereiche des menschlichen Auges (Schweigert 2003, S. 6)

der Mensch allerdings nur durchschnittlich drei pro Sekunde vollziehen kann (Lange 2008).

In Abbildung 2.18 sind die Wahrnehmungsbereiche im Querschnitt des menschlichen Auges dargestellt. Diese unterschiedlichen Ausprägungen menschlichen Sehens können bei der Konzeption von HMIs berücksichtigt werden. So dient das periphere Sehen nicht dem Erkennen von Objekten oder von Detailinformationen, sondern der frühen Orientierung anhand von Bewegungen oder Helligkeits- bzw. Formänderungen. Dieser Mechanismus könnte für Informationen und Warnungen von FAS verwendet werden, um die Aufmerksamkeit auf einen relevanten Ort zu lenken (Sarter 2007).

Der auditive Wahrnehmungskanal

Der auditive Wahrnehmungskanal lässt sich vom visuellen Kanal in mehreren Aspekten unterscheiden. So ist der auditive Kanal omnidirektional, dies bedeutet die Möglichkeit der Perzeption von Informationen aus allen Richtungen ungeachtet der Positionierung und Orientierung von Kopf und Körper. Mit diesem Punkt einher geht die Unmöglichkeit des bewussten „Schließens" der Ohren, wie es mit den Augen möglich ist.[4] Aus diesem Grund eignen sich auditive Ausgaben prinzipiell gut für Warnausgaben von FAS (Sarter 2006). Die Aussage wird durch den oben erklärten Fakt des ohnehin bereits stark belasteten visuellen Kanals bei der Fahrzeugführung unterstützt. Es ist aus ergonomi-

---

4 Bei bewusster oder unbewusster Aufmerksamkeitsabwendung kann die Informationsaufnahme über diese Modalität dennoch stark reduziert sein. Rückmeldungen hoher Kritikalität sind im Fahrzeug so zu gestalten, dass sie die entsprechende Aufmerksamkeit erlangen.

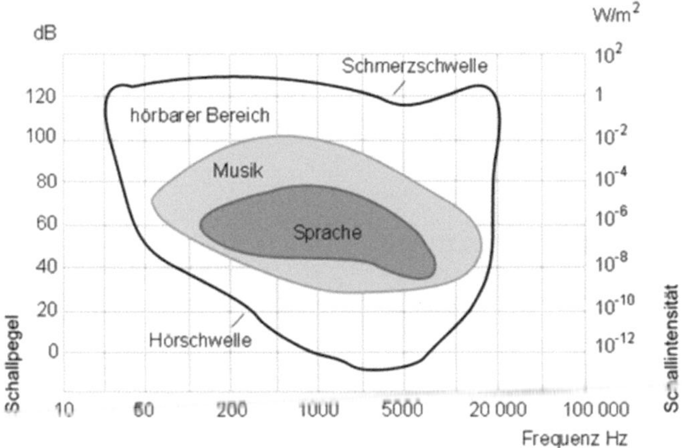

Abb. 2.19: Hörflächen des menschliches Ohres (Gegenfurtner 2003)

scher Sicht zweckmäßig, zur visuellen Modalität alternative Rückmeldungen für FAS zu gestalten, um diese nicht zusätzlich zu belasten. Allerdings sind auditive Informationen naturgemäß transient[5], sodass sie bei Maskierung durch Störgeräusche oder bei abgewendeter Aufmerksamkeit verloren gehen können (Kloepfer et al. 2006). Die Ausgestaltung von Rückmeldungen hinsichtlich Frequenz und Lautstärke kann allerdings so erfolgen, dass diese Gefahr minimiert wird.

Wie in Abbildung 2.19 zu erkennen liegt der für den Menschen durchschnittlich hörbare Bereich ungefähr zwischen 20 Hz und 20 kHz. Die auditive Wahrnehmung ist im Bereich zwischen 2 kHz und 5 kHz am sensibelsten, d. h., die geringste Schallintensität ist nötig, um ein Geräusch wahrzunehmen. Des Weiteren sind in der Abbildung übliche Bereiche für die akustischen Quellen „Musik" und „Sprache" dargestellt. Der wahrnehmbare Bereich nimmt üblicherweise mit dem Lebensalter ab. Sehr hohe und sehr tiefe Frequenzen werden dann nicht mehr mit der gleichen Sensibilität wahrgenommen (Gegenfurtner 2003).

---

5 vorübergehend, temporär, flüchtig

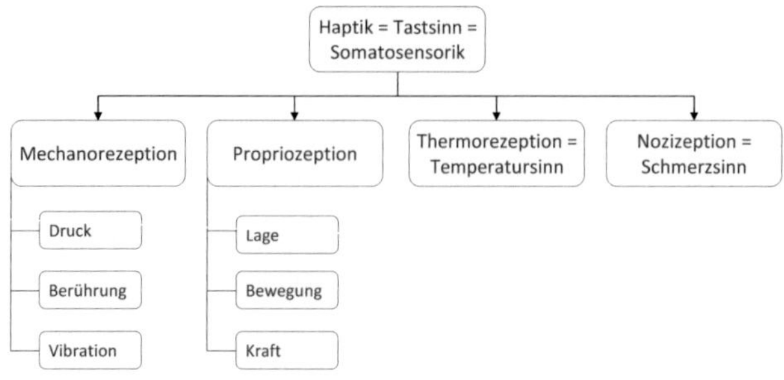

Abb. 2.20: Systematisierung des menschlichen Wahrnehmungskanals Haptik (Schmidt 2010)

Der haptische Wahrnehmungskanal

Der Begriff „Haptik" ist etymologisch auf das griechische „haptesthai" zurückzuführen, welches soviel wie „anfassen" oder „berühren" bedeutet (Grunwald & Beyer 2001). Die Systematisierung der Submodalitäten kann nach Schmidt (2010) erfolgen und wird in Abbildung 2.20 dargestellt.

Analog zu der Anmerkung bezüglich des auditiven Wahrnehmungskanals ist es ergonomisch zweckmäßig, die haptische Modalität für Rückmeldungen von FAS zu verwenden, um den visuellen Kanal nicht zusätzlich zu belasten. Die Gefahr der Maskierung besteht in ähnlichem Maße, allerdings können beispielsweise Vibrationen derart gestaltet werden, dass Maskierungen durch Fahrzeugschwingungen nahezu ausgeschlossen werden. Bezüglich der Einflüsse des Lebensalters ist ebenfalls mit einer sinkenden Sensibilität mit zunehmendem Alter zu rechnen (Kalisch 2006).

Die Perzeption bildet die erste Stufe des menschlichen Informationsverarbeitungsprozesses und wurde für die visuelle, auditive und haptische Modalität besprochen. Im folgenden Abschnitt sollen nun einige Modelle bezüglich des Gesamtablaufs der Verarbeitung von Informationen diskutiert werden.

2.2.3 Menschliche Informationsverarbeitung

Es bestehen verschiedene Modellvorstellungen über die menschliche Verarbeitung von Informationen. Ein sehr einfaches Modell, basierend auf den Ausführungen von Cross

& Fisher (1977), präsentiert Karabatsou (2007, S. 22). Als Stufen des Informationsverarbeitungsprozesses („Action Stages") sind dort die folgenden benannt:

- Perceptive Stage,
- Diagnosis Stage,
- Prognosis Stage,
- Decisional Stage,
- Psychomotor Stage.

Diese laufen bezüglich einer Situation seriell ab und erzeugen einen Output, z. B. zum Fahrzeug, welches seinerseits eine Reaktion ausführt, die zur Wahrnehmungsstufe zurückgekoppelt wird. Am Beispiel des an eine Ampel herannahenden Fahrzeugführers könnten die fünf Stufen beispielhaft dargestellt folgende sein:

- Sehen der Ampel,
- Erkennen, dass die Ampel gerade von Grün auf Gelb schaltet – Interpretieren dieser Farbe als Zeichen für „Achtung",
- Antizipieren bzw. aus Erfahrung wissen, dass die Ampel in Kürze auf Rot schalten wird und der kreuzende Verkehr dann freie Fahrt erhält; Abschätzen der eigenen Geschwindigkeit und des Abstands zur Ampel,
- Entscheidung für ein Bremsmanöver,
- Durchführen des Bremsmanövers und Zumstehenkommen vor der Ampel.

An dieser Stelle wird klar, dass die diese Stufen nicht bewusst so seriell und schrittweise vollzogen werden. Karabatsou (2007) weist durch das Ableiten von Unterstützungsdimensionen eine praktische Anwendbarkeit dieser Modellvorstellung nach. Jeder Stufe werden potenziell gefährliche Situationen und denkbare Unterstützungen des Fahrzeugführers durch FAS zugeordnet. Hieraus könnte zusätzlich zu den in Abschnitt 2.1.2 diskutierten Systematiken ein weiterer Gesichtspunkt der Kategorisierung von FAS extrahiert werden.

Eine komplexere Beschreibung der Informationsverarbeitungsprozesse des Menschen bieten die sogenannten Ressourcenmodelle. Innerhalb dieser Gruppe stammt das etablierteste Modell von Wickens (1984), welches kurz erläutert werden soll. Es werden mehrere untereinander nicht austauschbare Arten von Ressourcen angenommen, die selektiv für bestimmte Aspekte der Informationsverarbeitung benötigt werden. Die Art der bei der Aufgabenbearbeitung benötigten Ressourcen ist einerseits abhängig von der

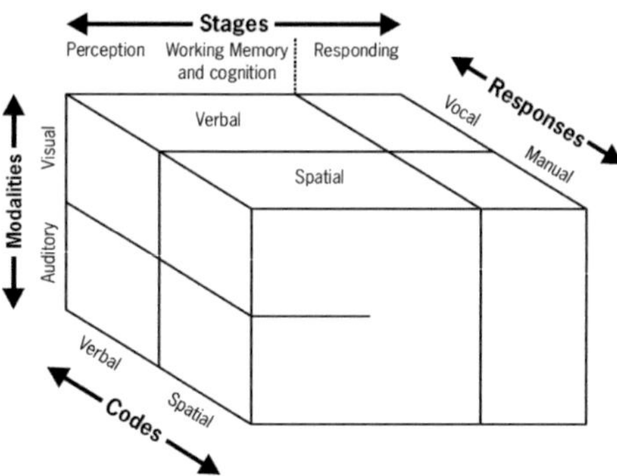

Abb. 2.21: Ressourcenmodell der menschlichen Informationsverarbeitung nach Wickens (1984)

Kodierung der verarbeiteten Informationen („Codes") und andererseits von den physikalischen Eigenschaften der Stimuli („Modalities") sowie der Stufe, in der sich der Verarbeitungsprozess augenblicklich befindet („Stages"). Beispielsweise gehen demnach Reaktionen („Responding") generell auf andere Ressourcen zurück als die Zentralverarbeitung („Central Processing") oder die Wahrnehmung („Encoding").

Zusätzlich ist jede dieser Ressourcen in sich noch einmal aufgeteilt. So ist für eine sprachliche Antwort („Vocal Responding") wiederum nicht die gleiche Ressource verantwortlich wie für eine manuelle („Manual Responding"). Es existiert jeweils ein bestimmter Ressourcenpool, welcher ausschließlich für manuelle Antworten, und einer, welcher ausschließlich für sprachliche Antworten zur Verfügung steht. Analog ist über die ersten beiden Stufen hinweg für die Verarbeitung räumlicher Information („Spatial") eine andere Ressourcenart notwendig als für verbale Information („Verbal"). Außerdem werden Ressourcen für die Wahrnehmung danach unterschieden, ob sie der Verarbeitung visueller oder auditiver Reize dienen. Im Falle der Wahrnehmung existieren also vier unterschiedliche – für jede der vier möglichen Kombinationen von Reizkodierung und Reizmodalität eine – Sparten, die wiederum verschieden sind von den Ressourcenarten, welche für die Antwortgenerierung genutzt werden. Wie Hirst & Kalmar (1987) zeigen, sind gewisse Phänomene allerdings auch mit dieser Modellvorstellung nicht vereinbar. Als Fazit lassen sich die Begrenztheit der Kapazitäten jeder einzelnen Ressource und die Möglichkeit des simultanen Aufnehmens von Informationen unterschiedlicher Modalität festhalten. Dies spricht wiederum für die Empfehlung, Rückmeldungen von FAS auf die Sinneskanäle zu verteilen und den visuellen Kanal nicht zusätzlich zu belasten.

Weitere Ausführungen finden sich im Rahmen von Kapitel 6. Dort ist ein Verfahren vorgestellt, welches auf einer breiten Literaturbasis Empfehlungen für die optimale Gestaltung von FAS-Ausgaben generiert. Abzugrenzen ist die vorliegende Arbeit jedoch deutlich von Werken der psychologischen Grundlagenforschung. So wird keineswegs eine Prüfung oder Verbesserung von Informationsverarbeitungsmodellen oder Ähnliches angestrebt, sondern der aktuelle Stand des Wissens zur Bewältigung der gesetzten Herausforderungen genutzt. Der gegebene Überblick bezüglich Human Factors stellt eine Komponente des systematischen Vorgehens und generischen Anspruchs dar. Als weitere werden Aspekte der Produktentstehungslehre, System- und Wissenschaftstheorie verwendet. Die Grundlagen dazu werden in den folgenden Abschnitten vermittelt.

2.3 Systemtheorie

Wie in der Motivation in Kapitel 1 genannt sollen mit Blick auf den generischen Anspruch und interdisziplinären Charakter der Themenstellung nun zusätzlich zu FAS und HMI selbst Aspekte der Systemtheorie und Produktentstehung diskutiert werden. Die Systemtheorie hat das Auseinandersetzen mit Systemen sowie das Ableiten formalisierbarer Eigenschaften zum Inhalt. Sie dient der Darstellung und dem Verständnis komplexer Sachverhalte und erlaubt eine schärfere Präzisierung der in dieser Arbeit behandelten Themenstellungen. Zunächst erfolgen einige terminologische Ausführungen, mittels derer anschließend Konzepte und Anordnungen von Systemen sowie mögliche Notationsformen vorgestellt werden.

2.3.1 Terminologie und Definitionen

Die Systemtheorie ist als eigene Wissenschaftsdisziplin anzusehen. Sie ist hochgradig interdisziplinär und beschäftigt sich mit der Abstraktion und Formalisierung von Systemen. Für ihren technischer Ableger hat sich als Begriff „Systemtechnik" geprägt. Die Systemtechnik selbst stellt im Sinne der Wissenschaftstheorie eine Meta-Theorie anderer Wissenschaftsbereiche dar. Sie bietet insofern ein transdisziplinäres Regelwerk für fachspezifische Wissenschaftsdisziplinen (Meboldt 2008, S. 85). In enger Verbindung mit der Systemtechnik und Systemtheorie steht der von Wiener (1948) geprägte

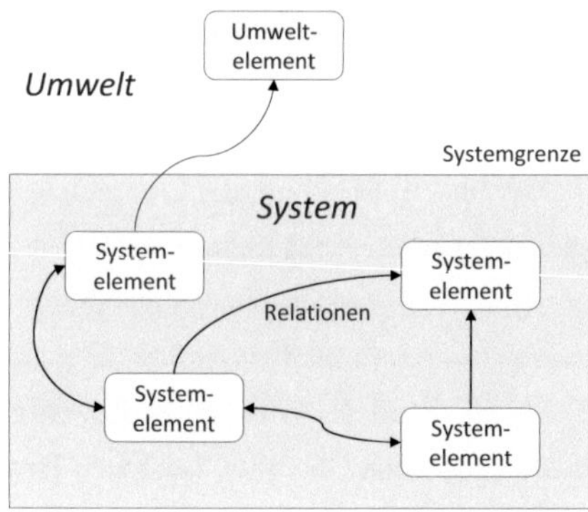

Abb. 2.22: Definition des Begriffs „System" nach Ehrlenspiel (2007)

Begriff der „Kybernetik". Das Bestreben der Kybernetik ist das Steuern hochkomplexer Systeme. Im Rahmen dieser Arbeit wird der teilweise umstrittene Begriff vermieden und stattdessen allgemeiner von „Systemtheorie" gesprochen.

Eine Definition des zentralen Begriffs „System" kann umfassender vorgenommen werden als bereits bezüglich Fahrerassistenz*system* erfolgt. So definiert es der Duden allgemein als ein „aus mehreren Teilen zusammengesetztes u. gegliedertes Ganzes" und spezifisch mit naturwissenschaftlichem Fokus als die „Gesamtheit von Objekten, die sich in einem ganzheitlichen Zusammenhang befinden u. durch die Wechselbeziehungen untereinander gegenüber ihrer Umgebung abzugrenzen sind" (Duden 2009). In Abbildung 2.22 werden die Hauptaspekte dieser und der Definition nach Ehrlenspiel (2007) veranschaulicht. Elemente bilden durch ihre Relationen untereinander ein System, welches sich von seiner Umwelt abgrenzen lässt. Auch Wieczorrek & Mertens (2007, S. 285) nennen die Dichte des Beziehungszusammenhangs zwischen den Elementen als Kriterium für die Definition von Systemgrenzen. Beziehungen bestehen jedoch zusätzlich zwischen Elementen innerhalb und Elementen außerhalb der Systemgrenze (Umweltelemente). Elemente sind hierbei abstrahierte Instanzen, welche Personen, Gegenstände, Prozesse, Technologie usw. darstellen können.

Daneben kann der Begriff auch unter philosophischen, physikalischen oder etymologischen Gesichtspunkten definiert werden. Meboldt (2008, S. 78) fasst zusammen und stützt sich bei der Herleitung vor allem auf Aristoteles (1907, S. 129) und Pulm (2004):

„Unter einem System wird eine von der Umwelt abgrenzbare Einheit verstanden, deren Elemente untereinander (innen) ausgeprägtere Beziehungen besitzen als zu anderen Elementen (außen); im Zusammenspiel der einzelnen Elemente ergeben diese eine höhere Qualität als die Summe der einzelnen Elemente (Emergenz). Ein System ist die Gesamtheit miteinander verknüpfter und sich gegenseitig beeinflussender Elemente, die entsprechend einem bestimmten Zweck organisiert sind."

Die weitreichende Gültigkeit und die damit einhergehende Grobheit des Systembegriffs werden auch durch existierende Klassifizierungen illustriert. So können Systeme natürlich oder künstlich, materiell oder immateriell, real oder ideell, offen oder geschlossen usw. sein. Darauf basierend können einzelne Fahrerassistenzsysteme selbst, ebenso deren separate Funktionsalgorithmen, das HMI oder die Kombination dessen als Systeme angesehen werden. Auch die Gruppe aller FAS bildet wiederum ein System, vom Blickwinkel der FAS aus ein sogenanntes Supersystem. Es muss für die Anwendung von Produktentwicklungsmethoden, welche mit dem System-Begriff arbeiten, im Einzelfall und auf die konkrete Zielsetzung ausgerichtet eine Abgrenzung von Systemen vorgenommen werden. Für die vorliegende Arbeit geschieht dies in Kapitel 3.

2.3.2 Konzepte von Systemen

Es lassen sich verschiedene Konzeptionen von Systemen definieren. So unterteilt Ropohl (2009, S. 75 ff.) wie in Abbildung 2.23 dargestellt das funktionale, hierarchische und strukturale Konzept. Das funktionale Konzept betrachtet die Eingangs- und Ausgangsgrößen und somit die Transformationseigenschaften eines Systems. Das hierarchische Konzept postuliert die Existenz von Super- und Subsystemen für ein jedes System. Im strukturalen Konzept stehen die Relationen zwischen den Systemelementen im Vordergrund.

2.3.3 Notationsvarianten

Das theoretische Konzept der systemischen Sichtweise ist zunächst losgelöst von einer konkreten Darstellungsform. Zu einer formalisierten und einheitlichen Visualisierung und Beschreibung haben sich verschiedene Ansätze herausgebildet. Zu nennen sind hier vor allem die Modellierungssprachen UML (Unified Modeling Language) und die Wei-

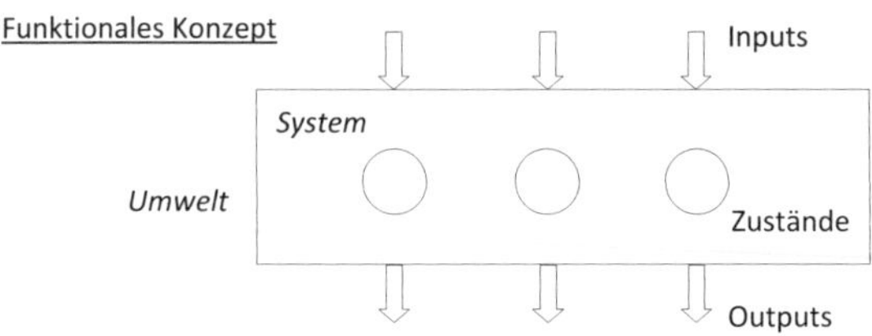

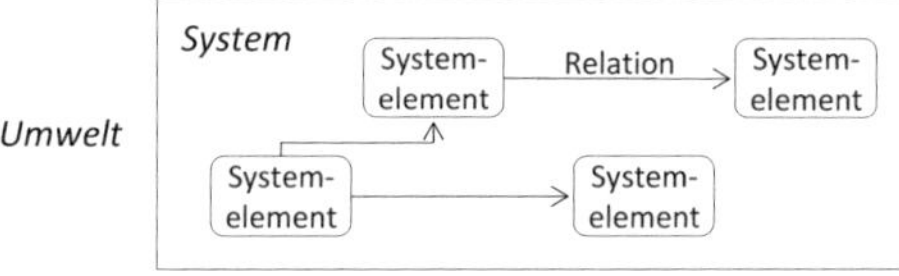

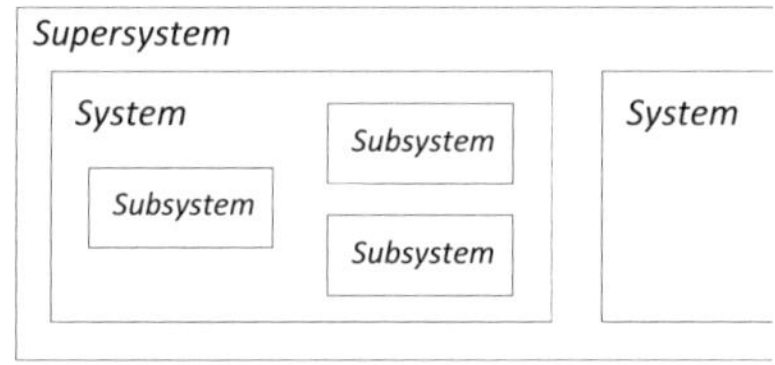

Abb. 2.23: Funktionales, hierarchisches und strukturales Systemkonzept (Ropohl 2009, S. 76)

terentwicklung SysML (Systems Modeling Language). Es existieren weitere Ansätze, z. B. die Business Process Modeling Notation (BPMN) und das Semantische Objektmodell (SOM), welche hier allerdings nicht weiter vertieft werden sollen. Basierend auf der seit dem Jahre 1997 veröffentlichten UML wurde SysML konzipiert, welche noch spezifischer auf die Beschreibung von komplexen (technischen) Systemen ausgerichtet ist und im Jahre 2006 von der Object Management Group (OMG), Inc. offiziell anerkannt wurde (OMG 2006). Analog zur UML umfasst sie im Kern standardisierte Diagramme zur Beschreibung von Modellhierarchien, Zuständen, Abläufen, Kontexten usw.

Häufige Anwendung finden die Blockdefinitionsdiagramme, welche innerhalb der Modellierungssprachen zu den Strukturdiagrammen gehören und der Veranschaulichung hierarchischer Zusammenhänge dienen. Überblicke von Systemhierarchien dieser Arbeit werden sich in der Darstellung an den Vorgaben orientieren, sie jedoch nicht streng befolgen, da das Anliegen keine exakte Softwarespezifikation, sondern das Hervorheben inhaltlicher Zusammenhänge ist.

2.4 Produktentstehung

Der Prozess der Produktentstehung ist im Sinne der Systemtheorie ein komplexer Vorgang, der sich nicht hinreichend durch einfache sequenzielle Modelle beschreiben lässt (Albers & Schweinberger 2001, S. 1). Im Rahmen dieser Arbeit werden Verfahren erstellt, welche die Produktgruppe Fahrerassistenz adressieren und Empfehlungen für deren Ausgestaltung geben. Die Verfahren sollen in die Lehre der Produktentstehung eingegliedert werden, weshalb an dieser Stelle einige Ausführungen zu Modellen der Produktentstehung erfolgen.

Eine umfängliche Kategorisierung von Ansätzen ist aufgrund der häufig nur geringen Unterschiede erstens schwierig und zweitens wäre eine konkrete und detaillierte Differenzierung dieser auch nicht zielführend, weshalb Meboldt (2008, S. 31 f.) lediglich abstrakt in die drei Hauptkategorien Management-, Entwicklungs- und Front-End-Ansätze unterteilt. Managementansätze betrachten die Produktentstehung vor allem aus einem strategischen, betriebswirtschaftlichen Blickwinkel und sind auf die Absicherung von Umsatz und Gewinn fokussiert. Im Gegensatz hierzu steht bei den Entwicklungsansätzen die Technik der Produkte im Vordergrund. Sie haben ihren Ursprung häufig in der klassischen Konstruktionsmethodik. Eine Art Mischform stellen Front-End-Ansätze dar.

Diese vereinen strategische und technische Komponenten miteinander, wodurch sie allerdings in der Anwendung selbst meist wenig konkret sind. Sie fokussieren sich in ihrer Betrachtung sehr stark auf die frühe Phase der Produktentwicklung, um Zielgruppen, Märkte und Risiken neuer Technologien abzuschätzen. An dieser Stelle sollen beispielhaft konkrete Modelle der im Rahmen dieser technisch ausgerichteten Arbeit vorrangig interessierenden Entwicklungsansätze vorgestellt werden.

2.4.1 Vorgehensmodell der VDI-Richtlinie 2221

Das laut Oerding (2009, S. 27) in der industriellen Praxis vermutlich bekannteste Vorgehensmodell wird in der VDI-Richtlinie 2221 (VDI 1993) vorgestellt. Der hohe Bekanntheitsgrad begründet vor allem mit einer starken Verbreitung in der Lehre, weniger aus der tatsächlichen praktischen Anwendung. Es definiert einen siebenstufigen Phasenplan zur Beschreibung des generellen Vorgehens beim Entwickeln und Konstruieren. Die einzelnen Arbeitsschritte des Modells sind in Abbildung 2.24 nachzuvollziehen. Zu Beginn soll das Klären und Präzisieren der Aufgabenstellung vorgenommen werden. Anschließend erfolgt das Ermitteln der vom Produkt zu erfüllenden Teilfunktionen und deren Gliederung und Kombination zu Strukturen. Im dritten Schritt sollen prinzipielle Lösungen gefunden und wiederum strukturiert werden. Danach wird eine Gliederung in realisierbare, modulare Strukturen vorgenommen. Im fünften Schritt geschieht durch das Gestalten maßgebender Module und das Erstellen von Vorentwürfen ein Konkretisierungs- bzw. Realisierungssprung. Auf dieser Grundlage wird die Endgestaltung vollzogen, indem alle Gruppen und Teile finalisiert und verknüpft werden. Der siebte und letzte Schritt sieht das Ausarbeiten der Ausführungs- und Nutzungsangaben vor, wobei dies häufig parallel zu den vorhergehenden Arbeiten erfolgt. Zu jeder Aufgabe wird ein Arbeitsergebnis benannt, welches zur Erfüllung und gegebenenfalls Anpassung der Anforderungen dient. Zwar illustriert der Balken auf der linken Seite die Möglichkeit und Empfehlung des iterativen Vor- und Zurückspringens zu einem oder mehreren Arbeitsschritten im Laufe eines Projekts, dennoch bleibt der Charakter des Modells eher seriell und starr. Dies wird der Komplexität und Einzigartigkeit eines jeden Produktentstehungsprozesses allerdings nicht gerecht (Albers 2010).

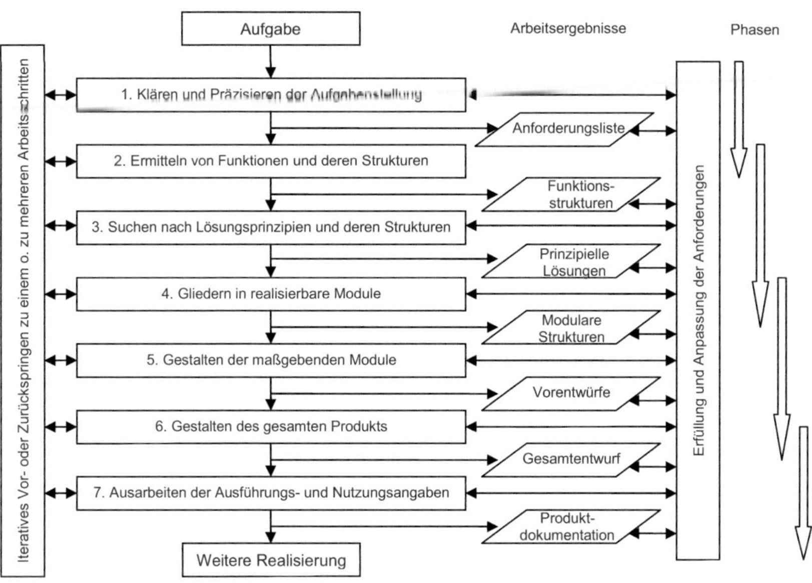

Abb. 2.24: Generelles Vorgehen beim Entwickeln und Konstruieren gemäß VDI-Richtlinie 2221
(VDI 1993, S. 9)

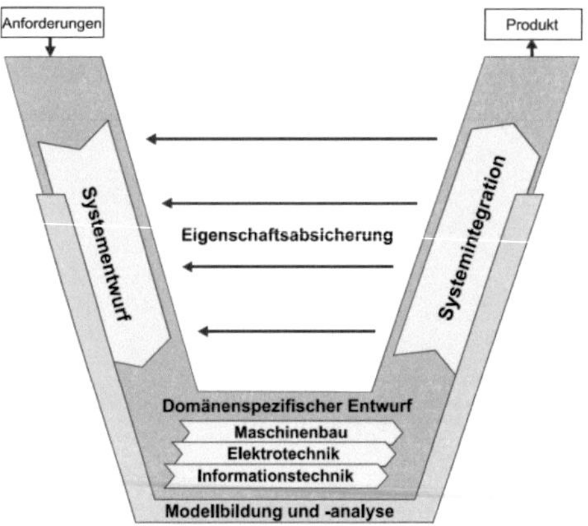

Abb. 2.25: Das V-Modell als Entwicklungsmethodik gemäß VDI-Richtlinie 2206 (VDI 2004, S. 29)

2.4.2 Vorgehensmodell der VDI-Richtlinie 2206

Ein weiterer Entwicklungsansatz ist das „V-Modell" der VDI-Richtlinie 2206 (VDI 2004). Es hat seinen Ursprung 1986 im militärischen Bereich der Bundesrepublik Deutschland und wurde daraufhin vor allem in der Softwareentwicklung verbreitet und dort etabliert. Im aktuellen Stand der Norm ist verallgemeinert von einem „domänenspezifischen Entwurf" und vom „generischen Vorgehen beim Entwurf" (VDI 2004, S. 29) die Rede, was den Anspruch der Übertragbarkeit und übergreifender Anwendbarkeit unterstreicht. Im Gegensatz zu klassischen phasenorientierten Modellen gibt es keinen expliziten zeitlichen Ablauf, sondern lediglich Arbeitspakete und Resultate vor.

Im Kern stellt das V-Modell die Kombination einer Top-Down- und einer Bottom-Up-Logik dar. Die linke Seite der V-förmigen Darstellung stellt die Anforderungen und somit den Systementwurf dar. Dies erfolgt top-down, d. h. begonnen bei der Systemanforderungsanalyse, über den Systemgrobentwurf, Systemfeinentwurf, Subsystemanforderungsanalyse usw., bis hin zur Implementierung. Die rechte Seite adressiert das Produkt und somit die Systemintegrationen und -tests. Die entworfenen Systeme werden mittels eines Bottom-Up-Vorgehens integriert, getestet und abschließend in die Nutzungsphase übergeleitet. Die Aufgaben einer Vorentwicklung und insofern relevanteren Aspekte für die vorliegende Arbeit sind auf dem linken Ast angesiedelt.

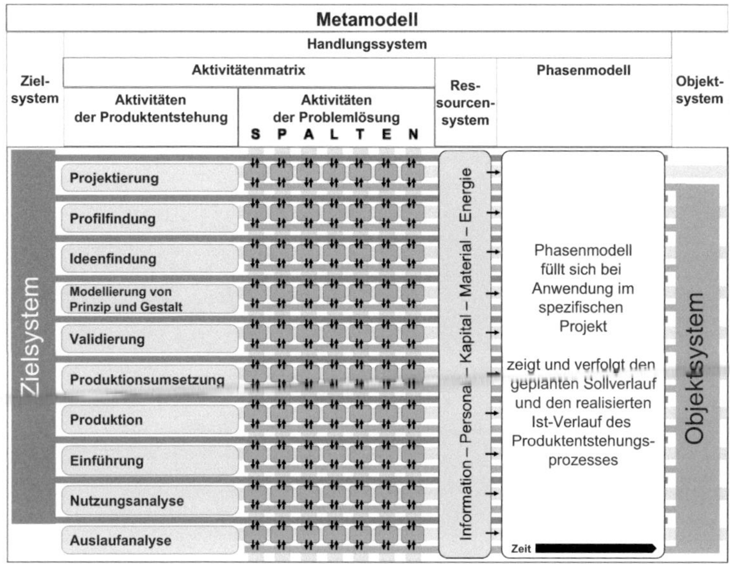

Abb. 2.26: Das integrierte Produktentstehungs-Modell (iPeM) nach Albers (2010)

2.4.3 Das integrierte Produktentstehungs-Modell (iPeM)

Ein sehr umfassendes und flexibles Konzept stellt das „integrierte Produktentstehungs-Modell" (iPeM) nach Albers (2010) dar. Es ist in Abbildung 2.26 schematisch darge-stellt. Das Modell nimmt eine Integration mehrerer bestehender Ansätze vor und ist dadurch umfassender als isolierte Ansätze. Die Bestehenden wurden in Management-, Entwicklungs- und Front-End-Ansätze unterteilt. Das iPeM integriert die unterschiedli-chen Sichtweisen, wobei es auf dem Problemlösungsprozess „SPALTEN" gemäß Albers (2010) basiert. Dieser besteht aus den folgenden Schritten:

- SA – Situationsanalyse,
- PE – Problemeingrenzung,
- AL – Alternative Lösungssuche,
- LA – Lösungsauswahl,
- TA – Tragweitenanalyse,
- EU – Entscheiden und Umsetzen,
- NL – Nacharbeiten und Lernen.

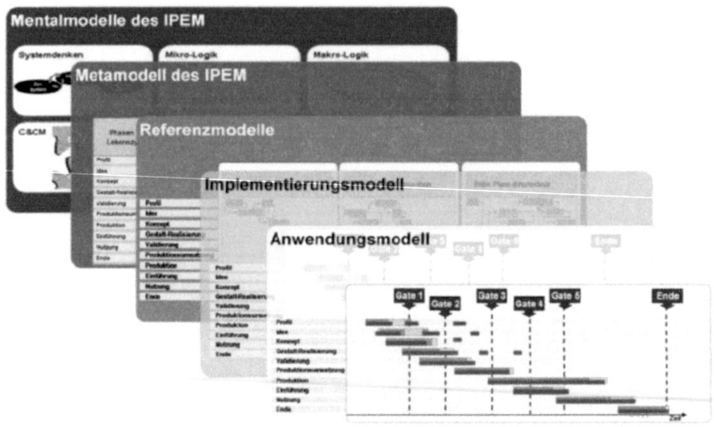

Abb. 2.27: Modellebenen des iPeM (Meboldt 2008, S. 202)

Diese Schritte werden, wie in Abbildung 2.26 gezeigt, den Aktivitäten der Produktentstehung in einer Matrix gegenübergestellt. Dadurch stehen das Ziel- und Objektsystem miteinander im Austausch. Im Phasenmodell werden zeitliche Abläufe dokumentiert und verfolgt, wobei entsprechende Ressourcen aus dem Ressourcensystem zugeordnet werden.

Das iPeM bildet vom mentalen bis hin zum operativen Arbeitsablauf sämtliche Prozesse der Produktentstehung ab. Die häufig vorgenommene Betrachtung lediglich anhand von Referenzprozessen ohne gemeinsames Metamodell ist unzureichend. Demnach stoßen diese an eine Grenze, sobald fest vordefinierte Abläufe verlassen werden, was sie für den realen Einsatz unzweckmäßig werden lässt. Es wird der Vergleich mit einer Routenbeschreibung in unbekanntem Gelände angeführt, welche nur präzise und hilfreich ist, wenn der geplante Weg eingehalten wird. Wird der Weg verlassen, benötigt man ein Metamodell, in diesem Fall eine Landkarte. Durch das iPeM werden die Ebenen Mental-, Meta-, Referenz-, Implementierungs- sowie Anwendungsmodell bedient (Abbildung 2.27). Dies führt zu einer deutlich höheren Flexibilität in der Anwendung, vor allem falls statisch vordefinierte Pfade verlassen werden müssen.

Die vorliegende Arbeit bezieht sich häufig auf das ZHO-Modell, weshalb dieses nun weiter ausgeführt werden soll. Es bildet sich aus den drei Teilsystemen der Technikgenese in der Systemtechnik nach Ropohl (1979) – Zielsystem, Handlungssystem und Objektsystem, welche wie folgt definiert werden [Ropohl (1979, S. 32 ff.), Ropohl (2009, S. 151 ff.)]:

- Handlungssystem: Ist ein System, das eine Ausgangssituation in eine Endsituation überführt. Dabei transformiert es Information, Energie und Materie. Es bildet die Zusammenführung von Menschen und Artefakten.
- Objektsystem: Das Objektsystem ist ein Teilsystem des Handlungssystems und transformiert lediglich Energie und Materie.
- Zielsystem: Die Koordination erfolgt über ein abstraktes, zieldefinierendes Struktursystem, welches auch die Regeln der Kommunikation bestimmt.

Walther (2001, S. 26 f.) definiert die drei Begriffe produktbezogener und greifbarer wie folgt:

- Das Objektsystem beschreibt den Gegenstand oder das Produkt, das durch eine Entwicklung realisiert werden soll. Dabei kann dieses Produkt ein technisches Gerät, ein Programm oder eine Organisation sein.
- Das Zielsystem beschreibt die Anforderungen an ein Produkt oder an ein technisches System. Hier werden aus den allgemeinen Wünschen und dem Bedarf des Kunden Anforderungen definiert, die ein Produkt erfüllen soll.
- Das Handlungssystem beschreibt die Organisationen und deren Abhängigkeiten untereinander, die ein Produkt entwickeln, herstellen und vertreiben. Diese Darstellung zeigt auf, welche Aufgaben ein Element (z. B. Abteilung oder Mitarbeiter) im Unternehmen hat.

Es ist generell eine primäre Orientierung am Zielsystem zu empfehlen. Eine Orientierung am Objektsystem würde ein Ausrichten der Handlung am Erreichten bedeuten und insofern als nicht effizient angesehen (Oerding 2009, S. 108). Eine Verbindung zwischen ZHO-Modell und des in dieser Arbeit erstellten Rahmenwerks erfolgt im Zuge der systemtheoretischen Analyse des Themas in Kapitel 3. Eine detaillierte Zuordnung der Verfahren zu den angesprochenen Modellen der Produktentstehung wird schließlich in Kapitel 8 vorgenommen.

2.4.4 Markenspezifische Produktentwicklung

Abgesehen von den im vorangegangenen Abschnitt besprochenen Modellen des Produktentstehungsprozesses existieren spezielle Methoden des Marketings mit der Zielsetzung, markenadäquate, markentypische Produkte entstehen zu lassen. Die zugrunde liegende Hypothese und das Ziel sind eine höhere Akzeptanz der Produkte seitens der Endkunden. Unter dem Wort „Marke" wird ein gewerbliches Schutzrecht in Form eines Begriffs, eines Zeichens, eines Symbols, einer Gestaltungsform oder einer Kombination dieser verstanden (Meffert 2005). Durch konsistentes Auftreten eines Unternehmens[6] wird die Markenidentität gesteuert und gestärkt, was zu erhöhter Konsumententreue führen kann (Scheier & Held 2007). Auch in Anlehnung an das in Abschnitt 2.2.1 vorgestellte Akzeptanzmodell erwerben Kunden diejenigen Markenprodukte, mit deren Attributen sie sich identifizieren können und die ihnen persönlich wichtig sind. Im Rahmen dieser Arbeit werden solche Produkteigenschaften als „Typikalitätsattribute" bezeichnet und in allgemeinem Sinn von „Markentypikalität" gesprochen.

Entsprechend Tomiyama et al. (2009) sowie Grabowski (1997, S. 38) sind beispielhaft die folgenden Methoden zu nennen:

- Marktanalyse,
- Benchmarking,
- Delphi,
- Kreativitätstechniken,
- Kano,
- Taguchi,
- Portfolioanalyse,
- Quality Function Deployment (QFD),
- Morphologischer Kasten,
- TRIZ.

Im Allgemeinen dienen diese Methoden dem Füllen des Zielsystems nach obiger Definition. Sie werden innerhalb des Kapitels 4 auf Tauglichkeit bezüglich der Produktgruppe Fahrerassistenz überprüft, wobei zusätzlich ein neues Verfahren abgeleitet und empirisch evaluiert wird. An dieser Stelle sollen die drei besonders relevanten Methoden Delphi, Kano und QFD besprochen werden.

Die Delphi-Methode dient dem Zusammenführen von Expertenmeinungen. Hierbei werden entsprechende Personen zunächst einzeln zu ihren Meinungen befragt, die

---

6 Häufig werden hierfür die Begriffe „Corporate Identity" (CI), „Corporate Communication" (CC) und „Corporate Behavior" (CB) verwendet.

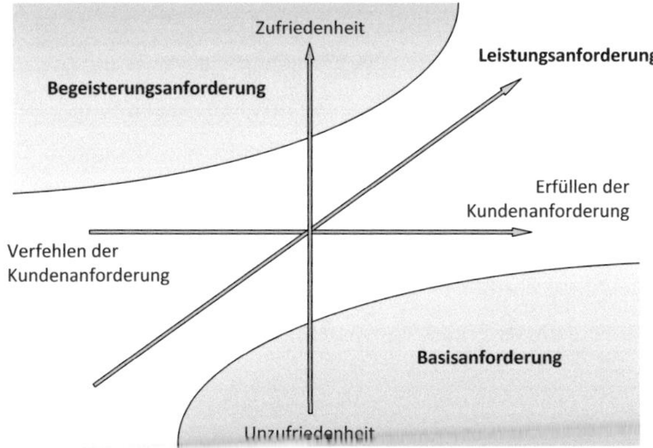

Abb. 2.28: Das Kano-Modell (Kano 1984)

Ergebnisse ausgewertet und anschließend der gesamten Gruppe von Experten vorgelegt. In dieser zweiten Runde wird es zumeist konsensuale und divergierende Meinungen geben, wobei die Diskussionspunkte und -resultate als Ergebnis protokolliert werden. Je nachdem, wie gut die Meinungen konvergieren, sind mehrere Durchläufe denkbar (Gabler 2010). Die Methode ist generell zur Prognose zukünftiger Entwicklungen und Bestandsaufnahme aktueller komplexer Situationen geeignet und kann in diesem Sinne auch als Mittel zum Erzeugen markenspezifischer Produkte verwendet werden.

Das Prinzip des Kano-Modells ist die Darstellung der Kundenzufriedenheit als Funktion des Erfüllungsgrades der Kundenwünsche. Abbildung 2.28 veranschaulicht dies in einem entsprechenden Koordinatensystem. Es ergeben sich somit vier Quadranten, welche gemäß von Regius (2005, S. 23 ff.) inhaltlich interpretiert werden können. Der erste Quadrant (oben rechts) stellt den Bereich hoher Erwartungserfüllung sowie hoher Kundenzufriedenheit und somit das Ziel einer erfolgreichen Produktentstehung dar. Dieses Segment beinhaltet typischerweise sehr preisintensive Produkte. Der dritte Quadrant (unten links) bildet das Inverse und steht für eine geringe Erwartungserfüllung sowie geringe Kundenzufriedenheit. Für Produkte in diesem Segment besteht im direkten Gegensatz zum ersten Quadranten großer Handlungsbedarf. Der zweite Quadrant symbolisiert eine eher hohe Zufriedenheit trotz einer eher geringen Erfüllung der Erwartungen. In diese Kategorie fallen vor allem sehr innovative Produkte oder Funktionen. Bei von

Regius (2005, S. 24) wird das Beispiel der ersten tragbaren CD-Player aufgeführt, welche die ursprüngliche Erwartung einer unterbrechungsfreien Wiedergabe auch bei leichten Erschütterungen, z. B. beim Joggen, nicht erfüllen konnten, auf Grund ihres Neuigkeitswertes dennoch zumeist hohe Kundenzufriedenheit erzeugten. Das Gegenstück hierzu, Quadrant vier, bildet eine hohe Erwartungserfüllung bei trotzdem geringer Kundenzufriedenheit ab. Hier spielt die Zuverlässigkeit der Funktionen eine große Rolle. Die funktionalen Anforderungen sind zwar prinzipiell erfüllt, fallen aber beispielsweise bisweilen aus, was in Summe eine Unzufriedenheit beim Kunden erzeugt.

Auf Basis dieser Reflektion der vier Quadranten können in das Koordinatensystem wie gezeigt Linien unterschiedlicher Qualitäten des Produkts gezeichnet werden. Die Basisqualität stellt die Mindesterwartungen des Kunden dar. Diese Eigenschaften des Produkts werden als selbstverständlich angesehen und bilden die unbedingte, teilweise unbewusste Voraussetzung für den Kauf – heutzutage z. B. die Farbdarstellung bei einem Fernseher. Die Anforderungen an die Leistungsqualität sind dem Kunden bewusst und mit deren Erfüllung steigt die Zufriedenheit in gleichem Maße – z. B. Farbqualität und Schärfe des Fernsehbildes. Begeisterungsqualitäten sind besondere Leistungen, mit denen der Kunde nicht unbedingt gerechnet hat, durch deren Vorhandensein die Zufriedenheit allerdings stark steigen kann – z. B. hochqualitative, mehrfache Bild-in-Bild Funktion des Fernsehers.

Die Methode des Emotion Engineering nach Resch & Mast (2006) ist die Weiterentwicklung des Quality Function Deployment (QFD). Ziel dieser wirtschaftswissenschaftlichen Methode ist das Umsetzen von Kundenwünschen in Merkmale von Produkten oder Dienstleistungen, wobei die Anwendung in jeder Phase der Forschung, Produktentstehung bis hin zu Marketing und Verkauf möglich ist (Saatweber 2007). Im Kern werden hierbei Kundenanforderungen erhoben und mit Qualitätsmerkmalen des Produkts korreliert. Insofern kann durch Emotion Engineering auch eine kundenorientierte Gestaltung von Fahrzeugen und deren Ausstattungsdetails erwirkt werden. Außerdem besteht die Möglichkeit des methodischen Aufdeckens von „Over-Engineering" (Resch & Mast 2006, S. 119). Weitere Details der konkreten Anwendungen finden sich in Kapitel 4.

2.5 Wissenschaftstheorie

In diesem Abschnitt werden knapp grundsätzliche Arbeitsweisen zum Erzeugen von wissenschaftlichem Erkenntnisgewinn beschrieben. Hierdurch wird das strukturelle Vorgehen im Rahmen der vorliegenden Dissertation motiviert und der generische Anspruch betont.

2.5.1 Erkenntnislogik

Klassischerweise werden zwei konkurrierende Verfahren des Erkenntnisprozesses unterschieden – die Induktion und die Deduktion (Bortz & Döring 2002, S. 299). Bei induktivem Vorgehen schlussfolgert man aus Einzelerkenntnissen auf eine Gesetzmäßigkeit. Induktion ist somit der Weg vom Speziellen zum Allgemeinen. Als Gegenpart wird bei deduktivem Ansatz ausgehend von einer allgemeinen Gesetzmäßigkeit und einer Randbedingung, die den betrachteten Fall unter dieser Gesetzmäßigkeit subsumiert (Antezedenz), auf den zu erklärenden Sachverhalt (Explanandum) geschlossen. Deduktion ist damit das Vorgehen vom Allgemeinen zum Speziellen. Eine dritte mögliche Form der Erkenntnislogik ist der von C. S. Peirce geprägte Abduktionsschluss. Hierbei wird von der allgemeinen Gesetzmäßigkeit und einem Resultat hypothetisch auf einen Einzelfall geschlossen.

Bis in die aktuelle Zeit herrscht in Teilen der Philosophie keine eindeutige Ansicht über reale Existenz und tatsächliche Zweckmäßigkeit der unterschiedlichen Vorgehen (Paavola 2004). Kritik an der Deduktion wird wegen ihres rein „wahrheitsbewahrenden" Charakters geübt, durch den kein neues, sondern lediglich redundantes Wissen erzeugt wird (Bortz & Döring 2002, S. 300). Hinsichtlich der Induktion nennen Kritiker die „tautologische Transformation" bei der Anwendung auf spezifische Problemstellungen „unspektakulär" (Frank 2003, S. 283). Die Abduktion hingegen beinhalte das höchste Risiko der Fehlbarkeit und besitzt laut Bortz & Döring (2002, S. 301) einen „stark spekulativen Charakter". Diese theoretischen Diskussionen sollen im Rahmen dieser Arbeit allerdings nicht vertieft werden. Wie in Kapitel 3 ausgeführt, werden die empirischen Bestrebungen vorrangig induktiv geprägt sein.

2.5.2 Empirische Forschungs- und Evaluationsmethoden

Bezüglich empirischer Forschungs- und Evaluationsmethoden existieren unterschiedliche Möglichkeiten der Klassifikation. So kann zunächst die Art der Untersuchung festgelegt werden, wobei Bortz & Döring (2002, S. 53 ff.) hierzu zwei Kriterien definieren – den Stand der Forschung und den Gültigkeitsanspruch der Untersuchungsbefunde. Je nach Stand der Forschung werden explorative, populationsbeschreibende oder hypothesenüberprüfende Untersuchungen empfohlen. Erstere werden in relativ unerforschten Wissensgebieten durchgeführt und dienen dazu, neue Hypothesen zu generieren bzw. zunächst überhaupt die Voraussetzungen zu schaffen, Hypothesen zu formulieren. Populationsbeschreibende Untersuchungen finden häufig bei demoskopischen Fragestellungen Anwendungen und zielen auf die Beschreibung einer Grundgesamtheit hinsichtlich spezifischer Merkmale ab. Hypothesenprüfende Untersuchungen werden eingesetzt, wenn der Stand des Wissens die fundierte Formulierung von Hypothesen erlaubt, die dann verifiziert oder falsifiziert werden.

Mit Blick auf das zweite Kriterium, den Gültigkeitsanspruch der Untersuchungsbefunde, ist zwischen experimentellen und quasiexperimentellen sowie Feld- und Laboruntersuchungen zu differenzieren. Bei experimentellen Untersuchungen werden bewusst zufällig zusammengestellte Gruppen verglichen, wohingegen im quasiexperimentellen Fall natürlich gewachsene Gruppen miteinander verglichen werden. Die Unterscheidung zwischen Feld- und Laboruntersuchung findet anhand des Ortes der Versuchsdurchführung statt. Im ersten Fall handelt es sich um eine weitestgehend natürliche und lebensnahe, bei einem Laborexperiment um eine künstlich erzeugte Umgebung. Der Anspruch an die interne und externe Validität der Ergebnisse bestimmt hierbei die zu verwendende Untersuchungsart (Bortz & Döring 2002, S. 57). Interne Validität liegt vor, wenn die Untersuchungsergebnisse eindeutig interpretierbar sind, und sinkt insofern mit wachsender Anzahl plausibler Alternativerklärungen für die gefundenen Resultate. Externe Validität bedeutet die Generalisierbarkeit der Untersuchungsergebnisse über die untersuchten Personen hinaus und sinkt mit wachsender Unnatürlichkeit der Untersuchungsbedingungen sowie abnehmender Repräsentativität der untersuchten Stichproben.

Bezüglich der eigentlichen Datenerhebung kann zwischen quantitativer und qualitativer Forschung unterschieden werden. Die erhobenen Daten sind im ersten Fall numerischer und im zweiten Fall nichtnumerischer Natur. Dieser Punkt ist eng mit der Art der Erhebung verknüpft. Freie und strukturierte Interviews beispielsweise führen zunächst zu rein qualitativen Daten in Form von textuellen Protokollen oder Ähnlichem. Standardisierte Fragebögen allerdings mit vorgegebenen Antwortkategorien resultieren in quantitativen Daten ebenso wie sämtliche digitale Aufzeichnungen (z. B. CAN-Recordings) als Datenerhebungsverfahren.

Als weitere Unterteilung quantitativer Daten kann das Skalenniveau betrachtet werden, wobei zwischen Nominal-, Ordinal-, Intervall- und Verhältnisskala unterschieden wird (Bortz & Döring 2002, S. 73). Die mögliche Aussage einer Nominalskala ist Gleichheit oder Verschiedenheit zweier Messwerte, z. B. Krankheitsklassifikationen. Die Ordinalskala ermöglicht eine Aussage zu kleiner-größer-Relationen, z. B. Windstärken. Sind die Abstände zwischen den Rängen normiert, d. h. ihre Differenzen gleich, liegt eine Intervallskala vor, z. B. Temperatur. Die Verhältnisskala besitzt einen Nullpunkt und erlaubt daher zusätzlich eine Aussage über die Verhältnisse von Messwerten untereinander, z. B. Längenmessung.

Da die Vollerhebung einer interessierenden Population in den seltensten Fällen möglich ist, wird eine Auswahl von Untersuchungsobjekten notwendig (Bortz & Döring 2002, S. 398). Eine solche Stichprobe sollte vor allem bezüglich zweier Aspekte betrachtet werden – dem Umfang und der Repräsentativität. Bortz & Döring (2002, S. 422) nennen die Abhängigkeit des Stichprobenumfangs einerseits von der erwünschten Genauigkeit der Aussage und andererseits von den zur Verfügung stehenden Ressourcen. In diesem Zusammenhang wird auch der unverhältnismäßig große Aufwand für die Steigerung der Genauigkeit über ein bestimmtes Level hinaus betont. Der Aufwand und Nutzen sollten insofern in einem guten Verhältnis stehen. Abgesehen von dieser sehr allgemeinen Aussage besteht die Möglichkeit, den „optimalen" Stichprobenumfang zu berechnen (Bortz & Döring 2002, S. 602 und 612).

Der zweite wichtige Aspekt für eine Stichprobe ist die Repräsentativität. Diese ist entgegen häufiger Äußerungen völlig losgelöst von dem reinen Stichprobenumfang (Bortz & Döring 2002, S. 400). Vielmehr meint sie ein Vorkommen der relevanten Merkmalsausprägungen in der Stichprobe entsprechend den Merkmalsausprägungen der Populationszusammensetzung. Welches die relevanten Merkmale sind, ist stark abhängig von der jeweiligen Untersuchungshypothese.

Zu den Vorarbeiten empirischer Forschung zählt außerdem das Aufstellen von Versuchsplänen. Hierzu zählt zuerst das Benennen der unabhängigen und der abhängigen Variablen, wobei Erstere auch als „Treatment" oder „Faktor" bezeichnet wird. Diese unabhängige Variable (UV) ist der innerhalb der Untersuchung gezielt veränderte Parameter, anhand der abhängigen Variablen (AV) wird der Einfluss hierdurch quantifiziert. Beispielsweise könnte die UV unterschiedliche Farben eines Fahrzeugs jeweils gleichen Typs sein und die AV das Gefallen von befragten Personen. Würden fünf verschiedene Fahrzeugfarben gezeigt, wäre es eine fünfstufige UV. Interessierte tatsächlich ausschließlich das Gefallen der Farbe, wäre andere Einflussparameter auf das Urteil, z. B. die Lichtverhältnisse oder der Abstand zum Fahrzeug, als Störgrößen zu bezeichnen. Eine Standardmethode zur Reduzierung unerwünschter Einflüsse der Störgrößen ist die Randomisierung, d. h. die zufällige Abfolge der UV-Stufen bzw. die zufällige Verteilung der UV-Stufen auf die Versuchsteilnehmer (Bortz & Döring 2002, S. 57 und 525). Für komplexere Versuchsdesigns sind Methoden des „Design of Experiments" (DoE) mit „Screening-Versuchsplänen" hilfreich. Diese erlauben, die Anzahl der notwendigen Versuche bei mehreren UVs mit mehreren Stufen erheblich zu reduzieren und steigern somit die Effizienz der Versuchsdurchführung (Zhou et al. 2008). Auch Bortz & Döring (2002, S. 531 ff.) nennen verschiedene faktorielle Versuchspläne zur Effizienzsteigerung.

Zur Auswertung und Interpretation erhobener Daten dienen einerseits die deskriptive und andererseits die induktive bzw. Interferenzstatistik. Im Rahmen dieser Arbeit gelangen unterschiedliche Methoden zum Einsatz, welche in den jeweiligen Kapiteln erklärt werden. In diesem Kapitel wurden die Grundlagen zur interdisziplinären Behandlung der Produktgruppe Fahrerassistenz diskutiert. Hierzu zählen neben der Beschreibung der FA-Funktionen selbst Aspekte der menschlichen Informationsaufnahme und -verarbeitung, Ansätze der Systemtheorie und Modelle des Produktentstehungsprozesses sowie Systematiken der Wissenschaftstheorie. Auf diesem Fundament aufbauend soll im folgenden Kapitel 3 eine systemtheoretische Analyse durchgeführt sowie die detaillierte Zielsetzung hinter dem Anspruch einer generischen Behandlung der Produktgruppe Fahrerassistenz hergeleitet werden.

3 Systemtheoretische Analyse und Zielsetzung

In den vorangegangenen Abschnitten wurde Grundlagenwissen zu Funktionen der Fahrerassistenz, zu menschlicher Informationsaufnahme und -verarbeitung, zu allgemeinen Produktentstehungsmodellen und marktorientierten Produktentwicklungsmethoden sowie der System- und Wissenschaftstheorie vermittelt. Diese Themenkreise stellen das Fundament für die weitere Betrachtung der Produktgruppe Fahrerassistenz dar. Die Motivation hierzu wurde bereits in der Einleitung angesprochen. Bei einer zunehmenden Anzahl technisch realisierbarer FAS muss die Kompetenz eines Automobilherstellers (OEM) in der sorgfältigen Auswahl der Funktionen liegen, wobei eine Unklarheit über die generelle fahrerseitige Erwünschtheit dieser Funktionen in den Fahrzeugen herrscht und eine explizite Systematik für den markenspezifischen Auswahlprozess bislang fehlt. Es wird aufgezeigt, dass eine Steigerung der kundenseitigen Akzeptanz dieser Systeme erfolgen kann, indem das funktionale Verhalten sowie ihre Darbietung im Fahrzeuginnenraum markentypisch vorgenommen werden, was bislang häufig nur implizit und unsystematisch erfolgt. Ferner besteht aufgrund der steigenden Anzahl an Systemen mit aktivem Zugriff auf die Mensch-Maschine-Schnittstelle die Gefahr einer Informationsüberflutung des Fahrzeugführers. Ohne Berücksichtigung der menschlichen Informationsaufnahme- und -verarbeitungsprozesse zur ergonomischen Optimierung der HMI-Konzepte kann diese kaum verringert werden.

Der hier angestrebte generische Charakter der Ergebnisse meint einerseits die Ebene der Übertragbarkeit der entwickelten Verfahren. Diese sollen in ihrer Anwendung nicht auf spezifische FAS reduziert sein, sondern geben übergreifende Empfehlungen für eine adäquate Umsetzung und Gestaltung beliebiger FAS. Andererseits ist hiermit der Anspruch einer systemtheoretisch umfassenden Sichtweise gemeint. In expliziter Abgrenzung zu anderen Forschungsarbeiten wird beispielsweise das HMI der FAS lediglich als ein Subsystem des betrachteten Gesamtsystems (Produktgruppe Fahrerassistenz) aufgefasst. Hierdurch wird eine übergreifende, multidisziplinäre Sichtweise

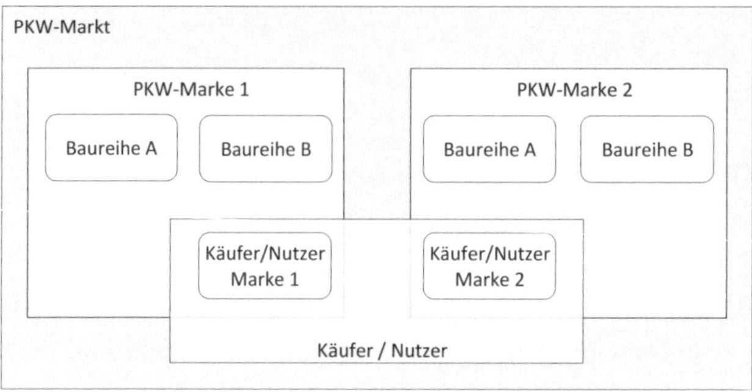

Abb. 3.1: Einfache Systematisierung des Pkw-Marktes

erzeugt, die wichtige vorgelagerte Entscheidungen wie die markenadäquate Auswahl von FAS in den Gestaltungsprozess mit einbezieht.

3.1 Systemhierarchische Strukturierung

Zur Aufstellung und Definition von Super- und Subsystemen bedarf es der Festlegung von Systemgrenzen. In Abschnitt 2.3 wurden der Systembegriff und damit die Abgrenzungseigenschaften erläutert. So ist das Kriterium eine stärkere Beziehung der inneren Elemente untereinander als zu den Elementen der Umwelt. Außerdem entsteht im Zusammenwirken dieser Elemente eine höhere Qualität als durch die Summe der Einzelteile. Ferner wurden verschiedene Konzepte von Systemen vorgestellt. Die thematische Ausrichtung dieser Arbeit soll nun anhand einer einfachen hierarchischen Darstellung des Systems Pkw-Markt (Abbildung 3.1) besprochen werden.

Entsprechend der obigen Definition besitzen die Elemente innerhalb eines Systems untereinander stets engere Beziehungen als zu den Elementen umgebender Systeme. Abgrenzungen zwischen Fahrzeugen unterschiedlicher Hersteller können gezogen werden, sofern die Elemente eines Fahrzeugs in engeren Beziehungen zueinander als zu Elementen benachbarter und umgebender Systeme, hier Fahrzeuge, stehen. Diese engere Beziehung soll in Anlehnung an die Definition in Kapitel 2 mit dem Begriff Markentypikalität bezeichnet werden. Fahrzeuge einer Marke lassen sich durch ihre für die Marke typische Gestaltung von anderen Fahrzeugen abgrenzen, d. h., Fahrzeugmarken besit-

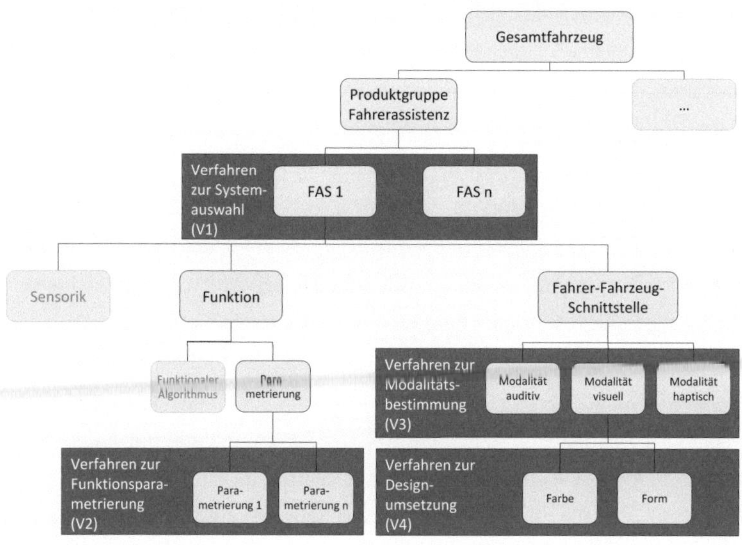

Abb. 3.2: Systematisierung der Herausforderungen bezüglich der Produktgruppe Fahrerassistenz

zen bestimmte Typikalitätsattribute, welche sich zunächst anhand des Gesamtprodukts „Fahrzeug" identifizieren lassen. Damit weitere Subsysteme, z. B. unterschiedliche Baureihen eines Herstellers, auch tatsächlich als zum Supersystem gehörend wahrgenommen werden, sollten diese ebenfalls die Attribute der Markentypikalität berücksichtigen. Analoges gilt für Subsubsysteme, z. B. FAS. Je stärker auch diese den Markenattributen entsprechen, desto eher können sie als zum Gesamtprodukt Fahrzeug passend angesehen werden. Die globale Hypothese ist eine daraus resultierende erhöhte Kundenakzeptanz der FAS nach dem in Abschnitt 2.2.1 beschriebenen Akzeptanzmodell. Diesem entsprechend wird erwartet, die Einstellung zu Kauf und Nutzung und die mutmaßliche Akzeptanz bei relevanten Bezugsgruppen zu erhöhen sowie die Bedenken hinsichtlich negativer Konsequenzen zu verringern.[1] Zusätzlich sind die Personen, welche Fahrzeuge kaufen und nutzen, abgebildet. Sie entscheiden sich für den Pkw, durch welchen diese Bedürfnisdimensionen individuell am besten bedient werden.

---

1 Dimensionen 1, 3 und 4 des Akzeptanzmodells, siehe Abschnitt 2.2.1

Zur Systematisierung der sich somit stellenden Herausforderungen wird vom Gesamtfahrzeug ausgehend weiter reduktionistisch vorgegangen. In Abbildung 3.2 ist die als Kernthema dieser Arbeit interessierende Produktgruppe Fahrerassistenz hervorgehoben. Sämtliche anderen Bestandteile des Fahrzeugs werden nicht separat analysiert, was durch die entsprechende Box auf der rechten Seite angedeutet ist. Die Produktgruppe Fahrerassistenz setzt sich ihrerseits aus einzelnen FAS zusammen. Wie dargestellt resultiert an dieser Stelle die erste Herausforderung einer Unterstützung im Auswahlprozess. Es sollen Empfehlungen für die Auswahl der passenden, markenadäquaten FAS zur Verfügung gestellt werden. Die systemische Hierarchie betont den oben hergeleiteten Befund, dass eine adäquate FAS-Auswahl nicht losgelöst von den Typikalitätsattributen des Gesamtfahrzeugs vorgenommen werden sollte. Auf FAS-Ebene sind drei Subsysteme zu identifizieren – die Sensorik, der Funktionsalgorithmus und die Fahrer-Fahrzeug-Schnittstelle, wobei Erstgenannte im Rahmen dieser Arbeit explizit ausgeblendet wird. Zwar kann die Leistungsfähigkeit von Sensoren auch die darstellbare Funktionalität beeinflussen,[2] dieses eigenständige Themengebiet zu beleuchten, ist jedoch Aufgabe separater Forschungsarbeiten.[3] Dort werden hardwarenahe Analysen unterschiedlicher Sensoren vorgenommen sowie Umfeldeinflüsse auf deren Leistung und Zuverlässigkeit identifiziert. Die kaum vorhandenen Synergiepotenziale mit den Ausführungen des hier erstellten Rahmenwerks illustrieren die thematische Ferne. So wird für diese Arbeit von idealen Sensoren ausgegangen, welche die erwünschte Funktionalität exakt und einschränkungsfrei ermöglichen. Die technische Realisierung dieser bleibt Aufgabe der Hardwareentwickler, vor allem auf der Seite von Zulieferfirmen.

Auch der funktionale Algorithmus ist in der Systematisierung ausgegraut. Dies verdeutlicht das Ausblenden der konkreten Umsetzung von Funktionalität in Quellcodearchitekturen. Auf welche Weise eine solche Implementierung erfolgt, ist für die Fragestellungen der vorliegenden Arbeit nicht relevant. Für den Endkunden erlebbares Verhalten von Funktionen und Unterfunktionen hingegen ist bei der hier durchgeführten Betrachtung bereits auf der Ebene Systemauswahl repräsentiert und findet durch das entsprechende Verfahren (V1) Beachtung.

---

2 Ein Beispiel ist die bei einem ACC maximal einstellbare Setzgeschwindigkeit, welche von der maximalen Reichweite des verbauten Sensors abhängig ist.

3 z. B. Kutzera (2011)

Als Herausforderungen für die zusätzlich zu konzipierenden Verfahren verbleiben somit die Parametrierung des Funktionsalgorithmus und die Gestaltung der Mensch-Maschine-Schnittstelle. Erstere sollte wiederum unter Berücksichtigung der Markenadäquatheit vorgenommen werden, was durch ein Verfahren (V2) ermöglicht wird. Letztere wird durch einen zweistufigen Ansatz adressiert. Ein Verfahren soll zunächst die geeignetste Modalität, den Sinneskanal der FAS-Rückmeldungen an den Fahrer bestimmen und aus einer übergreifenden Perspektive die unterschiedlichen Eigenschaften der auszugebenden Meldungen berücksichtigen (V3). Letztlich muss das HMI die Gefahr einer auf den Fahrzeugführer zurollenden „Informationslawine" minimieren, was durch die konsequente Orientierung an den psycho-physiologischen Merkmalen des menschlichen Fahrzeugführers erfolgen kann. Wie in Kapitel 2 ausführlich dargelegt, ist die Relevanz der visuellen Modalität als am höchsten einzuordnen. Deshalb liefert ein weiteres Verfahren Unterstützung bei der visuellen Ausgestaltung von FAS-Anzeigen hinsichtlich Form und Farbe, wobei ebenfalls Typikalitätsattribute beachtet werden (V4). So werden sämtliche der identifizierten Bedarfe durch das in dieser Arbeit konzipierte gesamtheitliche Rahmenwerk bedient.

Eine Zugehörigkeit der Subsysteme zum Supersystem Gesamtfahrzeug und eine erhöhte Akzeptanz bei den Kunden kann, wie hergeleitet, durch das Implementieren von Typikalitätsattributen realisiert werden. Die Attribute der Marke nehmen somit eine zentrale Position für die Konzepterstellung der Verfahren ein. Dies wird in Abbildung 3.3 aufgezeigt. Das Identifizieren der Attribute ausgehend vom Gesamtfahrzeug ist der erste Teil des Verfahrens zur FAS-Auswahl (V1). Der zweite Teil ist die eigentliche systematische Auswahl markenadäquater aus der Menge sämtlicher verfügbarer FAS. Die Attribute stellen hierfür den Ausgangspunkt dar. Die Konzeption des Verfahrens und der empirische Nachweis, inwieweit die ausgewählten FAS tatsächlich als zum Gesamtfahrzeug passend angesehen werden, erfolgt in Kapitel 4.

Im nächsten Schritt generiert ein Verfahren Empfehlungen für die Funktionsparametrierung der ausgewählten FAS (V2), wobei wiederum Aspekte der Markentypikalität berücksichtigt werden. Die zuvor identifizierten Attribute gemeinsam mit den ausgewählten FAS bilden somit den Input. Konkret erfolgt in Kapitel 5 beispielhaft die Operationalisierung eines der Typikalitätsattribute, welche dann die Grundlage für Empfehlungen zur Parametrierung darstellt.

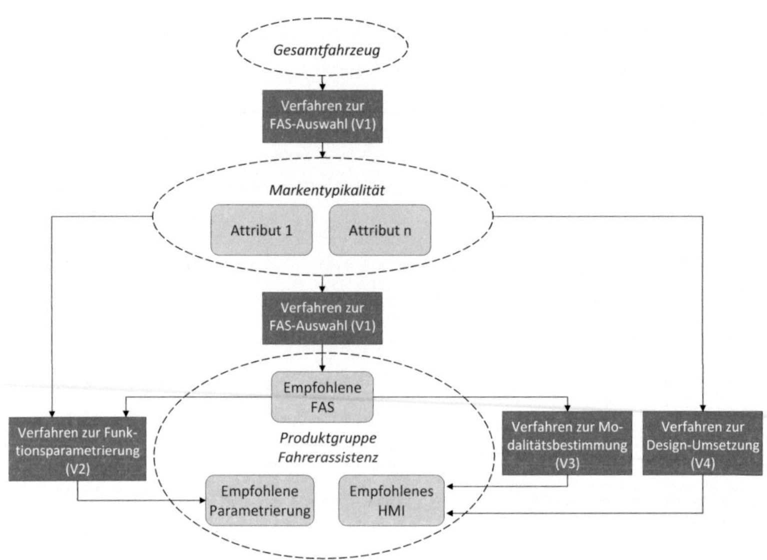

Abb. 3.3: Verfahren zur Bewältigung der identifizierten Herausforderungen

Das andere im Rahmen dieser Arbeit relevante Subsystem der FAS ist das HMI. Diesbezüglich werden zwei separate Verfahren konzipiert. Das Erste generiert ein Basiskonzept für die Fahrer-Fahrzeug-Schnittstelle unter Berücksichtigung kognitiver und ergonomischer Aspekte (V3). Da keine markenspezifische Präferenz der Ausgabemodalität an sich erwartet wird, gelangen als Input lediglich die FAS bzw. deren zu gestaltende Meldungen in das Verfahren, welches als Output Empfehlungen zur optimalen Gestaltung der Modalität dieser Meldungen generiert. Die Konzepterstellung und empirische Validierung erfolgen in Kapitel 6, wobei die hedonische und pragmatische Qualität der Darbietungen bewertet werden.[4]

Das zweite HMI-adressierende Verfahren erzeugt Empfehlungen zu markentypischen Design-Umsetzungen visueller Ausgaben (V4) und besitzt somit wiederum die Markenattribute als Input. Analog zu den Gestaltungsempfehlungen hinsichtlich der Funktionsparametrierung wird versucht, die Wirkung von Gestaltungsausprägungen hinsichtlich der Typikalitätsattribute zu erforschen. Als Output entstehen auf diese Art Empfehlun-

---

4 Dies ist vorrangig Dimension 2 des Akzeptanzmodells (allgemeine Attraktivität) zuzuordnen, siehe Abschnitt 2.2.1

gen für Farbe und Form von FAS-Ausgaben. Detaillierte Ausführungen hierzu finden sich in Kapitel 7.

3.2 Definition von Ziel-, Handlungs- und Objektsystem

Innerhalb des Kapitels 2 wurde das ZHO-Modell vorgestellt. Hierbei handelt es sich um ein Modell auf der Mentalebene. Diese oberste Ebene der Produktentstehungsmodelle bietet in der konkreten Anwendung nicht direkt eine Produktlösung, ist jedoch bei der Behandlung komplexer Problemsituationen von entscheidender Bedeutung (Meboldt 2008, S. 202). Die zu konzipierenden Verfahren (V1 bis V4) sollen diesbezüglich eingeordnet werden. Sie bilden in Summe ein Prozessmuster, um den Informationsgehalt des Zielsystems im zeitlichen Verlauf zu steigern. Die Orientierung erfolgt somit am Zielsystem, wobei gleichzeitig die initiale Unbestimmtheit des Objektsystems verringert wird. Definitionsgemäß wird das Ergebnis dieser Arbeit – das Prozessmuster – als ein Teil des Handlungssystems angesehen, welches die Ziele im Zielsystem erweitert, konkretisiert und strukturiert (Oerding 2009, S. 109). Die Verfahren lassen sich, wie Abbildung 3.4 illustriert, in den zeitlichen Verlauf von Ziel- und Objektsystem einordnen.

Aus der hierarchischen Struktur des Supersystems Gesamtfahrzeug (Abbildung 3.2) ergibt sich als Reihenfolge, zuerst V1 und zuletzt V4 anzuwenden. Das Zielsystem ist vor Anwendung der Verfahren allerdings nicht komplett leer, da bereits Rahmenbedingungen und die Vorgabe existieren, die Produktgruppe Fahrerassistenzsysteme für eine bestimmte Fahrzeugmarke zu detaillieren. Das weitere Erstellen des Zielsystems beginnt mit der höchsten Ebene – der Auswahl von FAS – und endet mit der tiefsten Ebene – der Designgestaltung des HMI. Hierarchisch auf der gleichen Ebene befinden sich die Verfahren V2 und V3. Prinzipiell ist es denkbar, die Modalitätsbestimmung ohne vorherige Parametrierung des FAS-Algorithmus vorzunehmen. Die Reihenfolge dieser beiden ist somit vertauschbar, wobei der Übersichtlichkeit wegen lediglich eine Variante abgebildet ist.

Bezogen auf die betrachtete Produktgruppe Fahrerassistenz ist das mittels des Prozessmusters erstellte Zielsystem jedoch nicht als erschöpfend anzusehen. Die von den Verfahren generierten Empfehlungen beschreiben das Produkt FAS nicht bis ins feinste Detail, z. B. die Leuchtdichte eines Anzeigeelements des HMI. Analoges gilt für das Objektsystem. Die Unbestimmtheit (Entropie) wird durch die Anwendung des Prozessmus-

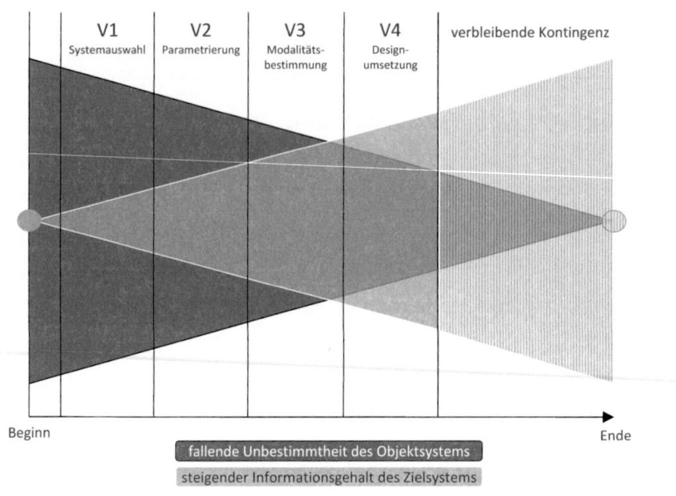

Abb. 3.4: Doppelte Kontingenz der Produktentstehung bei Anwendung der Verfahren V1 bis V4 (modifiziert nach: Albers & Meboldt 2006)

ters dieser Arbeit zwar sukzessive minimiert, jedoch nicht soweit, dass nach Anwendung der vier Verfahren ein Produkt eindeutig und vollumfänglich definiert wäre. Es verbleibt, wie in der Abbildung visualisiert, eine residuale Kontingenz. Als Erklärung sei auf die Darstellung 3.2 verwiesen. Die Sensorik als ein Subsystem von FAS wird durch die Verfahren ebenso wenig berücksichtigt wie die Softwarearchitektur des funktionalen Algorithmus. Davon abgesehen existieren weitere Einflussgrößen der Systemumwelt auf das System der Produktentstehung (Meboldt 2008, S. 160). Auch diese Parameter gilt es zu berücksichtigen, bis ein vollständiges Zielsystem beschrieben sein kann. Aspekte gesetzlicher Vorschriften beispielsweise werden im Rahmen der vorliegenden Arbeit explizit ausgeblendet, was ebenfalls durch die angesprochene Restkontingenz des Objekt- sowie Zielsystems zum Ausdruck gebracht wird.

3.3 Wissenschaftliches Vorgehen

Nachdem nun die Zielsetzungen für diese Arbeit definiert und strukturiert sind, soll das wissenschaftliche Vorgehen zur Bewältigung der Herausforderungen betrachtet werden.

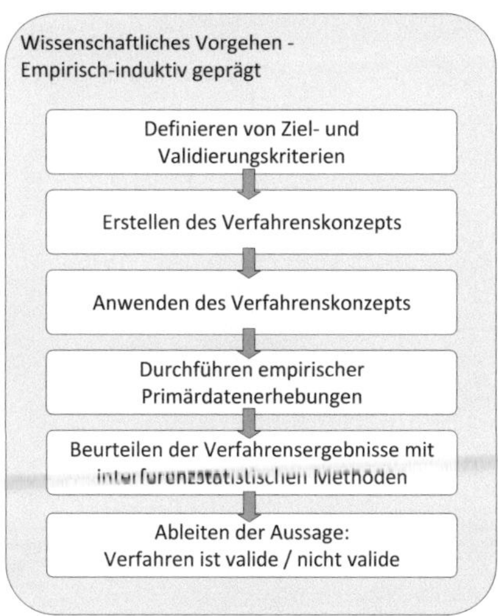

Abb. 3.5: Vorgehensschritte zur Erstellung und Validierung der Verfahren

In Abschnitt 2.5 wurden in der Wissenschaftstheorie verbreitete, prinzipielle Vorgehensweisen des Erkenntnisgewinns vorgestellt. Zu nennen sind vor allem die Unterteilungen in Induktion, Deduktion und Abduktion sowie in Theorie und Empirie. Das hier verwendete empirisch-induktiv geprägte Vorgehensmodell ist in Abbildung 3.5 dargestellt und findet für sämtliche Verfahren dieser Arbeit Anwendung. Zu jedem Verfahren existiert ein Kapitel (4 bis 7), in welchem die Arbeitsschritte einzeln aufgegliedert diskutiert werden. Zu Beginn steht jeweils die Definition von Ziel- und somit Validierungskriterien. Diese definieren, entlang welcher Dimensionen und inwiefern ein neues Verfahren „besser" ist als bisherige Vorgehensweisen. Für die eigentliche Konzeption und theoretische Herleitung der Verfahren werden umfassende Recherchen durchgeführt, relevante Ansätze verwendet und weiterentwickelt. Anschließend erfolgt eine beispielhafte Verfahrensanwendung, deren Ergebnisse in empirischen Studien evaluiert werden. Die Auswertung erfolgt unter Zuhilfenahme interferenzstatistischer Methoden. Entsprechend dem Vorgang der Induktion wird abschließend aus einzelnen Befunden die vorhandene bzw. nicht vorhandene Gültigkeit eines jeden Verfahrens abgeleitet.

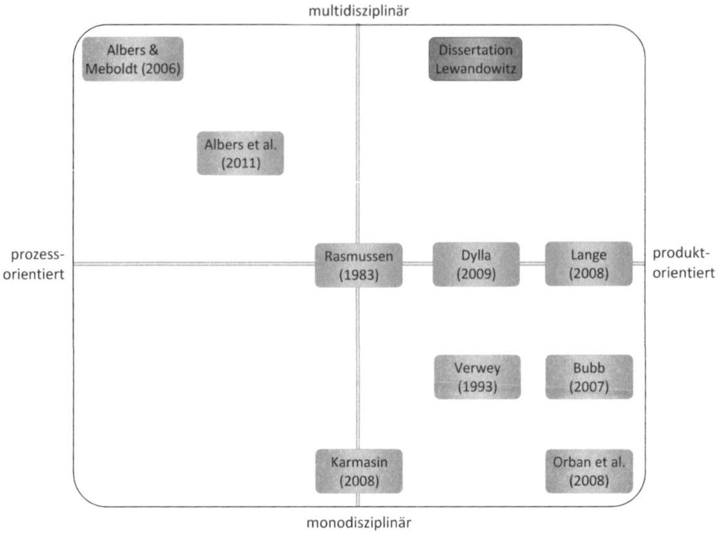

Abb. 3.6: Positionierung im wissenschaftlichen Kontext (inhaltliche Ebene)

3.4 Positionierung im wissenschaftlichen Kontext

An dieser Stelle sollen die Einbettung der vorliegenden Arbeit in den wissenschaftlichen Kontext und eine Abgrenzung gegenüber anderen Autoren erfolgen. Dies wird einerseits nach inhaltlichen, andererseits nach methodischen Gesichtspunkten vorgenommen. Es werden im Folgenden für beide Ebenen zweidimensionale Darstellungen gezeigt, welche die Positionierung dieser Dissertation relativ zu ausgewählten Forschungsarbeiten visualisieren. Diese Positionierung ist jeweils als absolut wertfrei zu betrachten. Es wird lediglich die unterschiedliche Ausrichtung hervorgehoben, um eine Differenzierung der Werke zu erleichtern. Die inhaltliche Ebene zeigt Abbildung 3.6. Wie zu erkennen ist, repräsentiert die Abszisse ein Unterscheidung zwischen Prozess- und Produktorientierung, die Ordinate zwischen Mono- und Multidisziplinarität. Eine prozessorientierte Sichtweise fokussiert sich auf die Abläufe einer Produktentstehung, ohne Empfehlungen zur Gestaltung eines konkreten Produktes auszusprechen. Dies geschieht vorrangig bei produktorientierter Sichtweise, was allerdings die Anwendung und Diskussion von Prozessen nicht gänzlich ausschließt.

Exemplarisch für Forschungsarbeiten, welche vorwiegend *einer* wissenschaftlichen Disziplin zugeordnet und als vorrangig produktorientiert angesehen werden können, sind Verwey (1993), Orban et al. (2008) und Bubb (2007) aufgeführt. So bedienen beispielsweise Orban et al. (2008) ebenso wie Bubb (2007) zwar gewisse ingenieurwissenschaftliche Ansätze, stellen aber dennoch primär psychologische Grundlagenforschung dar. Es werden Reaktionszeiten des Menschen auf verschiedene Signale untersucht und sämtliche Betrachtungen sehr nah am technischen Produkt FAS vorgenommen, weshalb die Positionierung entlang der Ordinate entsprechend erfolgt. Verwey (1993) spricht verschiedene Punkte des Produktentstehungsprozesses an, bleibt inhaltlich jedoch näher am Produkt FAS und weniger interdisziplinär. Eine stärkere Berücksichtigung von Prozessaspekten wird von Karmasin (2008) vorgenommen, wobei die Aktivitäten stark betriebswirtschaftlich orientiert sind und ebenso wenig als multidisziplinär gelten können. Lange (2008), Dylla (2009) und Rasmussen (1983) hingegen kombinieren jeweils Theorien und Methoden aus zwei Disziplinen weitestgehend gleichwertig. Bei Erst- und Zweitgenanntem sind das beispielsweise die Psychologie und die Ingenieurwissenschaft. Rasmussen (1983) berücksichtigt zusätzlich kybernetische Aspekte. Von Lange (2008) wird ein sehr pragmatisches, anwendungsorientiertes Vorgehen dargestellt, welches kaum Aspekte des Produktentstehungsprozesses berücksichtigt und als Kernergebnis Gestaltungsvorschläge für FAS und HMI besitzt. Dylla (2009) und Rasmussen (1983) besprechen hierzu ausführlichere Aspekte.

Die Arbeiten von Albers & Meboldt (2006) und Albers et al. (2011) sowie die vorliegende Dissertation stellen den Bereich sehr hoher Interdisziplinarität dar. Die beiden erstgenannten, prozessorientierten Arbeiten nutzen Ansatzpunkte aus der Ingenieurwissenschaft, Systemtechnik, Kybernetik, Volks- und Betriebswirtschaftslehre, Politik und Philosophie. Die vorliegende Arbeit bedient sich ebenso einer Vielzahl von Denkweisen unterschiedlicher Wissenschaftsdisziplinen wie der Ingenieurwissenschaft, Psychologie, Systemtechnik, Strukturwissenschaft und Betriebswirtschaftslehre. Im Gegensatz zu Erstgenannten bleibt die Betrachtung durch das Generieren von Gestaltungsempfehlungen allerdings stets stärker am Produkt als an den Prozessabläufen ausgerichtet.

Als zweite Unterscheidungsebene wird die wissenschaftlich-methodische Vorgehensweise verwendet. Die beiden Achsen in Abbildung 3.7 symbolisieren, wiederum wert-

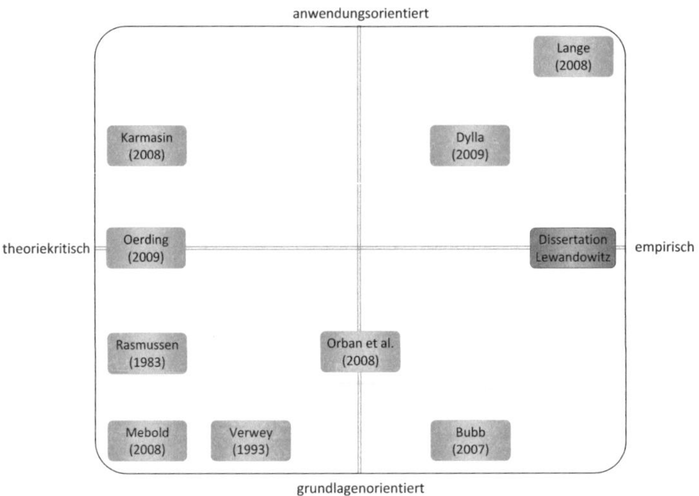

Abb. 3.7: Positionierung im wissenschaftlichen Kontext (methodische Ebene)

frei, die Ausrichtung zwischen theoriekritischem und empirischem Vorgehen entsprechend Schumann et al. (2004) sowie Grundlagen- und Anwendungsorientierung.

Hier seien exemplarisch die Arbeiten von Oerding (2009) und Meboldt (2008) genannt, welcher den theoriekritisch-deduktiven Weg explizit als effektiver im Sinne der dortigen Problemstellung erachtet. Beide folgen diesem Vorgehen, wobei Ersterer mit der Konzeption des „integrierten Produktentstehungs-Modells" (iPeM, siehe Abschnitt 2.4) wissenschaftlich grundlagenbezogener und Zweiterer mit der Verwendung des „Contact and Channel-Connector-Approachs" (C&C^2-A) für konkrete Produkte insgesamt anwendungsbezogener und hierdurch industrienäher ist. Inhaltlich anders, jedoch ebenfalls theoretisch und diskursiv ohne die eigenständige Erhebung von Primärdaten argumentieren Rasmussen (1983) sowie Karmasin (2008).

Im Gegensatz dazu umfasst die vorliegende Arbeit als Vorgehen zum Erreichen der Zielsetzung wie oben aufgeführt eine Vielzahl empirischer Versuche zur explorativen und evaluierenden Primärdatenerhebung, z. B. Experteninterviews, Fokusgruppen, Befragungsstudien und Fahrversuche in Simulationsumgebungen sowie im Realfahrzeug in Verbindung mit psychometrischen Fragebögen. Wie zusätzlich in Abbildung 3.5 als Struktur des wissenschaftlichen Vorgehens dargestellt, besitzt dieses einen klar empirisch-induktiven Charakter. Die Orientierung zwischen Grundlagen und Anwendung kann als ausgeglichen angesehen werden. Dylla (2009) kann als etwas weniger empirisch und etwas stärker anwendungsorientiert angesehen werden. Lange (2008) führt ebenfalls verschiedene Probandenversuche in Fahrsimulatoren durch und vollzieht Befragungsstudien, ist hierbei allerdings deutlich stärker auf eine Anwendung der Ergebnisse im industriellen Kontext als auf das Herausstellen grundlegender Wissenschaftszusammenhänge ausgerichtet. Als Beispiele für Grundlagenforschung seien die Werke von Verwey (1993), Orban et al. (2008) und Bubb (2007) genannt, in dieser Reihenfolge mit steigendem empirischen Aufwand.

Im Gesamtresultat präsentiert die vorliegende Arbeit ein methodisches Rahmenwerk für die Beherrschung der Herausforderung, Fahrerassistenzsysteme unter Zielsetzung einer maximierten Kundenakzeptanz in Pkw zu integrieren und auszugestalten. Die Bedarfe im Einzelnen wurden ausgehend vom Gesamtfahrzeug systemtheoretisch hergeleitet. Das Prozessmuster beinhaltet vier Verfahren, welche einerseits den Fahrer als Kunden (Marktaspekte) und andererseits den Fahrer als menschlichen Fahrzeugführer (Psychologie-/Ergonomieaspekte) berücksichtigen. Durch diese übergreifende Betrachtungsweise und durch die stets vorgenommene Abstraktion von einzelnen FAS erhält die Verfahrenssammlung einen allgemeingültigen, generischen Charakter. Zudem wird ein einheitliches Vorgehen für die Konzeption und Validierung der Verfahren nach dem empirisch-induktiven Modell der Wissenschaftstheorie umgesetzt.

Die vier folgenden Kapitel (Kapitel 4 bis 7) diskutieren ausführlich Details zu Theorien, Untersuchungen, Ergebnissen und Schlussfolgerungen bezüglich der erstellten Verfahren. Im Kapitel zur gesamtheitlichen Anwendung (Kapitel 8) erfolgt eine Einordnung des erstellten Prozessmusters für FAS in ein übergeordnetes allgemeines Produktentstehungsmodell.

4 Markenspezifische Auswahl von FAS

Auf Grundlage der Herleitungen in Kapitel 3 stellen sich im Rahmen dieser Arbeit insgesamt vier hauptsächliche Herausforderungen. Die erste Herausforderung ist die markenadäquate Auswahl von FAS aus der Menge heute in Serie verfügbarer und zukünftiger Systeme. Entsprechend der in Abbildung 3.4 dargestellten doppelten Kontingenz der Produktentstehung ist das zu betrachtende Zielsystem initial nahezu leer und das zugehörige Objektsystem weitestgehend unbestimmt. Um nun das Zielsystem weitergehend zu füllen und die Unbestimmtheit des Objektsystems zu minimieren, wird an dieser Stelle ein Verfahren konzipiert und validiert, mithilfe dessen Empfehlungen für eine FAS-Auswahl generiert werden können. Hierzu wurde in einer systemtheoretischen Analyse (Kapitel 3) die übergreifende Hypothese hergeleitet, welche nun Verfahren V1 zugrunde liegt. Demnach werden Subsysteme dann als zu ihrem Supersystem passend wahrgenommen, wenn sie korrespondierende bzw. identische Eigenschaften bzw. Attribute besitzen. Das Vorgehen zur Konzeption und Validierung entspricht dem in Abbildung 3.5 dargestellten empirisch-induktiv geprägten Modell.

4.1 Konzeption des Verfahrens

Karmasin (2008) unterteilt Motive für allgemeine Handlungen und speziell für Kaufentscheidungen von Kunden in Lust, Sinn und Angst. Sie stellt hierbei heraus, dass FAS ihre Daseinsberechtigung bisher ausschließlich auf der Ebene „Sinn" erhalten und wertet das Fehlen der „Lust" als Defizit. Geht man von einer auch hedonisch geprägten Kaufentscheidung des Kunden bezüglich des Gesamtfahrzeugs aus, liegt hierin eine Chance für die Produktgruppe FAS. Werden die FAS nach Gesichtspunkten der Markenadäquatheit ausgewählt – so wurde in Kapitel 3 auf Grundlage eines Akzeptanzmodells hergeleitet – kann die Kundenakzeptanz gesteigert werden. Dieser Herausforderung der markenadäquaten Auswahl wird in vier Unteraspekten begegnet. Wie in Abbildung 3.3 illustriert, sollen zunächst die Gesamtfahrzeugattribute identifiziert werden. Das Ergebnis ist eine

Sammlung ungewichteter Begriffe, welche im nächsten Schritt einer Relevanzbewertung unterzogen werden. Auf dieser Priorisierung aufbauend kann die eigentliche Zuordnung konkreter FAS zu Attributen und somit die Trennung in adäquate und nicht adäquate FAS erfolgen. Für eine möglichst umfassende und verlässliche Empfehlung sollte dieses Zwischenergebnis mit dem faktischen Unterstützungsbedarf des Fahrers abgeglichen werden, welcher im vierten Schritt eruiert wird. Die vier Unteraspekte werden nun einzeln diskutiert und das Verfahren schrittweise konzipiert.

4.1.1 Identifikation von Gesamtfahrzeugattributen

Der erste Schritt des Verfahrens beinhaltet das Identifizieren potenzieller Gesamtfahrzeugattribute. Prinzipiell kann diesbezüglich zwischen einer Innen- und einer Außensicht unterschieden werden (Esch et al. 2005). Diese bezeichnen die interne und externe Perspektive auf die Produkte einer Marke, d. h. einerseits aus Sicht der Mitarbeiter eines Unternehmens und andererseits sämtlicher Außenstehender. Zunächst werden nun unterschiedliche Vorgehen zur Erhebung der Innensicht besprochen. Liegen interne Unternehmensdokumente vor, in denen Markenattribute explizit dokumentiert wurden, sollten diese verwendet werden. Ist dies nicht der Fall oder sollen die dokumentierten Werte verifiziert werden, ist eine empirische Erhebung notwendig. Zur Durchführung dieser bietet sich die Verwendung der „Delphi-Technik" an, deren Ablauf in Abschnitt 2.4 vorgestellt wurde. Sie dient dem systematischen Extrahieren von Expertenwissen. Als Experten für die Innensicht können Mitarbeiter des Unternehmens angesehen werden, die selbst konzeptionell und vorzugsweise an einem frühen Punkt der Wertschöpfungskette tätig sind. Eine pragmatische Anwendung der Technik sieht die Teilnahme von etwa vier bis acht Experten vor.

Im Laufe einer solchen Erhebung stellt sich die Frage, auf welchem Weg einerseits genügend und andererseits möglichst nicht redundante Attribute für die Charakterisierung einer Marke eruiert werden können. Anhaltspunkte, eine genügende Anzahl an Attributen extrahiert zu haben, gibt die Konvergenz der Meinungen im Rahmen der Delphi-Technik. Ein erreichter bzw. sich abzeichnender Konsens unter den Experten weist auf eine umfassende und erschöpfende Benennung der Markenattribute hin. Bezüglich der Redundanz werden inhaltlich überflüssige Begriffe mittels des nächsten Schrittes der Relevanzbewertung identifiziert. Es wird den in diesem zweiten Schritt befragten Personen außerdem die Möglichkeit eines freien Kommentars gegeben, damit eine Anmerkung vorgenommen werden kann, falls ein oder mehrere Attribute vermisst bzw. als überflüssig empfunden werden.

Eine empirische Erhebung der Außensicht wird in diesem Zusammenhang als nicht zielführend erachtet. Die Sicht der internen Mitarbeiter hinsichtlich der Markenkennwerte kann als fundierter und klarer der Unternehmensstrategie entsprechend angesehen werden als die Außensicht von Kunden bzw. beliebigen anderen Personengruppen. Zudem ist generell ist davon auszugehen, dass thematische Laien eher wenige und hochsemantische Begriffe für die Unterscheidung von Objekten verwenden und weniger sensitiv bezüglich Differenzen sind, wohingegen Experten zahlreichere und detaillierte Attribute verwenden (Antos 1995). Allerdings kann die Fragestellung, wer typischerweise ein solches Fahrzeug erwirbt bzw. fährt, wertvolle Hinweise auf Markenattribute und somit für eine adäquate Auswahl von FAS liefern. Demografische Details des durchschnittlichen, typischen Kunden können insofern die Ergebnisse der Expertenbefragung zusätzlich bestätigen.

Als Ergebnis des ersten Verfahrensschritts erhält man eine unbewertete und ungewichtete Sammlung von Markenattributen. Insofern kann dieser als hypothesengenerierend angesehen werden. Im nächsten Schritt wird eine Relevanzreihenfolge der Attribute ermittelt, die Hypothesen somit evaluiert und eine Priorisierung für die angestrebte Auswahl der FAS erreicht.

4.1.2 Bestimmung einer Relevanzreihenfolge der Attribute

Analog zu den Überlegungen hinsichtlich des Identifizierens wird für das Bestätigen der gefundenen Attribute und die Erstellung einer Relevanzreihenfolge die Innensicht als fundierter und relevanter erachtet. Für diesen hypothesenevaluierenden Schritt wird somit wiederum eine Mitarbeiterbefragung empfohlen. So kann die Eignung einzelner Attribute anhand eines Vergleichs mit Fahrzeugen von Wettbewerbern geprüft werden. Hierzu ist es zweckmäßig, die Attribute in einfache, prägnante Aussagesätze zu überführen und den Grad der Zustimmung bezüglich der unterschiedlichen Fahrzeuge zu erfragen. Wäre ein Markenattribut beispielsweise „Exklusivität" könnte die Überführung in einen Satz lauten: „Der Besitz dieses Fahrzeugs würde eine besondere gesellschaftliche

Position unterstreichen." Hierdurch wird eine gute Bewertbarkeit des an sich abstrakten Attributs seitens der befragten Personen erwartet. In diesem Schritt zur Hypothesenprüfung ist eine größere Stichprobe als für die Hypothesengenerierung empfohlen, wobei letztlich die antizipierte Effektstärke sowie die angestrebte Verlässlichkeit des Ergebnisses die vorgebenden Parameter sind. Bei mittlerer Effektstärke errechnen Bortz & Döring (2002) für ein Signifikanzniveau von $\alpha = 0,05$ einen optimalen Stichprobenumfang von $n_{opt} = 50$, bei schwachem Effekt von $n_{opt} = 310$. Eine gute Größenordnung für die Befragungen wären insofern ca. 100 Personen mit der Perspektive „Innensicht", d. h. Mitarbeiter der jeweiligen Firma.

Es sollten allerdings nicht ausschließlich diejenigen Attribute in die Befragung mit einbezogen werden, welche als Ergebnis der Hypothesengenerierung entstanden sind, da diese per se die Typikalität der jeweiligen Marke beschreiben. Darüber hinaus sollten neutralere Bewertungsdimensionen, z. B. aus Fahrzeugtests der Motorpresse, verwendet werden. Die Anzahl und Güte der zur Differenzierung notwendigen Attribute nimmt naturgemäß mit der Ähnlichkeit der zu vergleichenden Objekte zu. Die Aussagekraft der Hypothesenüberprüfung steigt insofern, wenn der hierzu durchgeführte Fahrzeugvergleich zwischen direkten Wettbewerbern vollzogen wird. Besitzt die Menge der Attribute im Ergebnis der Anwendung eine hohe Trennschärfe und interne Konsistenz, ist sie zur Beschreibung der Markentypikalität geeignet.

Das Ergebnis dieses zweiten Verfahrensschritts ist das Erstellen einer Relevanzreihenfolge der im ersten Schritt identifizierten Attribute und somit eine Bestätigung dieser. Um nun die eigentliche Auswahl der geeigneten und markenadäquaten FAS zu ermöglichen, muss der Zusammenhang zwischen den Attributen und den FAS hergestellt werden. Ein mögliches Vorgehen hierzu wird im nächsten Schritt konzipiert.

4.1.3 Zuordnung von FAS und Attributen

Um zu einer Auswahl markenadäquater FAS zu gelangen, ist es zweckmäßig, Teile des bereits angesprochenen „Quality Function Deployment" (QFD) zu verwenden. Die Methode gibt als Ziel in der Produktentstehung nicht das Entwickeln aller technisch möglichen Merkmale, sondern lediglich der vom Kunden gewünschten Features vor [Fleischer (2006, S. 88), Saatweber (2007)]. Dies spricht für eine gute Eignung hinsichtlich der hier zu beantwortenden Fragestellung. Zum Herstellen des angestrebten Zusammenhangs zwischen den Markenattributen und den einzelnen FAS wird die Anwendung des fünften Schritts der QFD-Technik, das Erstellen einer Beziehungsmatrix, empfohlen. In einer solchen Matrix werden spaltenweise die Markenattribute, z. B. „Exklusivität", den FAS zeilenweise gegenübergestellt und die Befragten markieren die aus ihrer Sicht zutreffenden Assoziationen.

Für die Durchführung sollte wiederum eine Befragung vollzogen werden, wobei die genaue Kenntnis der Markenattribute nunmehr keine Anforderung an den Befragtenkreis ist, da sie durch die Beziehungsmatrix vorgegeben werden. Die Anzahl der zu befragenden Personen hängt vom individuellen Anspruch an die Aussagekraft des Ergebnisses ab. Je nach Bedarf könnten einzelne interne Entscheidungsträger oder auch eine größere Gruppe von Kunden befragt werden. In der Auswertung der Beziehungsmatrix können dann diejenigen FAS, welche am höchsten mit den relevantesten Markenattributen korrelieren, identifiziert werden. Diese werden entsprechend der übergreifenden systemtheoretischen Hypothese, welche in Kapitel 3 hergeleitet wurde, für die Integration in die Fahrzeuge der jeweiligen Marke empfohlen. Als zusätzliche Präzisierung dieses Zwischenergebnisses sieht das Verfahren V1 einen vierten Schritt vor, welcher im folgenden Abschnitt diskutiert wird.

4.1.4 Abgleich mit Unterstützungsbedarf

Der vierte Schritt zielt auf das Eruieren des kundenseitigen Unterstützungsbedarfs ab. Der Bedarf an Assistenz sollte möglichst unabhängig von konkreten, technisch umgesetzten Systemen ermittelt werden, um einen allgemeingültigen Charakter der Ergebnisse zu erzeugen und deren Übertragbarkeit zu sichern. Hier erscheint das Kano-Modell als Vorgehensweise der markenspezifischen Produktentwicklung zweckmäßig, welches bereits in Abschnitt 2.4 des Grundlagenkapitels genannt wurde. Um die Sicht von Kunden zu erheben, sieht es eine strukturierte Befragung vor (Berger et al. 1993). Diese setzt sich jeweils aus einer positiv formulierten, funktionalen und einer negativ formulierten, dysfunktionalen Frage zusammen. Den Grad an Zustimmung oder Ablehnung qualifizieren die Befragten anhand der folgenden fünfstufigen Skala:

- Das würde mich sehr freuen.
- Das setze ich voraus.
- Das ist mir egal.

- Das könnte ich in Kauf nehmen.
- Das würde mich sehr stören.

Ist das Bestreben ein Abprüfen mehrerer Produktmerkmale, so ist mit einem erhöhten Zeitaufwand bei der Durchführung und aufgrund der Vielzahl von ähnlich lautenden Fragen mit einer Ermüdung der Befragten zu rechnen. Um die Gefahr hoher Abbrecherquote gerade bei anonymen Online-Befragungen zu verringern, sollte die Möglichkeit des Wegfalls der dysfunktionalen Frage zugunsten höherer Antwortbereitschaft und Aufmerksamkeit der befragten Personen geprüft werden. Als Empfehlung für die Zusammensetzung und Perspektive der Befragungsteilnehmer gilt die im vorherigen Abschnitt genannte Orientierung am individuellen Anspruch und den zur Verfügung stehenden Ressourcen. Mittels dieses vierten Verfahrensschritts können die Empfehlungen als Zwischenergebnisse der ersten drei Schritte überprüft und zusätzlich präzisiert werden.

4.1.5 Ablaufmodell

In Summe ermöglicht Verfahren V1 in den oben hergeleiteten vier Schritten das Erstellen fundierter Empfehlungen für die markenadäquate Auswahl von FAS. In Abbildung 4.1 sind die Einzelschritte sowie die jeweilig zur Anwendung empfohlenen empirischen Methoden dargestellt. Deren tatsächliche Anwendung ist vor allem zweckmäßig, sofern die benötigten Informationen nicht in anderer Form vorliegen. Wie oben beispielhaft erwähnt, können Markenattribute auch ganz explizit in strategischen Unternehmensdokumenten festgehalten sein, was die Durchführung einer Delphi-Studie überflüssig macht. Ebenso sind die oben genannte Anzahl und Zusammensetzung befragter Personen als Empfehlungen aufzufassen. Die vier Schritte des Ablaufmodells könnten auch von einer einzelnen Person vollzogen werden. Dies kann in einer Konstellation von sehr knappen Ressourcen und der Verfügbarkeit eines bezüglich der Markenwerte und Kundenbedürfnisse besonders kompetenten Experten durchaus sinnvoll sein.

Entsprechend dem empirisch-induktiv geprägten Vorgehen (siehe Abbildung 3.5) folgt auf die Konzepterstellung des Verfahrens eine beispielhafte Anwendung, welche im folgenden Abschnitt vorgestellt wird. Die Ergebnisse der Verfahrensanwendung werden anschließend empirisch validiert und so die Gültigkeit des gesamten Verfahrens nachgewiesen.

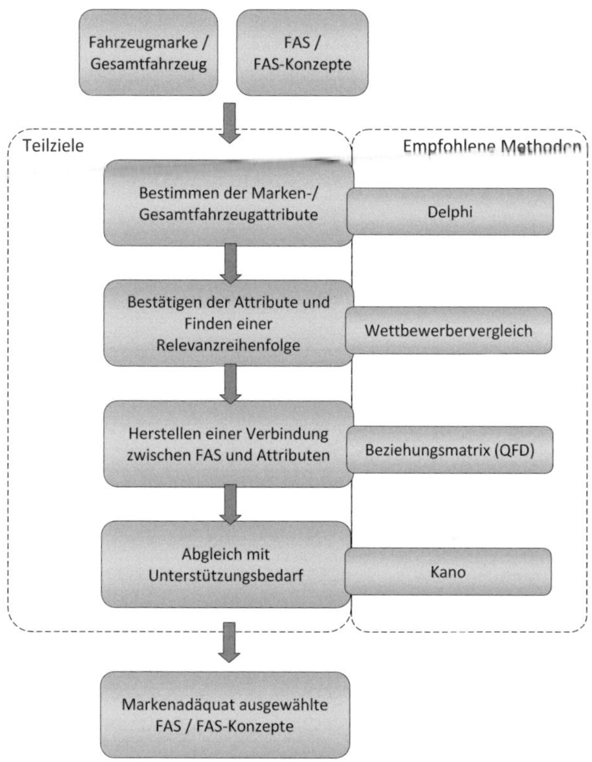

Abb. 4.1: Ablaufmodell Verfahren für die markenadäquate Auswahl von FAS (V1)

4.2 Anwendung des Verfahrens

Die Anwendung der vier Verfahrensschritte soll nun am Beispiel der Porsche AG geschehen. Zunächst wird unter Anwendung der Delphi-Methode Expertenwissen bezüglich der Marken- bzw. Gesamtfahrzeugattribute zusammengetragen. Danach wird eine Befragungsstudie durchgeführt, um die Relevanzrangfolge der Attribute zu erhalten. Im dritten Schritt wird die Beziehungsmatrix gefüllt, welche die Zusammenhänge zwischen den Attributen und konkreten FAS quantifiziert. Abschließend erfolgt im vierten Schritt das Eruieren des Unterstützungsbedarfs zur Präzisierung der Empfehlungen anhand von Befragungsstudien. Durch die Anwendung des Verfahrens V1 wird aus dem Input, d. h. die zu betrachtende Fahrzeugmarke und die zu betrachtenden FAS, der Output generiert, d. h. die Empfehlungen für markenadäquate und in die Fahrzeuge zu integrierende FAS.

4.2.1 Gesamtfahrzeugattribute

Unternehmensdokumente

Bevor empirische Methoden zum Einsatz gelangen, wird überprüft, welche Informationen explizit in Unternehmensdokumenten vorliegen. So zeigt Abbildung 4.2 die Historie von Porsches Markenpositionierung. Die Darstellung illustriert die Veränderung in der Positionierung und somit auch in der Typikalität der Marke. Die Attribute, welche die Marke Porsche in den 50er Jahren des vergangenen Jahrhunderts charakterisiert haben, sind nicht vollständig identisch mit den Attributen, die es heute tun. Insofern besitzen die im Rahmen von Verfahren V1 erstellten Ergebnisse stets den Charakter einer Momentaufnahme. In Bezug auf das hier gewählte Anwendungsbeispiel der Porsche AG kann allerdings von einer nur sehr behutsamen, graduellen und nie sprunghaften Weiterentwicklung der Markeneigenschaften ausgegangen werden.

Die heutige Produktpositionierung kann entlang der folgenden, scheinbar gegensätzlichen, im Produkt vereinigten Attribute definiert werden (Porsche AG 2011):

- Exclusiveness & Social Acceptance,
- Tradition & Innovation,
- Performance & day-to-day usability,
- Design & Functionality.

Diese Attribute dienen als Ausgangspunkt für die weiteren Analysen.

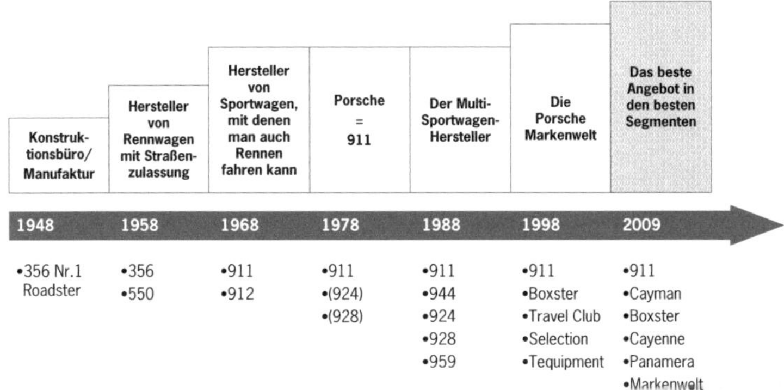

Abb. 4.2: Chronologie Markenpositionierung der Dr. Ing. h. c. F. Porsche AG (Porsche AG 2008)

Delphi-Methode

Um zusätzlich zu diesen ersten Ansätzen einen umfassenden Pool an Begriffen zu erhalten, welche die Fahrzeuge der Marke Porsche charakterisieren, gelangt im ersten Schritt des Verfahrenskonzepts die Delphi-Technik zur Anwendung. In der ersten Runde werden mit sechs Teilnehmern (0 w, 6 m, $\varnothing$ 39,9 Jahre) kurze Einzelinterviews durchgeführt und potenzielle Attribute der Marke erfragt. Die Meinungen werden schriftlich fixiert, aufbereitet und gemeinsam mit den Schlagworten der oben genannten Vertriebsunterlagen in einem folgenden Termin diesen sechs Personen für eine ca. 90-minütige Diskussion vorgelegt. Die Diskussionsergebnisse dieser Sitzung werden als Stimulusmaterialien für eine fünf Tage später angesetzte zweite Diskussionsrunde mit sieben Teilnehmern (0 w, 7 m, $\varnothing$ 40,9 Jahre) durchgeführt, die überwiegend auch an der ersten Sitzung beteiligt waren. Entsprechend der Delphi-Technik dient diese zweite Runde dazu, eine sich abzeichnende Konvergenz der Meinungen zu identifizieren und hieraus letztlich einen weitestgehenden Konsens zu erzeugen. Das Ergebnis zeigt Abbildung 4.3.

Hierbei handelt es sich um eine bloße Auflistung an Begriffen, welche in dieser Form mittels des ersten Verfahrensschrittes identifiziert wurden. Dieser wurde als rein hypothesengenerierend beschrieben, sodass die Begriffe zunächst nicht kategorisiert oder bewertet werden. Dies wird innerhalb der folgenden Abschnitte vorgenommen.

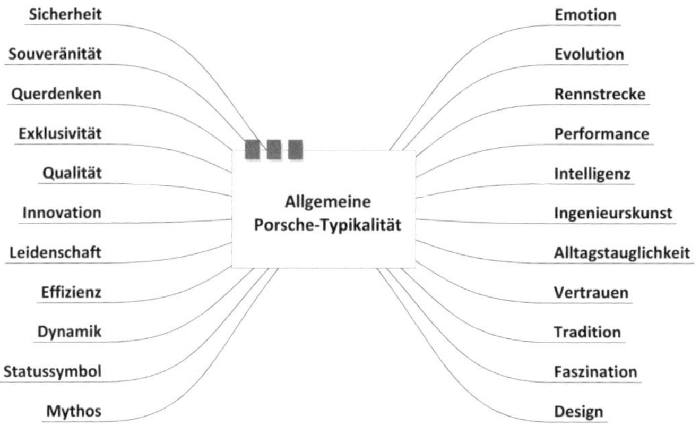

Abb. 4.3: Ergebnis des ersten Schrittes von Verfahren V1 – Übersicht der Porsche-Markenattribute

4.2.2 Relevanzreihenfolge der Attribute

Der erstellte Pool an Begriffen ist bislang nicht kategorisiert oder auf Relevanz und Vollständigkeit überprüft. Als Ergebnis des ersten Verfahrensschrittes wurden Hypothesen über potenziell relevante Markenattribute generiert. Die Überprüfung dieser erfolgt mittels eines Wettbewerbervergleichs in einer empirischen Fragebogenstudie.

Fragebogen

Die gefundenen Begriffe sollen in eine Rangfolge bezüglich ihrer Differenzierungsfähigkeit zu einem direkten Wettbewerber gebracht werden. Es soll insofern einerseits abgeschätzt werden, wie groß der Anteil der einzelnen Attribute am gesamten Konstrukt „Porsche-Typikalität" ist. Andererseits sollen die wechselseitigen Beziehungen der Attribute untereinander qualifiziert und quantifiziert werden.

Als Basis des Fragebogens wird ausgehend von der im ersten Schritt erstellten Begriffssammlung ein kurzer Aussagesatz je Attribut gebildet. Als Vergleichsfahrzeuge zu einem Porsche 911 GT3 dienen ein Ferrari California sowie ein BMW Mini Cooper S, wobei zusätzliche Daten bezüglich der Fahrzeugeigenschaften (Antrieb, Beschleunigung, Kraftstoffverbrauch, Preis usw.) zur besseren Beurteilung der drei Fahrzeuge durch die Befragungsteilnehmer angegeben werden. Das GT-Fahrzeug wird unter der

Annahme verwendet, die Eigenschaften, die auch andere Fahrzeuge der Marke Porsche ausmachen, zeichnen sich hier noch deutlicher und kompromissloser ab. Der Ferrari wird als Wettbewerber in die Untersuchung integriert. Der Mini Cooper S als zusätzlicher Bewertungsgegenstand wird aufgenommen, um einerseits eine gewisse Variation in den Antworten zu erhalten und andererseits ein Fahrzeug, welches auch als „dynamisch" und „etwas anders" bezeichnet werden kann, als Vergleich zu beurteilen. Da die Attribute mit Blick auf den Erstellungsprozess durch Experten ohnehin schon als fundiert angenommen wurden, erfolgt kein Vergleich zu einem Fahrzeug, welches bereits augenscheinlich weit entfernt von einem Porsche ist. Dass die Attribute in ihrer aktuellen Form insofern in der Lage sein werden, dieses Fahrzeug beispielsweise von einem Dacia Logan abzugrenzen, wird an dieser Stelle als gegeben erachtet. Je geringer allerdings augenscheinlich die Unterschiede zwischen den Bewertungsgegenständen sind, desto mehr und geeignetere Attribute werden für eine Differenzierung benötigt und umso geringer ist die zu erwartende Modellgüte bei einer gegebenen Anzahl an Attributen. Hierzu finden sich im Rahmen der Datenauswertung (Abschnitt 4.2.2) weitere Anmerkungen.

Der entworfene Fragebogen wird digital umgesetzt und auf dem freien Portal „oFb onlineFragebogen"[1] via Internet zugänglich gemacht. Ein Bildschirmfoto von Seite 4 der Befragung zeigt Abbildung 4.4. Wie zu erkennen ist, wird die Zustimmung zu jeder Aussage pro Fahrzeugtyp von „trifft gar nicht zu" bis „trifft voll und ganz zu" erfragt. In diesem Beispiel handelt es sich um die Attribute „Rennstrecke" sowie „Statussymbol". Die Aussagesätze sind teilweise positiv und teilweise negativ formuliert, um stereotypem Ankreuzen und Verzerrungen durch Akquieszenz (inhaltsunabhängige Zustimmungstendenz) entgegenzuwirken. Die Formulierungen sämtlicher betrachteter Attribute finden sich in Anhang 11.1.

Wie im Verfahrenskonzept empfohlen, kommen allerdings nicht ausschließlich diejenigen Bewertungsdimensionen zum Einsatz, welche von den Experten ohnehin schon als typisch für Porsche identifiziert wurden. So werden fünf weitere, neutrale Dimensionen in den Fragebogen integriert, welche klassischerweise in Fahrzeugvergleichstests angewendet werden. Zusätzlich zu den in Abbildung 4.3 aufgeführten Eigenschaftsworten wurden insofern „Anschaffungspreis", „Raumangebot", „Ausfallsicherheit", „Wertstabi-

---

1 www.soscisurvey.de

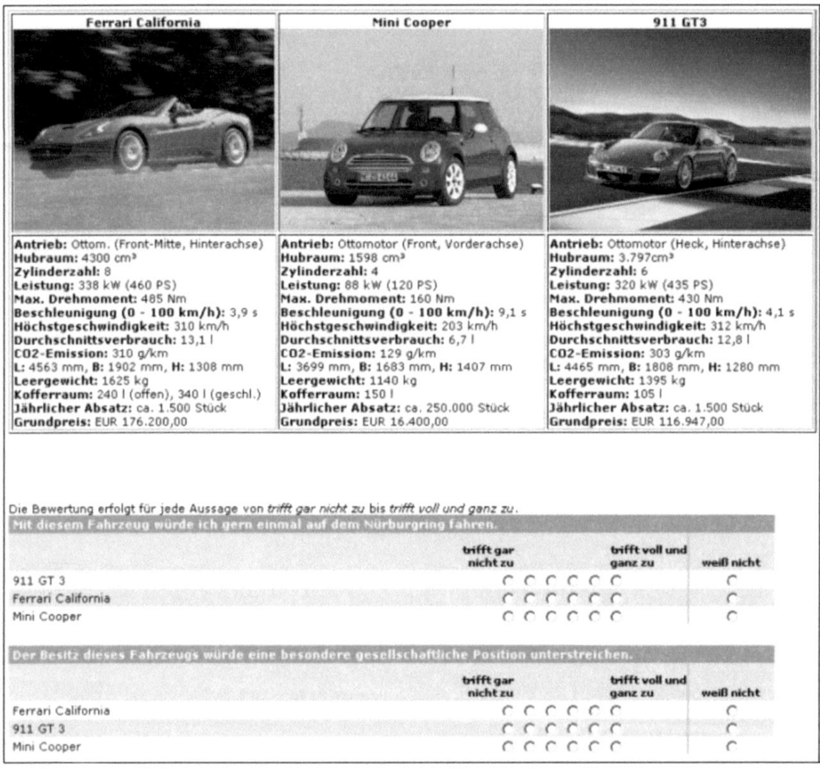

Abb. 4.4: Fragebogen zum Bestimmen einer Relevanzreihenfolge der Markenattribute

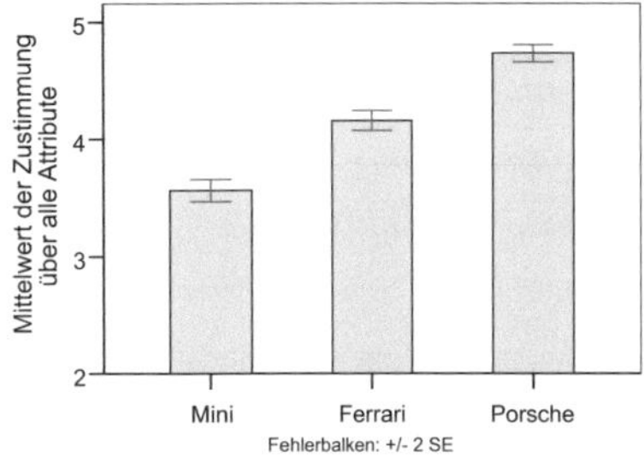

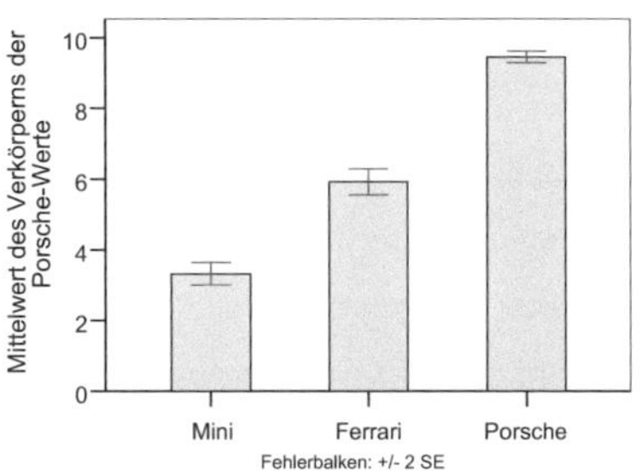

Abb. 4.5: Mittelwerte der Vergleichsfahrzeuge über alle Attribute

Abb. 4.6: Verkörpern der Porsche-Werte durch Vergleichsfahrzeuge

lität" und „Komfort" abgefragt. Außerdem besteht die Möglichkeit eines freien Kommentars bezüglich etwaig fehlender Attribute.

Das Verfahrenskonzept empfiehlt in diesem hypothesenprüfenden Schritt eine Anzahl von ca. 100 Personen mit Innensicht. So nehmen insgesamt 131 Teilnehmer vorrangig mit ingenieurwissenschaftlichem Hintergrund (13 w, 118 m, $\varnothing$ 26,9 Jahre) teil. Die Akquise der Befragungsteilnehmer erfolgt persönlich, telefonisch und per E-Mail. Der Link zu dem Online-Fragebogen wird unter Hinweis auf Anonymität der Befragung ebenfalls per E-Mail versendet. Die Gültigkeit des versendeten Links beträgt drei Wochen und die Befragungsdauer liegt pro Person bei etwa 15 Minuten.

Auswertung und Ergebnisse

Zunächst wird mittels deskriptiver Statistik die globale Erwartungskonformität der Daten überprüft. Der Vermutung nach ist die Zustimmung zu den Aussagen im Mittel über alle Attribute beim Mini Cooper am geringsten, beim Ferrari California mittelmäßig und beim 911 GT3 am höchsten. Ferner wird den Versuchspersonen die explizite, übergreifende Frage gestellt, wie sehr das jeweilige Fahrzeug die aus ihrer persönlichen Sicht bedeutsamen Porsche-Werte verkörpert. Auch hier wird die genannte Ergebnisstufung erwartet. Die Box-Whisker-Plots (Abbildungen 4.5 und 4.6) zeigen deskriptiv vollständige Übereinstimmung der Daten mit diesen Erwartungen.

Für die Überprüfung, inwieweit die Ergebnisse von einem rein zufälligen Ankreuzen abweichen, und den Nachweis der tatsächlichen Übereinstimmung mit den Thesen werden statistische Mittelwertvergleichstests berechnet. Die Voraussetzung für eine valide

Anwendung des Standardverfahrens mit Student-t-verteilter Prüfgröße ist eine Normalverteilung der zu überprüfenden Zufallsvariablen (Bortz 2005). Diese ist auf Grundlage der Ergebnisse von Kolmogorov-Smirnov- sowie Shapiro-Wilk-Anpassungstests nicht erfüllt, weshalb der nonparametrische Wilcoxon-Mann-Whitney-Test verwendet wird. Im Resultat sind sämtliche der zunächst lediglich phänomenologischen Effekte höchstsignifikant ($p < 0,001$), was die statistische Bestätigung der erwarteten Reihenfolge der Fahrzeugbewertungen bedeutet.

Im Anschluss an diese Bestätigung der globalen Hypothese wird das Hauptziel der Befragung – das Herausstellen einer Relevanzrangfolge der Markenattribute für die Marke Porsche – bearbeitet. Hier ist zunächst der Einsatz einer linearen Regressionsanalyse zweckmäßig. Diese besitzt als abhängige Variable die explizite Übereinstimmung mit den Porsche-Werten, welche mittels der bereits genannten Frage dokumentiert wurde. Unabhängige Variablen sind die 27 potenziell relevanten Markenattribute, die im Folgenden auch als Items bezeichnet werden. Es handelt sich insofern um eine multiple lineare Regression.

Bei der vollständig einschließenden Regression, bei der sämtliche abgefragten Attribute als unabhängige Variablen verwendet werden, erhält man mit $R = 0,87$ ($R^2 = 0,76$) eine hohe Gesamtvarianzaufklärung (Model-Fit). Offenbar ist die Menge der Attribute sehr gut als Prädiktor für die Porsche-Typikalität geeignet. Das angestrebte Quantifizieren der Einzelrelevanz jedes Attributs wird mittels der schrittweisen linearen Regression vollzogen. Hierbei wird beginnend mit dem alleinstehend am stärksten aufklärenden Attribut in jedem Iterationsschritt der Rechnung das jeweils nächststärkere hinzugezogen. Diese Anwendung erlaubt ein besseres Nachvollziehen der Zusammensetzung des Modells und wird empfohlen, wenn lineare Abhängigkeiten zwischen den einzelnen Prädiktoren erwartet werden (Mutz 2007). Das Ergebnis für die ersten acht Iterationsschleifen des Modells zeigt Tabelle 4.1, wobei auf jeder Stufe sämtliche Regressionskoeffizienten mindestens signifikant ($p < 0,05$), zumeist höchstsignifikant ($p < 0,001$) sind.

Auf Grundlage dieser Analyse sind die Attribute „Ingenieurskunst", „Dynamik", „Evolution", „Rennstrecke", „Qualität" sowie „Tradition" die sechs dominierenden Markenwerte und klären bereits über 70 % der durch die abhängige Variable „Porsche-Werte" verursachten Varianz ($R^2 = 0,71$) auf. Die Beiträge zum Model-Fit je einzelnem Attribut nehmen stetig ab, sodass dieser inklusive dem achten Attribut „Wertstabilität" nur 0,4 %

Tab. 4.1: Schrittweise Regression

Integrierte Attribute	Ingenieurs-kunst	Ingenieurs-kunst	Ingenieurs-kunst	Ingenieurs-kunst	Ingenieurs-kunst	Ingenieurs-kunst	Ingenieurs-kunst	Ingenieurs-kunst
		Dynamik	Dynamik	Dynamik	Dynamik	Dynamik	Dynamik	Dynamik
			Evolution	Evolution	Evolution	Evolution	Evolution	Evolution
				Rennstrecke	Rennstrecke	Rennstrecke	Rennstrecke	Rennstrecke
					Qualität	Qualität	Qualität	Qualität
						Tradition	Tradition	Tradition
							Exklusivität	Exklusivität
								Wertstabilität
Model-Fit (R²)	0,502	0,610	0,658	0,688	0,704	0,714	0,724	0,728

Tab. 4.2: Betragsmäßig höchste und geringste Korrelationen zwischen Attributen und der Gesamtbewertung

Attribut	Korrelation		Attribut	Korrelation
Ingenieurskunst	0,71		Komfort	-0,29
Faszination	0,70		Vernunft	-0,28
Evolution	0,65		Ausfallsicherheit	0,27
Rennstrecke	0,64	...	Innovation	0,27
Dynamik	0,64		Alltagstauglichkeit	-0,25
Leidenschaft	0,60		Effizienz	0,14
Performance	0,59		Raumangebot	-0,12
Tradition	0,59		Souveränität	0,08

höher ist als mit sieben Attributen. Auf Grundlage der Analyse können alle folgenden Attribute als weniger relevant deklariert werden.

Neben der Regressionsanalyse kann die Betrachtung von Korrelationen zwischen den Attributen und der Gesamtbewertung sowie den Attributen untereinander Aufschluss über Relevanz und Zusammenhänge der Variablen geben. Die Gesamtbewertung meint den Mittelwert der Fahrzeugbeurteilung über sämtliche Attribute. An dieser Stelle sollen die wichtigsten Implikationen herausgestellt werden. In Tabelle 4.2 sind jeweils die acht Attribute mit den betragsmäßig höchsten bzw. geringsten Einzelkorrelationen zur Gesamtbewertung aufgelistet. Wie zu erkennen ist, finden sich in der Top-8-Gruppe fünf der Attribute aus der schrittweisen Regression wieder. Diese scheinen besonders hohe Relevanz für die Porsche-Typikalität zu besitzen. Bezüglich der auf den hinteren acht Rängen platzierten Attribute impliziert diese Analyse eine geringe Relevanz für die Porsche-Typikalität.

Einen Eindruck zu Korrelationen zwischen einzelnen Attributen untereinander vermittelt Tabelle 4.3. Hier werden die acht höchsten Korrelationen aufgelistet. Die Wer-

Tab. 4.3: Höchste Korrelationen zwischen einzelnen Attributen

Attribut	Korrelation
Faszination - Ingenieurskunst	0,71
Faszination - Rennstrecke	0,70
Faszination - Emotion	0,70
Faszination - Design	0,68
Leidenschaft - Performance	0,68
Faszination - Leidenschaft	0,67
Exklusivität - Performance	0,66
Ingenieurskunst - Evolution	0,65

te bewegen sich im Bereich mittelstarker, höchstsignifikanter Korrelation ($p < 0,001$). Offenbar wird der Begriff Faszination recht stark mit den Begriffen Ingenieurskunst, Rennstrecke, Emotion, Design und Leidenschaft in Verbindung gebracht. Diese Attribute könnten aus inhaltlicher Sicht als unterschiedliche Facetten des Attributs Faszination interpretiert werden. Zusätzlich werden von den Befragten Leidenschaft und Exklusivität mit Performance sowie Ingenieurskunst mit Evolution verknüpft.

Ein weiterer Aspekt, den es bezüglich der Auswertung zu beachten gilt, ist die Reliabilität der Items. Diese beschreibt die Trennschärfe der Attribute und die interne Konsistenz der Skala. Sie adressiert somit die Frage, inwieweit die einzelnen Items ein und dasselbe Konstrukt, in diesem Fall die Porsche-Typikalität, messen. Ein Maß für diese Konsistenz ist *Cronbachs* α. Der Gesamtwert mit sämtlichen Attributen beträgt hier $\alpha = 0,86$. Tabelle 4.4 zeigt die Veränderung von α beim Entfernen der stärksten und schwächsten acht Items aus der Gesamtskala. Bezüglich der Items mit negativer Korrelation zur Gesamtskala werden wieder Beträge gebildet, sodass höhere Veränderungen in α einen hohen Einfluss des Items und geringe Veränderungswerte irrelevante Items implizieren. In Übereinstimmung mit den Regressions- und Korrelationsanalysen finden sich wiederum die Attribute „Ingenieurskunst", „Faszination", „Performance", „Leidenschaft", „Rennstrecke" und „Evolution" auf den vorderen acht Rängen, analog besetzen „Komfort", „Effizienz", „Souveränität", „Raumangebot" und „Innovation" die hinteren Ränge. Die bisherigen Befunde werden hierdurch zusätzlich fundiert.

Wie bisher gezeigt besitzt die Gesamtheit der 27 potenziellen Markenattribute eine hohe Varianzaufklärung hinsichtlich der Porsche-Markentypikalität. Um zu überprüfen, inwieweit eine Reduktion dieser Multidimensionalität möglich und zweckmäßig ist, wird

Tab. 4.4: Veränderung in Cronbachs Alpha absolut und relativ als Indikator für die Attributrelevanz

Attribut	Cronbachs Alpha bei Entfernen des Items			Attribut	Cronbachs Alpha bei Entfernen des Items	
	absoluter Wert	relative Veränderung			absoluter Wert	relative Veränderung
Faszination	0,835	2,6%		Alltagstauglichkeit	0,865	-0,9%
Ingenieurskunst	0,836	2,5%		Ausfallsicherheit	0,849	0,9%
Tradition	0,839	2,1%		Exklusivität	0,849	0,9%
Rennstrecke	0,840	2,0%	...	Komfort	0,864	-0,8%
Anschaffungspreis	0,873	-1,9%		Vernunft	0,864	-0,8%
Emotion	0,841	1,9%		Effizienz	0,851	0,7%
Performance	0,842	1,8%		Souveränität	0,854	0,4%
Leidenschaft	0,842	1,8%		Raumangebot	0,859	-0,2%

nun eine Faktorenanalyse durchgeführt. In der hier verwendeten Art werden Hauptachsen in den bisher 27-dimensionalen Raum gelegt und die einzelnen Attribute zugeordnet. Die entstehenden Attributgruppen können anschließend inhaltlich reflektiert und im Idealfall mit adäquaten Überbegriffen bezeichnet werden.

Neben der Grundvoraussetzung intervallskalierter Daten sollten für eine Faktorenanalyse zwischen den zu analysierenden Variablen Korrelationen vorhanden sein. Das Finden einer oder mehrerer Hauptachsen in Variablenmengen, in denen keine Korrelationen von $r > 0,3$ auftauchen, ist sehr unwahrscheinlich (Schendera 2004). Für den vorliegenden Datensatz kann, wie in Tabelle 4.3 dokumentiert, von einer deutlichen Erfüllung dieser Voraussetzung ausgegangen werden. Als minimaler Stichprobenumfang werden fünf Fälle pro Item und mindestens 100 Fälle insgesamt angegeben (Schendera 2004). In der durchgeführten Erhebung liegen 131 Fälle pro Item und insgesamt 3537 Fälle vor, d. h., die Rohdatenbasis ist sehr solide.

Zur Extraktion wird die Hauptachsenmethode gewählt. Einen Überblick der erklärten Gesamtvarianz und Eigenwerte der ersten acht Faktoren bietet Tabelle 4.5. Als Extraktionskriterium wird ein Faktoreneigenwert von $\lambda_j > 1,0$ verwendet. In dem vorliegenden Datensatz werden so vier Hauptachsen, d. h. Faktoren, identifiziert. Die kumulierte Varianzaufklärung mittels der vier extrahierten Faktoren liegt bei 57,8 % und ist somit vergleichsweise gering. Der Grund hierfür ist der sehr flache Verlauf der Eigenwerteverteilung. Auf die ersten vier Faktoren folgen zahlreiche weitere, die das Extraktionskriterium nur knapp verfehlen. Die in den nicht extrahierten Faktoren gebundene Varianzaufklärung ist daher relativ hoch.

Tab. 4.5: Ergebnis der Faktorenanalyse – Faktoreigenwerte und Varianzaufklärung

Faktor	Anfängliche Eigenwerte		
	Gesamt	% der Varianz	kumulierte %
1	9,38	34,8	34,8
2	3,75	13,9	48,7
3	1,32	4,9	53,5
4	1,16	4,3	57,8
5	0,99	3,7	61,5
6	0,90	3,3	64,8
7	0,85	3,1	68,0
8	0,79	2,9	70,9

Tab. 4.6: Ladungen der Attribute auf die vier extrahierten Faktoren

	Faktor 1	Faktor 2	Faktor 3	Faktor 4
relevante Attribute (Faktorladung)	+ Faszination (0,86)	+ Ausfallsicherheit (0,71)	+ Alltagstauglichkeit (0,41)	+ Innovation (0,41)
	+ Ingenieurskunst (0,84)	+ Vernunft (0,59)	+ Komfort (0,36)	- Souveränität (-0,71)
	+ Leidenschaft (0,78)	+ Vertrauen (0,58)	+ Raumangebot (0,26)	- Sicherheit (-0,49)
	+ Performance (0,77)	+ Effizienz (0,54)	- Tradition (-0,25)	
	+ Rennstrecke (0,77)	+ Qualität (0,51)		
	- Anschaffungspreis (-0,69)	- Exklusivität (-0,42)		

Die Attribute mit den betragsmäßig höchsten Faktorladungen je extrahiertem Faktor sind in Tabelle 4.6 aufgelistet. Diejenigen Attribute, welche relativ betrachtet hoch auf denselben Faktor laden, bilden eine inhaltliche Gruppierung und können interpretiert werden. Der erste Faktor kann als Vereinigung der zentralen Begeisterungs- und Alleinstellungsmerkmale der Marke Porsche gedeutet werden. Er besitzt bezüglich der Porsche-Typikalität die höchste Varianzaufklärung. Der zweite Faktor kann als solide Basismerkmale der Fahrzeuge interpretiert werden, was durch die negativ ladende Exklusivität unterstrichen wird. Es handelt sich um Merkmale, die bei hoher Erfüllung Porsche-typisch wirken, wobei allein hierdurch kein exklusiv anmutendes Produkt entsteht. Der dritte Faktor fasst Qualitäten für die alltägliche Benutzung zusammen. Die leicht negativ ladende Tradition lässt sich mit dem historischen Kern der Marke im reinen Sportwagensegment erklären. Auf eine spekulative Interpretation des vierten Faktors wird aufgrund der nicht vorhandenen Eindeutigkeit der Attributbeziehungen verzichtet. Mit Blick auf die erheblich reduzierte Varianzaufklärung scheint eine Dimensionsreduktion an dieser Stelle nicht zweckmäßig. Zur Beschreibung der Porsche-Typikalität werden statt der Faktoren weiterhin Gruppen von Einzelattributen verwendet.

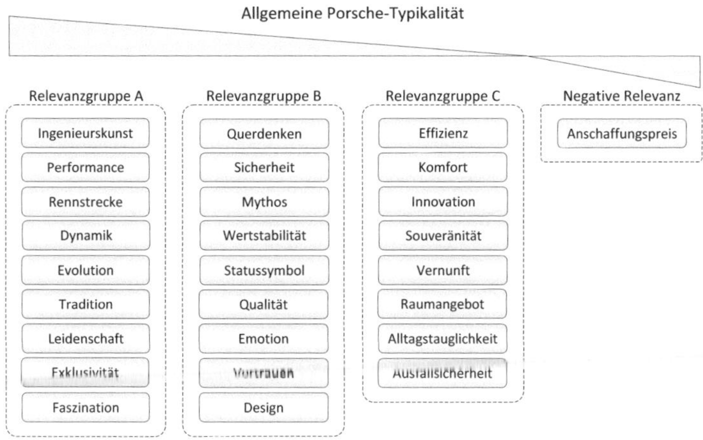

Abb. 4.7: Ergebnis des zweiten Schrittes von Verfahren V1 – Unterteilung der Porsche-Marken-attribute in vier Gruppen

Als Resultat der verschiedenen interferenzstatistischen Analysen sollen nun die Relevanzen der Attribute zu einem Gesamtergebnis formuliert werden. Es können zusammenfassend vier Relevanzstufen identifiziert werden, in welche sich die 27 Attribute einteilen lassen. Dies illustriert Abbildung 4.7. Die Relevanzbezeichnungen A, B und C sind an dieser Stelle mit dem Ziel der Kategorisierung als Zusammenfassung der numerischen Analysen qualitativ gewählt. Negative Relevanz besitzt lediglich ein Attribut, der Anschaffungspreis. Dies bedeutet, eine Erhöhung dieses Attributs würde zu einer Verringerung der Porsche-Typikalität führen. Wenngleich ein relativ hoher Anschaffungspreis eine typische Eigenschaft von Fahrzeugen der Marke Porsche sein mag, so scheint dies ein ausgeprägteres Spezifikum des in der Befragungsstudie ebenfalls bewerteten Ferrari California zu sein. Für sämtliche andere als positiv relevant extrahierte Attribute gilt, je stärker diese Eigenschaften in Bezug auf ein Fahrzeug ausgeprägt sind, desto Porsche-typischer ist es.

Es werden acht Attribute in die Kategorie C einsortiert. Dies bedeutet allerdings keinesfalls eine Missachtung dieser Eigenschaften in der Fahrzeugentwicklung. Zur Erklärung muss sich der methodische Ansatz in Erinnerung gerufen werden. Sämtliche der 27 Attribute sind fundiert durch Expertenmeinungen in der Lage, Porsche-Typikalität zu beschreiben. Die Unterscheidung zu dem oben zitierten Beispiel des Dacia Logan dürfte insofern mittels jedes dieser Attribute gelingen. Um allerdings im Rahmen dieser Arbeit ein maximal sensitives Verfahren zu erstellen, wird der Vergleich zu Fahrzeugen vorgenommen, die deutlich näher an der Marke Porsche positioniert sind. Die nun als weniger relevant deklarierten Attribute sind lediglich auf Grundlage der Befragungsdaten weniger dazu geeignet, zwischen diesen bewerteten Fahrzeugen zu trennen. Offenbar werden Begriffe wie „Effizienz", „Innovation" und „Ausfallsicherheit" mit allen drei Fahrzeugen assoziiert und eher als stets zu erfüllende und erfüllte Grundlagen – sogenannte Hygienefaktoren – für weitere, markenspezifische Begeisterungs- und Emotionalisierungsmerkmale angesehen.

Die Attribute der Kategorie B bilden eine Zwischengruppe. Im vorliegenden Datensatz sind sie weder besonders stark noch gering geeignet, zwischen den drei bewerteten Fahrzeugen zu differenzieren. Sie werden nicht wie die weniger relevanten Attribute als von allen Fahrzeugen gleichermaßen erfüllt angesehen, sondern eher dem Porsche-Fahrzeug zugeschrieben. Dies ist mit mittleren statistischen Signifikanzen der Fall, weshalb sie das Mittelfeld der Relevanzrangfolge darstellen.

In der Kategorie A befinden sich neun Attribute. Bezüglich der quantitativen Güte dieser können auf Grundlage der durchgeführten Berechnungen folgende Überlegung angestellt werden. Der Model-Fit der multiplen linearen Regression ist mit $R = 0,85$ ($R^2 = 0,72$) lediglich geringfügig niedriger als bei der oben durchgeführten Regression mit sämtlichen der 27 Attribute. Die Reliabilität der Items, d. h. die interne Konsistenz der Skala, ist im Vergleich zu der ursprünglich durchgeführten Berechnung mit *Cronbachs* $\alpha = 0,92$ auf einen sehr hohen Wert gestiegen. Außerdem existiert nunmehr kein redundantes Attribut, durch dessen Entfernung der Gesamtskalenwert steigen würde. Bei einer zur Bestätigung mit lediglich diesen neun Attributen durchgeführten Faktorenanalyse werden mit dem oben verwendeten Kriterium Eigenwert $\lambda_j > 1,0$ zwar sehr knapp zwei Faktoren extrahiert werden ($\lambda_2 = 1,2$), die Faktorladungen sind jedoch für sämtliche Attribute auf den ersten Faktor höher, was wiederum die Konsistenz der Skala bestätigt.

Diese Ergebnisse sind unbeeinflusst von den demografischen Eigenschaften der befragten Personen. Die Parameter Geschlecht, Alter, Ausbildungshintergrund, jährliche Fahrleistung und vorrangig gefahrene Fahrzeugklasse werden im Fragebogen dokumentiert und anschließend mittels Varianzanalysen ausgewertet. Die Anwendungsvoraussetzung einer Normalverteilung der durchschnittlichen Attributbewertung wird zuvor mittels des Kolmogorov-Smirnov-Anpassungstests bestätigt. Im Ergebnis besitzt keiner der demografischen Parameter einen signifikanten Einfluss auf die durchschnittliche Attributbewertung (für sämtliche gilt $p > 0,1$), sodass die Stichprobe diesbezüglich als homogen angesehen werden kann.

Diskussion und Schlussfolgerungen

Das gesetzte Ziel des Erstellens einer Relevanzrangfolge der in Abschnitt 4.2.1 identifizierten Attribute von Fahrzeugen der Marke Porsche wurde erreicht. Die im ersten Schritt mittels der Delphi-Technik erstellten Hypothesen sind wie in Abschnitt 4.1 vorgesehen mittels einer umfangreicheren Befragungsstudie empirisch überprüft worden. Die final extrahierte Skala weist ein hohes Maß an Varianzaufklärung hinsichtlich der Porsche-Typikalität sowie eine hohe interne Konsistenz und Trennschärfe auf. Die neun Attribute sind in der Lage, Porsche-Fahrzeuge von Wettbewerbern zu differenzieren und erscheinen somit als Prädiktoren sehr gut geeignet.

Die in den statistischen Analysen eruierte sehr hohe, teilweise höchste Bedeutsamkeit der „Ingenieurskunst" und die relativ geringere Relevanz des „Designs" als Markeneigenschaften der Fahrzeuge sind teilweise unter Berücksichtigung der Stichprobenzusammensetzung zu betrachten. Wie oben angedeutet stammten die Befragten hauptsächlich aus dem Tätigkeitsumfeld der Automobilentwicklung, exklusive Designabteilung. So besaßen insgesamt 70,3 % der Teilnehmer ingenieurwissenschaftlichen und weitere 16,8 % wirtschaftsingenieurswissenschaftlichen Hintergrund. Es ist speziell bezüglich dieser beiden Markenattribute mit einer etwas anderen Verteilung bei der Befragung anderer Personengruppen zu rechnen. Die Bedeutsamkeit des Gesamtfahrzeugdesigns für die Kaufentscheidung von Kunden kann als höher eingeschätzt werden, als es die hier erhobenen Daten nahelegen.

Die der Attributbewertung zugrunde liegenden Aussagesätze wurden möglichst einfach und präzise formuliert, um einen unverfälschten Zusammenhang zu dem jeweils interessierenden Attribut zu erhalten. In einem Fall kann retrospektiv jedoch eine Verbesserung vorgeschlagen werden. Die Dimension „Leidenschaft" wurde durch die Aussage repräsentiert: „Dieses Fahrzeug weckt die Lust schnell zu fahren.". Die erweckte Lust des schnellen Fahrens ist eine wichtige Komponente leidenschaftlicher Fahrzeuge, noch umfassender und präziser wäre eine direkte Nennung des Attributs gewesen, beispielsweise: „Dieses Fahrzeug weckt/symbolisiert Leidenschaft." Ein bedeutsamer Einfluss auf die Bewertung wird allerdings nicht angenommen.

Ein potenzieller Einflussparameter auf Attributprioritäten ist der jeweilige Zeitgeist. Beispielsweise waren die Marketingkampagnen der Porsche AG vor 1993 auf die Demonstration von Stärke und Performance ausgelegt (Porsche AG 2008). Der heute sehr relevante Aspekt Evolution als stetiger Verbesserungs- und Effektivierungsprozess wäre zum damaligen Zeitpunkt vermutlich als deutlich weniger relevant bewertet worden. Entsprechende Veränderungen sind auch in Zukunft nicht auszuschließen. Trotz des Gesagten werden keine grundsätzlich abweichenden Gesamtaussagen und eine gegebene zeitliche Konstanz in den Werten erwartet.

Die Ergebnisse des zweiten Verfahrensschrittes dienen als Basis für den dritten Schritt, in welchem die relevantesten Attribute in Verbindung mit konkreten FAS gebracht werden, um letztlich fundierte Empfehlungen für geeignete und weniger geeignete FAS aussprechen zu können. Eine alleinige Verwendung der Ergebnisse in ihrer bisherigen Form ist bereits ebenfalls denkbar. Die Sammlung von Markenattributen mit fundierter Einschätzung ihrer Relevanz könnte für unterschiedliche Marketingzwecke eingesetzt werden, z. B. zur Gestaltung von Printanzeigen oder zur Formulierung von Leitmotiven für die Marke bzw. für Events wie die Internationale Automobil-Ausstellung (IAA).

4.2.3 FAS und Attribute

In diesem dritten Schritt des Verfahrens V1 wird die Verbindung zwischen den Markenattributen und den betrachteten FAS hergestellt. Hierzu sieht das Konzept eine Beziehungsmatrix vor, welche mittels einer Befragungsstudie gefüllt wird und anhand derer die Nähe der Zusammenhänge quantifiziert werden kann. Auf dieser Basis wird das Ergebnis des Verfahrens – Empfehlungen für die markenadäquate Auswahl von FAS – erstellt.

Fragebogen

Vor diesem methodischen Hintergrund wird ein Fragebogen entworfen, digital umgesetzt und wiederum auf dem Portal „oFb onlineFragebogen" via Internet zugänglich gemacht. Als Startseite werden die Befragten begrüßt, kurz bezüglich des Ziels der Befragung und über die ungefähre Dauer der Bearbeitung informiert. Um bei allen Befragten einen identischen Mindeststand an Wissen bezüglich FAS zu erzielen, folgt ein Glossar, welches jeweils eine Abbildung sowie einige erklärende Sätze zu sämtlichen in der Befragung auftretenden FAS darbietet. Das Glossar ist mittels eines Links, welcher sich auf sämtlichen der folgenden Seiten befindet, jederzeit während der Befragung wieder erreichbar. Es ist im Anhang 11.1 nachzuschlagen. Die zu bewertenden Systeme sind die folgenden.

- Spurwechselassistent / Lane Change Assist (LCA),
- Verkehrszeichenanzeige / Traffic Sign Recognition (TSR),
- Abstandsregeltempomat / Adaptive Cruise Control (ACC),
- Spurverlassenswarnung / Lane Departure Warning (LDW),
- Aufmerksamkeitsassistent / Attention Assist (AA),
- Nachtsichtassistent / Night Vision (NV),
- Kurvengrenzgeschwindigkeitsanzeige / Curve Speed Warning (CSW),[2]
- Bremshügelwarner / Warning: Sleeping Policemen (WSP).

Die ersten sechs FAS sind aktuell in einigen Fahrzeugen der Premiumklasse bereits verbaut und insofern als potenziell relevant anzusehen. Die beiden Letztgenannten sind Konzepte mit eventuell vorhandenem Potenzial einer sportwagentypischen Wahrnehmung seitens des Kunden.

Im Fragebogen folgen anschließend einige demografische Abfragen, wobei auf Freiwilligkeit der Angaben hingewiesen wird. Danach erfolgt das Erstellen der Beziehungsmatrix. Das Bildschirmfoto einer Fragebogenseite zeigt Abbildung 4.8. Wie im Verfahrenskonzept vorgesehen sind die betrachteten FAS in der Beziehungsmatrix relevanten Markenattributen gegenübergestellt. Ein Zusammenhang kann mittels aktivierbarer Checkboxen angewählt werden, wobei auch Mehrfachnennungen zugelassen sind.

Die Beziehungsmatrix wird in analoger Weise durch die Begriffe:

---

2 Diese Funktion wird als reine Idee in die Befragung integriert. Es bestehen vor etwaiger Serieneinführung noch prinzipiell zu erklärende Fragen bezüglich der funktionalen Sicherheit, Gewährleistung usw.

Welche Begriffe verbinden Sie mit diesen Systemen? (Mehrfachnennung möglich)					
	Performance Sportlichkeit	**Emotion Leidenschaft**	**Exklusivität Individualität**	**Tradition Evolution**	**Ingenieurskunst Systemfaszination**	**Keiner der Begriffe**
Active Cruise Control (ACC) Abstandsregeltempomat	☐	☐	☐	☐	☐	☐
Traffic Sign Recognition (TSR) Verkehrszeichenanzeige	☐	☐	☐	☐	☐	☐
Lane Change Assistant (LCA) Spurwechselassistent	☐	☐	☐	☐	☐	☐
Lane Departure Warning (LDW) Spurverlassenswarnung	☐	☐	☐	☐	☐	☐
Curve Speed Warning (CSW) Kurvengrenzgeschwindigkeitsanzeige	☐	☐	☐	☐	☐	☐
Sleeping Policemen Bremshügelwarner (BHW)	☐	☐	☐	☐	☐	☐
Attention Assistant (AA) Aufmerksamkeitsassistent	☐	☐	☐	☐	☐	☐
Night Vision (NV) Nachtsichtassistent	☐	☐	☐	☐	☐	☐

Abb. 4.8: Fragebogen zum Herstellen einer Beziehung zwischen Markenattributen und FAS

- Fahrkomfort,
- Fahrsicherheit,
- Navigation / Orientierung,
- Intelligenz / Effizienz und
- Alltagstauglichkeit

komplettiert. Diese besitzen bezüglich der Porsche-Typikalität lediglich geringe bis mittlere Relevanz, werden allerdings beispielsweise in der Werbung besonders häufig in Verbindung mit FAS genannt. Das Erheben dieser Zusammenhänge im Rahmen der Befragungsstudie dient dem Abgleich mit den Ergebnissen des ersten Teils der Beziehungsmatrix.

Die oben angesprochene Unterscheidung in eine Innen- und Außensicht ist an dieser Stelle ebenfalls sinnvoll. Während bei der Relevanzbewertung der allgemeinen Markenattribute teilweise Expertenwissen gefragt war und dort die Innensicht als zweckmäßiger erachtet wurde, sieht das Verfahrenskonzept für die Verknüpfung von Fahrzeug- und FAS-Eigenschaften keine systematische Einschränkung vor. Das Ziel von Verfahren V1 ist jedoch, markenadäquate FAS auszuwählen, damit diese vom Kunden stärker gekauft

Tab. 4.7: Beziehungsmatrix – Zusammenhang zwischen hochrelevanten Markenattributen und FAS

FAS	Performance	Emotion	Exklusivität	Tradition	Ingenieurskunst	Summe	kein Attribut
AA	4,0%	3,7%	21,9%	8,7%	56,3%	**94,5%**	21,1%
ACC	2,4%	0,8%	17,6%	8,4%	57,9%	**87,1%**	24,2%
CSW	28,7%	4,2%	12,1%	8,2%	45,0%	**98,2%**	22,4%
LCA	6,0%	1,9%	15,4%	8,4%	53,2%	**84,7%**	23,1%
LDW	2,9%	1,4%	15,8%	8,7%	50,3%	**79,0%**	26,3%
NV	14,0%	5,3%	22,1%	10,3%	61,7%	**113,3%**	14,2%
TSR	2,9%	2,9%	15,8%	8,2%	58,2%	**87,9%**	22,1%
WSP	5,3%	1,9%	15,0%	7,4%	43,2%	**72,7%**	34,8%
∅	**8,3%**	**2,7%**	**17,0%**	**8,5%**	**53,2%**	-	**23,5%**

Tab. 4.8: Beziehungsmatrix – Zusammenhang zwischen zusätzlichen Begriffen und FAS

FAS	Fahrkomfort	Fahrsicherheit	Navigation	Intelligenz	Alltagstauglichkeit	Summe	kein Vorteil
AA	13,3%	74,0%	4,5%	19,1%	19,6%	**130,3%**	15,7%
ACC	52,9%	62,0%	4,2%	16,7%	32,6%	**168,3%**	9,4%
CSW	12,3%	56,6%	6,0%	15,6%	11,2%	**101,6%**	31,8%
LCA	17,2%	79,5%	8,6%	19,6%	31,0%	**155,8%**	9,9%
LDW	14,1%	73,2%	6,5%	17,2%	23,0%	**133,9%**	18,5%
NV	39,9%	76,3%	28,9%	26,9%	25,3%	**197,2%**	9,9%
TSR	30,0%	51,1%	24,5%	27,1%	32,8%	**165,4%**	15,4%
WSP	31,8%	36,7%	6,3%	12,0%	25,8%	**112,5%**	32,3%
∅	**26,4%**	**63,6%**	**11,2%**	**19,3%**	**25,1%**	-	**17,9%**

und akzeptiert werden. Insofern wird die Außensicht erhoben. Neben dem Alter und Geschlecht der Befragten werden die Region, in der sie leben, das Alter ihres neuesten Fahrzeugs, Kenntnisse und generelle Einstellung gegenüber FAS erfragt. Insgesamt nehmen 214 Personen (16 w, 198 m, ∅ 48,1 Jahre) aus acht Ländern an der Befragung teil.

Auswertung und Ergebnisse

Im Anschluss an die Beschreibung des Fragebogens folgt die Auswertung und Ableitung von Ergebnissen. Zunächst werden einige generelle Aussagen zur Bewertung der Markenattribute und zusätzlichen Begriffe dargestellt. Danach werden die betrachteten FAS einzeln besprochen.

Die beiden Tabellen 4.7 und 4.8 zeigen die Gegenüberstellung der Markenattribute bzw. zusätzlichen Begriffe mit ausgewählten FAS. Die Prozentzahlen geben an, wie viele befragte Personen die jeweilige Assoziation ausgewählt haben. Zunächst sollen einige generelle Befunde herausgestellt werden, die für sämtliche der betrachteten FAS gelten und bei der Einzelauswertung nicht nochmalig erwähnt sind. Die Attribute der ersten Tabelle (4.7) werden durchschnittlich schwächer mit den FAS assoziiert als die Begriffe in der zweiten Tabelle (4.8). Dies ist erwartungskonform, da die zweitgenannten Begriffe speziell aufgrund ihrer häufigen Nennung in Zusammenhang mit FAS ausgewählt wurden. Durchschnittlich am häufigsten wird die Verbindung zu dem Begriff Fahrsicherheit hergestellt ($\varnothing$ 63,6 %). Bei den Markenattributen wird vorrangig die Ingenieurskunst ($\varnothing$ 53,2 %) mit den FAS assoziiert. Die Attribute Emotion ($\varnothing$ 2,7 %) und Tradition ($\varnothing$ 8,5 %) hingegen können von den Befragten kaum in Verbindung mit den FAS gebracht werden. Auch zu Exklusivität wird seitens der Befragten nur ein schwacher Zusammenhang hergestellt ($\varnothing$ 17,0 %). Dies spricht für eine generell kritische Beurteilung der Produktgruppe Fahrerassistenz. Allerdings befindet sich für die Porsche AG in der relativ starken Verbindung zu dem hochrelevanten Markenattribut Ingenieurskunst ein Potenzial zur erfolgreichen Integration. Im Folgenden sollen auf Basis der Daten Aussagen bezüglich der einzelnen FAS abgeleitet werden. Hierzu werden vor allem relative Unterschiede und weniger absolute Höhen der Beurteilungen berücksichtigt.

Die Fahrerzustandserkennung (AA) wird relativ gering bezüglich Komfort (13,3 %) und relativ hoch bezüglich Fahrsicherheit bewertet (74,0 %). Ebenfalls leicht überdurchschnittlich ist die Stärke der Verbindungen zu Exklusivität (21,9 %) und Ingenieurskunst (56,3 %). An dieser Stelle kann keine eindeutige Empfehlung zur Eignung abgegeben werden. Der anschließende, vierte Verfahrensschritt kann hier weiteren Aufschluss erwirken.

Das ACC wird unter den betrachteten FAS am stärksten als Komfortsystem beurteilt (52,9 %), mit gleichzeitig höherer Alltagstauglichkeit relativ zum Durchschnittswert über alle FAS (31,0 %). Nur wenige Befragte sehen in der Funktion keinen Vorteil (9,4 %). Die allgemein schwache Assoziation zu den Dimensionen Performance und Emotion sind bezüglich ACC nochmals geringer (2,4 und 0,8 %). Das Zwischenergebnis impliziert eine gute Eignung für die Baureihengruppe Panamera und Cayenne, für Sportwagen ist dies weniger der Fall.

Die Kurvengrenzgeschwindigkeitsanzeige (CSW) besitzt im Vergleich zu den anderen FAS die geringste Verbindung zu den Begriffen Komfort (12,3 %) und Alltagstauglichkeit (11,2 %) und die Quote derjenigen Befragten, welche keinen Vorteil in dieser Funktion sehen, ist mit am höchsten (31,8 %). Zwar wird zum Markenattribut Performance der relativ stärkste Zusammenhang befunden (28,7 %), jedoch sind auch die Exklusivität und Ingenieurskunst unterdurchschnittlich ausgeprägt (12,1 und 45,0 %). Somit ist die Funktion zusammenfassend kritisch und als nur wenig markenadäquat anzusehen.

Der Spurwechselassistent (LCA) wird unter den betrachteten FAS am stärksten ist der Fahrsicherheit verbunden. Hinzu kommen eine relativ gesehen höhere Alltagstauglichkeit (31,0 %) und nur eine geringe Menge an Befragten, welche keinerlei Vorteil in diesem System erkennen können (9,9 %). Auf Basis dieser Daten kann keine fundierte Aussage hinsichtlich der Markenadäquatheit der Funktion getätigt werden. Hierzu bedarf es der im vierten Verfahrensschritt geplanten weitergehenden Analyse der Kundenbedürfnisse.

Die Spurverlassenswarnung (LDW) besitzt eine tendenziell stärkere Assoziation zu Fahrsicherheit (73,2 %) und eine schwächere zu Fahrkomfort (14,1 %). Bezüglich der Markentypikalität ist es ebenfalls eher schwach (Performance 2,9 %, Emotion 1,4 %) und das FAS, welches am zweithäufigsten mit keinem Attribut in Verbindung gebracht werden konnte (26,3 %). Die abgeleitete Empfehlung bezüglich der Integration ist hier ein Verwerfen dieser Funktion. Sie kann als nicht markenadäquat für Porsche-Fahrzeuge bezeichnet werden.

Die Funktion Nachtsicht (NV) wird mit hohem bzw. höchstem Bezug zu den Begriffen Fahrsicherheit (76,3 %), Navigation (28,9 %) und Intelligenz (26,9 %) eingestuft. Analoges gilt hinsichtlich der Beurteilung von Emotion (5,3 %), Exklusivität (22,1 %), Tradition (10,3 %) und Ingenieurskunst (61,7 %), welche überdurchschnittlich sind. Dies sind starke Indizien für ein Passen dieser Funktion zu Fahrzeugen der Marke Porsche.

Die Verkehrszeichenanzeige (TSR) wird relativ zum Durchschnitt betrachtet weniger mit Fahrsicherheit (51,1 %) und stärker mit Navigation (24,5 %) und Intelligenz (27,1 %) assoziiert. Auch bezüglich des Markenattributs Ingenieurkunst wird eine engere Verbindung gesehen (58,2 %). Die Implikation ist eine gute Eignung dieser Funktion für Porsche-Fahrzeuge.

Die Bremshügelwarnung (WSP) erhält die schwächste Assoziation der Fahrsicherheit (36,7 %) und die meisten Befragten, welche keinen Vorteil in der Funktion sehen (32,3 %). Zudem ist die Verbindung zum Attribut Ingenieurskunst die geringste unter sämtlichen der betrachteten FAS (43,2 %). Die abgeleitete Aussage lautet, diese Funktion passt nicht zu den Fahrzeugen der Marke Porsche.

Um den Einfluss der demografischen Parameter auf die durchschnittliche Attributbewertung zu untersuchen, wird zunächst deren Verteilung analysiert. Als Überprüfung einer Normalverteilung werden wiederum Kolmogorov-Smirnov- sowie Shapiro-Wilk-Anpassungstests durchgeführt. Diese ergeben eine nicht vorhandene Normalverteilung der Zufallsvariablen ($p < 0,01$). Als nonparametrische Alternative zur Varianzanalyse gelangt daher der Kruskal-Wallis-H-Test zur Anwendung. Es besitzen die Variablen Alter ($p < 0,001$), Nationalität ($p < 0,05$) und Einstellung gegenüber FAS ($p < 0,05$) signifikanten Einfluss auf die durchschnittliche Bewertung der Attribute. So sehen jüngere Befragungsteilnehmer mehr Vorteile in FAS als ältere. Bezüglich der Nationalität lassen sich folgende Punkte zusammenfassen. Die Märkte Afrika, Mittlerer Osten und Asia-Pazifik sehen die meisten, Deutschland die wenigsten Attribute in Verbindung mit den Systemen. Der Einfluss der Einstellung gegenüber FAS ist erwartungskonform, d. h., Personen, die FAS generell eher kritisch sehen, brachten weniger Attribute mit diesen in Verbindung als diesbezüglich generell positiv gestimmte Personen.

Die zentrale Botschaft aus den Daten ist eine primäre Assoziation der FAS mit dem Attribut Ingenieurskunst. Da dies ebenfalls eine der wichtigsten Dimensionen in Bezug auf die Marke Porsche darstellt, steckt hier das meiste Potenzial für adäquate und markentypische FAS. Die zweite Chance einer Vermarktung nicht ausschließlich auf der Sinn-Ebene (Sicherheit und Komfort) bietet das Attribut Performance. Diese muss offenbar nicht ausschließlich auf die Fahrleistung des Fahrzeugs im engeren Sinne bezogen sein, sondern kann z. B. auf die Wahrnehmung des Fahrers übertragen werden. Dies wird beispielsweise durch die Bewertung von NV illustriert.

Anhand dieses Zwischenergebnisses können Empfehlungen über adäquate und nicht adäquate FAS in Fahrzeugen der Marke Porsche ausgesprochen werden. Um im Gesamtergebnis von Verfahren V1 noch präzisere und vollumfängliche Aussagen tätigen zu können, schließt sich der vierte Schritt an, welcher im folgenden Abschnitt besprochen wird.

4.2.4 Unterstützungsbedarf

Im vierten Schritt des Verfahrens V1 sollen die auf Basis der Attributzuordnung empfohlenen FAS zusätzlich mit dem Unterstützungsbedarf des Kunden abgeglichen werden.

Fragebogen

Die Erhebung zum Unterstützungsbedarf des Fahrers in Sportwagen findet mithilfe der gleichen Befragtengruppe wie bezüglich des dritten Verfahrensschrittes statt. Entsprechende Details sind insofern identisch mit den Ausführungen in Abschnitt 4.2.3.

In Abschnitt 4.1 wurde das Kano-Modell als Basis für ein Eruieren des Unterstützungsbedarfs vorgestellt. Auf dieser methodischen Basis werden die Frage-Items erstellt und den Teilnehmern mittels oFb zugänglich gemacht. Ein Bildschirmfoto von Seite 8 der Befragung zeigt Abbildung 4.9. Zu erkennen sind die Dimensionen und Visualisierung aus dem Kano-Modell von „Das würde mich freuen" bis „Das würde mich sehr stören". Diese werden mit zu bewertenden Produktmerkmalen, d. h. potenziell durch die Systeme bereitgestellten Unterstützungen, in Verbindung gebracht, wodurch die funktionale Frage des Kano-Modells entsteht. Außerdem zu sehen ist die oben bereits besprochene Möglichkeit der spezifischen Urteilsabgabe in Abhängigkeit der Baureihengruppe.

Auswertung und Ergebnisse

Die Tabellen 4.9 und 4.10 zeigen prozentuale Häufigkeitsverteilungen der Befragtenurteile hinsichtlich der zehn Unterstützungsdimensionen. Sie sind für die beiden Baureihengruppen auf Grundlage von Kolmogorov-Smirnov- und Shapiro-Wilk-Anpassungstests als nicht normalverteilt anzusehen (jeweils $p < 0,001$). Für den Vergleich der Bewertungen hinsichtlich Baureihengruppen gelangt insofern der nonparametrische Wilcoxon-Mann-Whitney-Test zum Einsatz. Hierbei lässt sich ein signifikant geringerer Unterstützungsbedarf bezüglich der Sportwagen-Baureihen nachweisen ($p < 0,001$). Durchschnittlich werden bezüglich Sportwagen weniger Produktmerkmale als erwünscht bzw. benötigt angesehen als bezüglich Nicht-Sportwagen. Bezüglich des Unterstützungsbedarfs im Detail lassen sich allerdings auch zahlreiche Gemeinsamkeiten zwischen den Baureihengruppen finden.

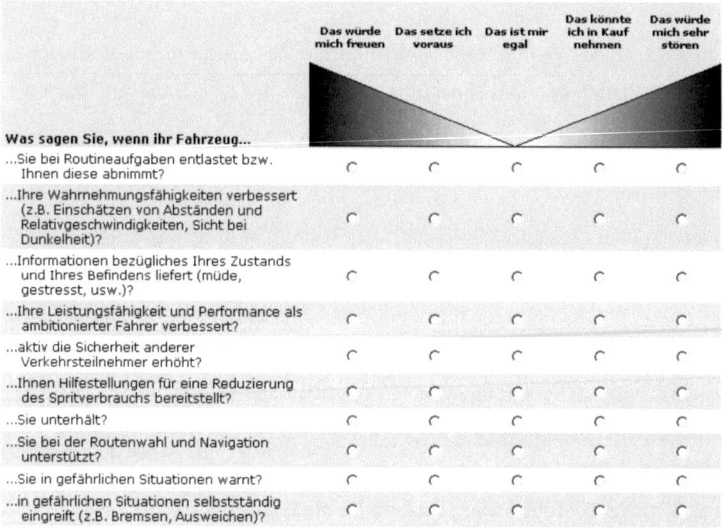

Was sagen Sie, wenn ihr Fahrzeug...	Das würde mich freuen	Das setze ich voraus	Das ist mir egal	Das könnte ich in Kauf nehmen	Das würde mich sehr stören
...Sie bei Routineaufgaben entlastet bzw. Ihnen diese abnimmt?	○	○	○	○	○
...Ihre Wahrnehmungsfähigkeiten verbessert (z.B. Einschätzen von Abständen und Relativgeschwindigkeiten, Sicht bei Dunkelheit)?	○	○	○	○	○
...Informationen bezügliches Ihres Zustands und Ihres Befindens liefert (müde, gestresst, usw.)?	○	○	○	○	○
...Ihre Leistungsfähigkeit und Performance als ambitionierter Fahrer verbessert?	○	○	○	○	○
...aktiv die Sicherheit anderer Verkehrsteilnehmer erhöht?	○	○	○	○	○
...Ihnen Hilfestellungen für eine Reduzierung des Spritverbrauchs bereitstellt?	○	○	○	○	○
...Sie unterhält?	○	○	○	○	○
...Sie bei der Routenwahl und Navigation unterstützt?	○	○	○	○	○
...Sie in gefährlichen Situationen warnt?	○	○	○	○	○
...in gefährlichen Situationen selbstständig eingreift (z.B. Bremsen, Ausweichen)?	○	○	○	○	○

Abb. 4.9: Fragebogen zum Bestimmen des kundenseitigen Unterstützungsbedarfs

Tab. 4.9: Kundenseitiger Unterstützungsbedarf in Sportwagen (Baureihen 911, Boxster/Cayman)

Was sagen Sie, wenn Ihr Fahrzeug (911, Boxster/Cayman)...	Das würde mich freuen	Das setze ich voraus	Das ist mir egal	Das könnte ich in Kauf nehmen	Das würde mich sehr stören
...Ihre Wahrnehmungsfähigkeiten verbessert (z.B. Einschätzen von Abständen und Relativgeschwindigkeiten, Sicht bei Dunkelheit)?	59,9%	21,5%	7,9%	6,7%	4,0%
...Sie bei Routineaufgaben entlastet bzw. Ihnen diese abnimmt?	39,5%	16,4%	18,1%	18,1%	7,9%
...Ihre Leistungsfähigkeit und Performance als ambitionierter Fahrer verbessert?	60,5%	19,2%	10,5%	4,6%	5,2%
...Informationen bezügliches Ihres Zustands und Ihres Befindens liefert (müde, gestresst, usw.)?	39,0%	11,3%	20,9%	13,5%	15,3%
...Ihnen Hilfestellungen für eine Reduzierung des Spritverbrauchs bereitstellt?	28,7%	27,0%	31,0%	8,7%	4,6%
...aktiv die Sicherheit anderer Verkehrsteilnehmer erhöht?	49,4%	34,5%	8,6%	6,4%	1,1%
...Sie unterhält?	25,1%	9,9%	38,0%	7,7%	19,3%
...Sie bei der Routenwahl und Navigation unterstützt?	48,6%	33,5%	12,1%	4,6%	1,2%
...Sie in gefährlichen Situationen warnt?	48,9%	38,6%	5,7%	5,7%	1,1%
...in gefährlichen Situationen selbstständig eingreift (z.B. Bremsen, Ausweichen)?	30,1%	21,0%	5,7%	22,7%	20,5%

Tab. 4.10: Kundenseitiger Unterstützungsbedarf in Nicht-Sportwagen (Baureihen Cayenne, Panamera)

Was sagen Sie, wenn Ihr Fahrzeug (Cayenne, Panamera)...	Das würde mich freuen	Das setze ich voraus	Das ist mir egal	Das könnte ich in Kauf nehmen	Das würde mich sehr stören
...Ihre Wahrnehmungsfähigkeiten verbessert (z.B. Einschätzen von Abständen und Relativgeschwindigkeiten, Sicht bei Dunkelheit)?	65,1%	22,4%	5,3%	6,5%	0,7%
...Sie bei Routineaufgaben entlastet bzw. Ihnen diese abnimmt?	46,8%	17,5%	14,3%	16,2%	5,2%
...Ihre Leistungsfähigkeit und Performance als ambitionierter Fahrer verbessert?	59,5%	18,3%	14,4%	3,9%	3,9%
...Informationen bezügliches Ihres Zustands und Ihres Befindens liefert (müde, gestresst, usw.)?	44,9%	10,3%	21,2%	12,1%	11,5%
...Ihnen Hilfestellungen für eine Reduzierung des Spritverbrauchs bereitstellt?	31,8%	27,9%	29,2%	7,2%	3,9%
...aktiv die Sicherheit anderer Verkehrsteilnehmer erhöht?	52,9%	32,9%	7,7%	5,2%	1,3%
...Sie unterhält?	28,3%	8,6%	39,5%	7,2%	16,4%
...Sie bei der Routenwahl und Navigation unterstützt?	49,0%	33,3%	13,1%	3,3%	1,3%
...Sie in gefährlichen Situationen warnt?	51,9%	35,9%	6,4%	5,2%	0,6%
...in gefährlichen Situationen selbstständig eingreift (z.B. Bremsen, Ausweichen)?	32,7%	23,1%	7,7%	17,9%	18,6%

In beiden Baureihengruppen zeichnen sich gleichermaßen recht klar zwei Gruppen zu je fünf Produktmerkmalen ab. Die Items der ersten Gruppe enthalten in den ersten beiden stärksten Zustimmungen „Das setze ich voraus" und „Das würde mich freuen" über 75 % der Meinungen. Hierzu zählen die Verbesserung von Wahrnehmungs- und Leistungsfähigkeiten des Fahrzeugführers, die Unterstützung hinsichtlich Navigation und Routenwahl sowie das Warnen vor gefährlichen Situationen und die Erhöhung der Sicherheit anderer Verkehrsteilnehmer. Die zweite Gruppe erhält Beurteilungen mit ca. 50 oder weniger Prozent in den beiden stärksten Zustimmungsstufen. Dies bedeutet, für die Hälfte oder mehr Personen ist diese Art der Unterstützung indifferent, in Kauf zu nehmen oder sehr stark störend. Sie beinhaltet Unterhaltung, das Rückmelden von Fahrerzustandsinformationen an den Fahrer, Hilfestellungen zur Reduzierung des Spritverbrauchs sowie die Übernahme von Routineaufgaben durch FAS und autonome Eingriffe. Im Sinne des Kano-Modells kann die erstgenannte Gruppe von Produktmerkmalen als Leistungs- mit leichter Tendenz zu Begeisterungsmerkmalen beschrieben werden. Die Einteilung in erwünschte und eher unerwünschte Unterstützung ist für beide Baureihengruppen gültig, allerdings existieren Unterschiede in der Stärke. So sind die Ausprägung der Ablehnung bei den Sportwagen, die Ausprägung der Erwünschtheit bei den Nicht-Sportwagen jeweils höher.

Hinsichtlich zweier FAS, Spurwechselassistent (LCA) und Fahrerzustandserkennung (AA), konnte im Rahmen des dritten Verfahrensschrittes (siehe 4.2.3) keine eindeutige Empfehlung ausgesprochen werden. Der Erkenntnisgewinn des vierten Schritts ermöglicht nun eine Aussage. Der klare Wunsch und Bedarf der Kunden wird herausgestellt, die eigene Sicherheit und die anderer Verkehrsteilnehmer zu erhöhen. Der LCA wird in der Beziehungsmatrix am stärksten mit der Fahrsicherheit assoziiert. Allerdings wird offenbar die Situation, in der ein LCA assistiert, nicht als besonders sicherheitskritisch beurteilt. Hierin liegt ein Potenzial der Aufklärung und Vermarktung. Ohne die eigentliche Funktionalität zu verändern, könnte so die Porsche-Typikalität und Akzeptanz dieses FAS gesteigert werden. Analog lautet die Betrachtung hinsichtlich der Fahrerzustandserkennung (AA). Auch diese wird vor allem als Sicherheitssystem aufgefasst, allerdings scheint für die Befragten die reale Gefahr, einen Unfall aus Unaufmerksamkeit oder Schläfrigkeit zu verursachen, nicht hoch. Hier könnte besonders der Aspekt der Fremdgefährdung, die bereits bei kleineren Unaufmerksamkeiten entstehen kann, hervorgehoben werden, um die Akzeptanz dieses FAS zu steigern.

Für die übrigen FAS konnten im dritten Verfahrensschritt Aussagen über deren Adäquatheit für Porsche-Fahrzeuge getroffen werden. Diese werden durch die Ergebnisse des vierten Schrittes zusätzlich erklärt. Beispielsweise scheint NV besonders adäquat zu sein, da die Aspekte einer Verbesserung der Wahrnehmungs- und Leistungsfähigkeit des Fahrzeugführers bedient werden. Als besonders wenig zur Marke passend identifizierte die Beziehungsmatrix die FAS Bremshügelwarnung (WSP) und Kurvengrenzgeschwindigkeitsanzeige (CSW). Mit Erstgenanntem wird offenbar kaum eine Sicherheits- oder Performance-Steigerung assoziiert, weshalb es als wenig nützlich erachtet wird. Ähnlich verhält es sich mit Zweigenanntem. Die Assoziation mit einer Leistungs- oder Sicherheitssteigerung für den Fahrer ist nicht so stark, dass es insgesamt als markentypisches FAS wahrgenommen wird.

Der Unterstützungsbedarf von Kunden der Marke Porsche wurde hier in einer Befragungsstudie umfangreich erhoben. Wie im Rahmen der Konzeption beschrieben lässt das Verfahren je nach individuellem Anspruch und Situation ebenso andere Vorgehen zu. Die Erkenntnisse dienen zu einer Präzisierung und Vervollständigung der Empfehlungen, welche im Rahmen des dritten Verfahrensschritts gefunden wurden. Entsprechend dem wissenschaftlichen Vorgehensmodell dieser Arbeit (siehe Abbildung 3.5) folgt im Anschluss an die Anwendung nun eine Validierung der gefundenen Aussagen und somit des Verfahrens V1 selbst.

4.3 Evaluation des Verfahrens

Die Validierung des Verfahrens V1 soll entsprechend dem empirisch-induktiven Modell (siehe Abbildung 3.5) erfolgen und um eine theoretische Plausibilisierung ergänzt werden. Hierbei werden die Empfehlungen als Ergebnis der in den vorangegangenen Abschnitten durchgeführten Anwendung des Verfahrens zunächst mit Empfehlungen der Literatur abgeglichen. Anschließend wird eine empirische Befragungsstudie durchgeführt, bei der die oben betrachteten FAS direkt und explizit hinsichtlich ihres Passens zu Fahrzeugen der zwei Baureihengruppen der Porsche AG bewertet werden. In dem Maße, wie eine Übereinstimmung erzielt wird, kann dann das Verfahren V1 als valide angesehen werden. In Kapitel 2 wurde die positive Einstellung potenzieller Nutzer zum Kauf und der Nutzung eines Produkts als ein zentrales Charakteristikum der Akzeptanz definiert, weshalb diese als Validierungskriterium der Erhebung dient.

Ein Mehrwert zusätzlich zum Wissen über das Passen bzw. Nicht-Passen der FAS sind im Falle der Verfahrensanwendung die darüber hinaus generierten Erkenntnisse. Es wurde nicht nur die Frage beantwortet, ob ein FAS adäquat ist oder nicht, sondern zusätzlich noch der Grund hierfür, welcher für nicht passende oder lediglich als neutral angesehene FAS sogleich potenzielle Lösungs- und Verbesserungsmöglichkeiten aufzeigt. So kann das Wissen über die Zusammenhänge zwischen FAS und Markenattributen sowie den Unterstützungsbedarf des Kunden genutzt werden, um die FAS entsprechend anzupassen, im Markt zu positionieren und zu bewerben.

4.3.1 Theoretische Plausibilisierung

In der Literatur sind Untersuchungen mit ähnlichen Absichten zu finden. So stellen Happe & Lütz (2008) eine Befragung bezüglich der Erwünschtheit einzelner FAS in Pkw vor, wobei keine Kunden einer speziellen Marke ausgewählt wurden. Es wurden die Systeme ACC, Verkehrszeichenanzeige (TSR), Spurwechselassistent (LCA) und Spurverlassenswarnung (LDW) zur Beurteilung gestellt und hinsichtlich der Vorteile Sicherheit, Komfort, Orientierung und der Nachteile unkonzentriertes Fahren, Ablenkung und Bevormundung bewertet. Außerdem wurde die generelle Nützlichkeit erfragt. Die Befragung wurde zunächst im Jahr 2005 durchgeführt und im Jahr 2007 wiederholt. Die dortigen Befunde decken sich teilweise mit den Porsche-spezifischen Erkenntnissen dieser Arbeit. So werden die meisten FAS stark mit dem Begriff Sicherheit assoziiert. Die Verbindung zu den genannten Nachteilen war gleichmäßig bzw. wird kein Nachteil in den Systemen gesehen. Als nützlichstes FAS in beiden Jahren der Durchführung schnitt das ACC ab. Das am wenigsten nützliche System im Jahre 2005 war LDW, 2007 war es TSR. Zusammenfassend wurde eine steigende Bekanntheit und Akzeptanz von FAS festgestellt.

Steininger et al. (2008) führen eine Befragung unter Verwendung des Kano-Modells durch. Allerdings wurden auch in diesem Fall Normalfahrer und nicht spezielle Kunden einer Fahrzeugmarke befragt. Die dortigen länderspezifischen Unterschiede können anhand der in der vorliegenden Arbeit erhobenen Primärdaten nicht bestätigt werden. Übereinstimmung existiert jedoch hinsichtlich der Warnung in gefährlichen Situationen, was primär als Leistungs- mit leichter Tendenz zu einem Begeisterungsmerkmal gesehen wird, sowie hinsichtlich des autonomen Systemeingriffs, welchen die Befragten kritisch beurteilen.

Zusätzlich können die Befunde aus den Daten anhand der in Abschnitt 2.1.2 des Grundlagenkapitels diskutierten Ansätze zur Kategorisierung von FAS strukturiert werden. Sämtliche der gemäß Schritt vier identifizierten, erwünschteren Unterstützungsdimensionen gehören bezüglich des Automatisierungsgrades nach Endsley & Kiris (1995) und Lange (2008) zur Kategorie „Entscheidungsunterstützung". Die eher unerwünschten Unterstützungsdimensionen entsprechen unterschiedlichen Automatisierungsgraden, z. B. „keine Automatisierung" bezüglich des Merkmals Unterhaltung sowie „überwachte" bzw. „Vollautomatisierung" bezüglich des autonomen Systemeingriffs. Diese Merkmale sind auf Grundlage der Daten beim Kunden signifikant weniger erwünscht. Ein plausibler Schluss ist, vor allem die Entscheidungsunterstützung wird als die adäquate und richtige Aktivitätsebene von FAS angesehen.

Eine analoge Überlegung ist bezüglich der Kategorisierung nach Schindler (2007), die ebenfalls in Abschnitt 2.1.2 besprochen wird, zulässig. Die erwünschten Unterstützungsdimensionen korrespondieren vornehmlich mit der Kategorie „Sehen & Einschätzen". Die weniger Erwünschten besetzen verschiedene Stufen, z. B. „Routineaufgaben" bezüglich des systemseitigen Übernehmens dieser Aufgaben sowie „Längs- und Querführung" bezüglich des autonomen Systemeingriffs.

Des Weiteren wurde in Abschnitt 2.1.3 auf das prinzipielle Unfallvermeidungspotenzial und somit die hohe Relevanz von FAS eingegangen. So sind dort verschiedene Unfalltypen nach Fehlverhalten des Fahrzeugführers unterteilt. Der überwiegende Teil dieses unterschiedlichen Fehlverhaltens, z. B. Abbiegen, Wenden, Vorfahrt, Geschwindigkeit, Abstand, falsche Straßenbenutzung usw. kann mittels FAS unterschiedlicher Automatisierungsstufen verhindert werden. Es sind sowohl Systeme denkbar, die diese Probleme auf der Stufe „Entscheidungsunterstützung" als auch „Überwachte" oder „Vollautomatisierung" adressieren. Als Befund der Befragung bevorzugen die Kunden FAS niedrigerer Automatisierungsgrade, was dem Ziel der Unfallreduzierung und -vermeidung somit nicht prinzipiell widerspricht. Die faktische Wirksamkeit in Situationen geringer TTC (Time-To-Collision), in denen die adäquate Reaktion auf eine Warnung seitens des Fahrzeugführers kaum noch erfolgen kann, ist jedoch bei Systemen mit autonomem Eingriff als höher einzuschätzen.

Der durchgeführte Abgleich der bisherigen Ergebnisse mit veröffentlichten Forschungsergebnissen diente vor allem der Plausibilisierung und Kategorisierung. Die eigentliche Validierung des Verfahrens V1 erfolgt empirisch im nächsten Abschnitt.

4.3.2 Befragungsstudie

Mit dem Ziel einer Validierung der durch das Verfahren generierten Empfehlungen wird die explizite Frage gestellt, wie gut die betrachteten FAS aus Sicht der Befragten zu den Fahrzeugen der Marke Porsche passen. Die Abgabe des Urteils erfolgt auf einer fünfstufigen Skala von „völlig unpassend" bis „absolut passend", wobei wiederum eine Unterscheidung zwischen den Baureihengruppen vorgenommen werden kann.

4.3.3 Auswertung und Ergebnisse

Als erwartungskonformes Gesamtergebnis passen aus Sicht der Kunden FAS zunächst generell besser zu Nicht-Sportwagen, d. h. Cayenne und Panamera. Nun sollen die Ergebnisse für jedes FAS einzeln mit den Empfehlungen des Verfahrens abgeglichen werden.

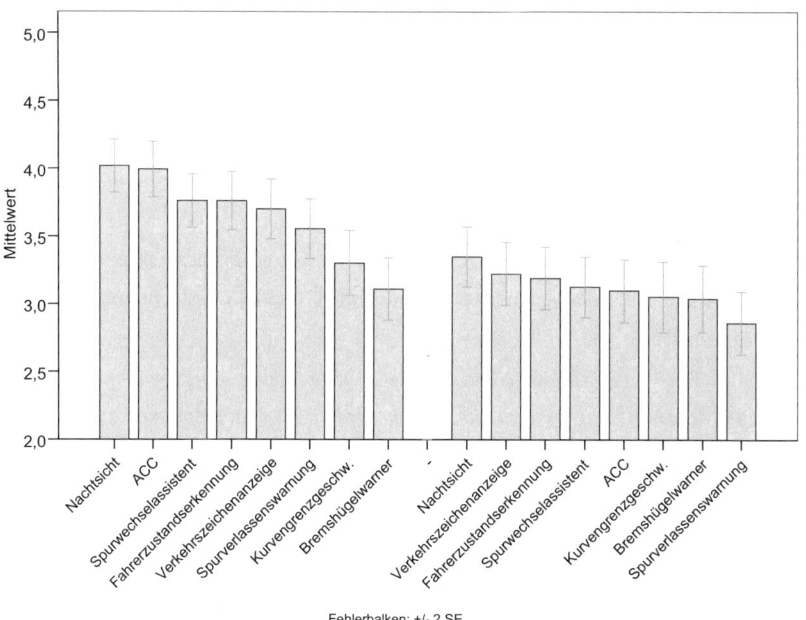

Abb. 4.10: Passen ausgewählter FAS zu Nicht-Sportwagen (linker Block) und Sportwagen (rechter Block)

Das ACC bewerten die Befragten bezüglich Nicht-Sportwagen (Baureihengruppe E) als gut (Rang 2) und bezüglich Sportwagen (Baureihengruppe C) als weniger passend (Rang 5). Dies deckt sich in vollem Umfang mit den zuvor generierten Empfehlungen.

Bezüglich der Funktion Fahrerzustandserkennung (AA) konnte durch das Verfahren zunächst keine klare Aussage über die Adäquatheit getätigt werden. Und auch innerhalb der validierenden Befragung nimmt sie mittlere, neutrale Ränge ein (Baureihengruppe E 4., C 3.). Es wird, wie bei dem LCA, die Empfehlung ausgesprochen, die Gefährdung für sich und andere Verkehrsteilnehmer stärker zu betonen.

Die Kurvengrenzgeschwindigkeitsanzeige (CSW) erhielt als Beurteilung durch das Verfahren eine nur geringe Markenadäquatheit. Die Validierung bestätigt dies vollständig in beiden Baureihengruppen (E 7. Rang, C 6. Rang).

Für den Spurwechselassistenten (LCA) konnte hinsichtlich der Markenadäquatheit keine eindeutige Aussage getroffen werden, da die Bewertungen im dritten Schritt des Verfahrens größtenteils im neutralen Bereich lagen. Die Validierung bestätigt diesen Befund, da der LCA auch hier im neutralen Mittelfeld rangiert (Baureihengruppe E 3. Rang, C 4. Rang). Als Handlungsvorschlag ergibt die Analyse des Unterstützungsbedarfs im vierten Schritt die Betonung der Sicherheitskritikalität einer Spurwechselsituation für sich und andere Verkehrsteilnehmer.

Die Spurverlassenswarnung (LDW) wurde als Ergebnis von V1 nicht für die Integration empfohlen. Dies harmoniert mit den Ergebnissen der validierenden Befragung, da das FAS bei der Baureihengruppe E auf dem 6. und bei C auf dem 8. und letzten Rang positioniert wird.

Das FAS Nachtsicht (NV) wurde auf Basis der Beziehungsmatrix als zweifelfrei zu Porsche-Fahrzeugen passend beschrieben. Dies wird in vollem Umfang durch die Validierung bestätigt. In beiden Baureihengruppen ist sie auf dem 1. Rang platziert.

Für die Verkehrszeichenanzeige (TSR) wurde eine gute Eignung ermittelt. Dies deckt sich für Sportwagen sehr gut (2. Rang), für Nicht-Sportwagen hingegen weniger (5. Rang).

Die Funktion Bremshügelwarnung WSP erhielt nur eine sehr geringe Markenadäquatheit. Sie rangiert nun für die Baureihengruppe E auf der 8. und letzten, für C auf der 7. und vorletzten Position.

Tab. 4.11: Rangfolge der FAS-Adäquatheit entsprechend Verfahren V1 und Validierungsstudie im Vergleich

| | Rangfolge aus Verfahren V1 | | Rangfolge aus Validierung | |
| | (a) | (b) | | |
Rang	entsprechend den Beziehungen zu Markenattributen	entsprechend der Assoziation mit keinem Markenattribut	entsprechend dem Passen zu Nicht-Sportwagen	entsprechend dem Passen zu Sportwagen
1	Nachtsicht	Nachtsicht	Nachtsicht	Nachtsicht
2	Kurvengrenzgeschw.	Fahrerzustandserkennung	ACC	Verkehrszeichenanzeige
3	Fahrerzustandserkennung	Verkehrszeichenanzeige	Spurwechselassistent	Fahrerzustandserkennung
4	Verkehrszeichenanzeige	Kurvengrenzgeschw.	Fahrerzustandserkennung	Spurwechselassistent
5	ACC	Spurwechselassistent	Verkehrszeichenanzeige	ACC
6	Spurwechselassistent	ACC	Spurverlassenswarnung	Kurvengrenzgeschw.
7	Spurverlassenswarnung	Spurverlassenswarnung	Kurvengrenzgeschw.	Bremshügelwarner
8	Bremshügelwarner	Bremshügelwarner	Bremshügelwarner	Spurverlassenswarnung

Tab. 4.12: Durchschnittliche Rangdifferenzen und Rangkorrelationskoeffizienten (Spearmans Rho) der Verfahrensergebnisse und Validierungsstudie

| | Validierung Nicht-Sportwagen | | Validierung Sportwagen | |
	durchs. Rangdifferenz	Spearmans Rho	durchs. Rangdifferenz	Spearmans Rho
V1 (a)	1,75	0,45	1,25	0,69
V1 (b)	1,75	0,55	1,0	0,88

Als Zusammenfassung der Ergebnisse sind in Tabelle 4.11 vier Rangfolgen der betrachteten FAS aufgelistet, welche als Zusammenfassung des eben Gesagten die jeweilige Adäquatheit der Systeme für Fahrzeuge der Marke Porsche darstellen. Die beiden linken Rangfolgen basieren auf der Beziehungsmatrix von V1 (siehe Tabelle 4.7), wobei die Ordnung (a) entsprechend den Beziehungen zu den Markenattributen durch zeilenweise Summierung und (b) entsprechend der Assoziation mit keinem Attribut nach den Prozentwerten für „kein Attribut" erfolgt. Im Vergleich der jeweils zwei Rangfolgen stimmen die Prognosen des Verfahrens V1 mittel bis gut mit den Ergebnissen der direkten Frage nach der Porsche-Typikalität der betrachteten FAS überein.

Einen quantitativen Überblick der Prognosegüte erteilt Tabelle 4.12. Als Maß für die Varianz ist die durchschnittliche Rangdifferenz, für die Korrelation der Rangkorrelationskoeffizient nach Spearman (Rho) angegeben. Es sind mittlere bis hohe Korrelationen zu erkennen, mit einer besseren Vorhersagefähigkeit des Verfahrens für FAS in Sportwagen. Dies ist auf Grundlage des Konzepts von V1 keine Überraschung. Die Prädiktion des Passens von FAS zu den Fahrzeugen wird auf Grundlage der eruierten und gewichteten Typikalitätsattribute vollzogen. Nun können allerdings auch die Fahrzeuge selbst unterschiedlich starke Markentypikalitäten aufweisen, wobei die Sportwagenbaureihen als die „markentypischeren" angenommen werden. Eine diesbezüglich präzisere Vorhersage des Verfahrens erscheint insofern plausibel.

Um wiederum den Einfluss der erhobenen demografischen Parameter auf die durchschnittliche Beurteilung der Produktmerkmale zu untersuchen, wird zunächst deren Verteilung analysiert. Es werden als Überprüfung einer Normalverteilung Kolmogorov-Smirnov- sowie Shapiro-Wilk-Anpassungstests durchgeführt, welche eine nicht vorhandene Normalverteilung der Zufallsvariablen ergeben ($p < 0,01$). Insofern wird als nonparametrische Alternative zur Varianzanalyse wiederum der Kruskal-Wallis-H-Test verwendet. So besitzt auf Grundlage der Daten lediglich die generelle Einstellung gegenüber FAS einen signifikanten Einfluss auf die Beurteilung der Produktmerkmale ($p < 0,05$).

4.4 Zusammenfassung und Diskussion

Es wurde ein Verfahren konzipiert und am Beispiel der Porsche AG validiert, anhand dessen systematisch fundierte Empfehlungen für die markenadäquate Auswahl von FAS aus der Menge sämtlicher aktuell marktverfügbarer und zukünftiger Systeme generiert werden kann. Es setzt sich aus den vier Schritten:

- Identifizieren von Gesamtfahrzeugattributen,
- Erstellen einer Relevanzreihenfolge,
- Zuordnen von FAS und Attributen sowie
- Abgleichen mit dem Unterstützungsbedarf des Kunden

zusammen. Hierbei wurde von der übergreifenden, systemtheoretisch hergeleiteten Hypothese ausgegangen, nach der ein Zusammenpassens von Sub- und Supersystem vorliegt, wenn Subsysteme (hier FAS) die Attribute des Supersystems (hier Gesamtfahrzeug) ebenfalls bedienen. Die Validität dieser Hypothese konnte durch die empirischen Primärdatenerhebungen und -auswertungen nachgewiesen werden. Nach dem induktiv geprägten Vorgehensmodell wurde somit die Gültigkeit des konzipierten Verfahrens V1 aufgezeigt. Durch die Anwendung des Verfahrens kann nun zum einen das Passen oder

Nicht-Passen von FAS zu Fahrzeugen unterschiedlicher Baureihen geprüft werden. Zum anderen liefert das Verfahren zusätzlich Gründe hierfür und erzeugt somit einen tiefergehenden Erkenntnisgewinn. Dies bildet gleichzeitig die Grundlage für Maßnahmen, um die Akzeptanz zunächst als kritisch oder neutral angesehener FAS zu steigern. Am Beispiel des LCA in Verbindung mit der Sicherheitsrelevanz für andere Verkehrsteilnehmer wurde dies illustriert.

Ein weiterer Vorteil liegt in der Möglichkeit, das Passen von FAS hinsichtlich Fahrzeugkonzepten zu prüfen, die noch nicht in Endkundenprodukte überführt wurden. Ein direktes Bewerten des Passens seitens der Kunden ist in einem solchen Fall nicht möglich, weil diesen das Gesamtprodukt schlicht nicht bekannt ist. Mithilfe der Attribute, welche seitens der Entwickler für jedes Konzept individuell gewichtet werden können, und der Zuordnung zu den FAS in der Beziehungsmatrix wird dies möglich.

Die Ergebnisse der Primärdatenerhebung am Beispiel der Porsche AG geben Hinweise auf die Validität des Verfahrens. Einflüsse der Befragtenzusammensetzung wurden bereits oben diskutiert. Allerdings existieren weitere potenzielle Einflussgrößen, welche kurz angesprochen werden sollen. Es wird von einer gewissen Abhängigkeit der Urteile vom Zeitpunkt der Befragung ausgegangen. Hinsichtlich der Relevanzreihenfolge von Markenattributen wird beispielsweise mittel- bis langfristig keine vollständig statische Beurteilung, sondern Einflüsse von Wertewandeln und firmenstrategischen Managementscheidungen vermutet (siehe Abbildung 4.2). Der Begriff „Zeitpunkt" meint zudem auch die individuelle Position des bewerteten Produkts entlang des Hype-Zyklus nach Fenn & Linden (2005). Dieser Aspekt der zeitlichen Entwicklung wird auch im Kano-Modell (siehe Abbildung 2.28) berücksichtigt. Mit welchen Attributen eine befragte Person ein FAS assoziiert, wird davon beeinflusst, wie gut und lange sie das System bereits kennt bzw. nutzt. In nahem Zusammenhang hierzu stehen auch die Kauf- und Wieder-Kaufentscheidungen der Kunden. So deuten die Ergebnisse der Verfahrensanwendung beispielsweise auf eine hohe Begehrtheit des FAS Nachtsicht hin, was auch einen Kaufentschluss wahrscheinlich werden lässt. Inwiefern Kunden diesen Entschluss bei dem Kauf eines nächsten Fahrzeugs wiederholen würden oder enttäuscht sind, hängt von individuellen Erwartungen, der Funktionszuverlässigkeit, dem faktischen Nutzungsverhalten und anderen Faktoren ab.

Potenzielle Einschränkungen des Verfahrensnutzens können sich zudem mit Blick auf den realen Produktentstehungsprozess eines Unternehmens ergeben. Die Anwendung des Verfahrens generiert die gezeigten zweckmäßigen Resultate. Allerdings verursacht sie zunächst höheren Aufwand als die von einer Einzelperson „nach Gefühl" getroffenen Entscheidung, welche FAS in die Fahrzeuge integriert werden sollen und welche nicht. Ähnliche Überlegungen sind bezüglich der weiteren Verfahren des hier konzipierten Rahmenwerks zulässig. Die gesamtheitliche Anwendung und Eingliederung in Modelle der Produktentstehung wird deshalb ausführlich in Kapitel 8 diskutiert.

An die Verfahren dieser Arbeit besteht der Anspruch eines generischen Charakters. Dieser wird durch V1 bedient, da das Verfahren in der Anwendung keineswegs auf spezielle FAS oder FAS-Kategorien beschränkt ist. Selbst die Produktgruppe FAS muss nicht der einzig zweckmäßige Anwendungsfall sein. Die systemtheoretisch hergeleitete Hypothese kann viel allgemeiner gefasst werden – z. B. ein Teilprodukt passt in dem Maße zum Gesamtprodukt, wie dessen (Marken-)Attribute auch durch das Teilprodukt bedient werden. Die Hypothese wurde fundiert hergeleitet und erscheint auch in dieser allgemeinen Form plausibel. Der explizit empirische Nachweis erfolgte im Rahmen der vorliegenden Arbeit allerdings ausschließlich für FAS in Fahrzeugen der Marke Porsche.

Mithilfe dieses ersten Verfahrens des Rahmenwerks kann eine fundierte FAS-Auswahl erfolgen. Im Sinne der doppelten Kontingenz der Produktentstehung wurde so der erste Schritt zur Erstellung des Zielsystems und somit zur Bestimmung des Objektsystems vollzogen. Nach diesem sieht das Rahmenwerk im nächsten Verfahren V2 die Parametrierung des Funktionsalgorithmus vor. Hierbei wird die Frage beantwortet, wie sich eines der identifizierten Markenattribute konkret im FAS abbilden lässt, um so ein markenadäquates Funktionsverhalten zu erwirken.

5 Markenspezifische Parametrierung von FAS

Entsprechend der in Kapitel 3 vorgestellten systemtheoretischen Analyse folgt im Anschluss an das Verfahren V1 zur markenspezifischen Auswahl von FAS nun die Betrachtung ihrer Umsetzung. Im Rahmen von V1 wurde die Hypothese fundiert, FAS würden besser akzeptiert, wenn ihre Attribute denen des Gesamtfahrzeugs entsprechen. Dieses Kapitel beschäftigt sich mit markenadäquaten Parametrierungen der FAS-Funktionen, d. h., das hier vorgestellte Verfahren V2 dient zum Herstellen einer Verbindung zwischen den Attributen der Markentypikalität und den Funktionsalgorithmen der FAS. Hierbei gibt Verfahren V2 eine Vorgehensbeschreibung, wie Attribute durch entsprechende Funktionsparametrierung bewusst beeinflusst und gezielt verstärkt werden können. Die Struktur des empirisch-induktiven Vorgehens gibt wiederum die Untergliederung des Kapitels vor. Zunächst wird die Konzeption diskutiert, die Validität des Verfahrens am Beispiel eines Markenattributs gezeigt und abschließend eine Gesetzmäßigkeit abgeleitet. Das Verfahren ist im Sinne der doppelten Kontingenz der Produktentstehung (siehe Abbildung 3.4) die zweite Stufe der Erstellung des Zielsystems für die Produktgruppe Fahrerassistenz.

5.1 Konzeption des Verfahrens

Der erste Verfahrensschritt dient der Hypothesenbildung. Es soll der potenzielle Einfluss von FAS auf das jeweilig betrachtete Attribut abgeschätzt werden. Hierzu wird in einem Zwischenschritt grundsätzlich überlegt, welche Freiheitsgrade der Parametrierung FAS besitzen und so eine Aufstellung der prinzipiell durch diese Systeme beeinflussbaren Parameter eines Fahrzeugs ausgearbeitet. In einem zweiten Schritt sieht das Verfahrenskonzept ein empirisches Quantifizieren des abgeschätzten Einflusses auf das Attribut, das sogenannte Operationalisieren, vor. Der Begriff „Operationalisierung" meint allgemein eine Überführung individueller Wahrnehmung und Beurteilung durch eine Person (das Subjektive) in eine Zustandsbeschreibung durch Parameter und Gesetzmäßigkeiten (das Objektive) (Bitter 2006, S. 4). Es existieren verschiedene Bereiche der automobilen Forschung, in denen objektiv-subjektiv Zusammenhänge analysiert werden, weshalb zunächst eine kurze definitorische Abgrenzung der unterschiedlichen Stoßrichtungen erfolgt.

Der Begriff „Fahrzeughandling" ist mit Fahrverhalten gleichzusetzen und wird gemäß Heissing (2008, S. 122) allgemein definiert als „die Fahrzeugreaktion auf Fahrerhandlungen und auf das Fahrzeug einwirkende Störungen während der Fahrbewegung, beschrieben durch die Bewegungsgrößen". Zusätzlich muss stets der Fahrer mit im System enthalten sein, d. h., es handelt sich um eine Closed-Loop-Betrachtung. Unter „Fahrbarkeit" wird spezieller der subjektive Eindruck des Fahrzeugführers hinsichtlich des Fahrzeugverhaltens verstanden, z. B. beim Übergang vom Schub- in den Zugbetrieb (List & Schoeggl 2002). Schoeggl et al. (2001) verwenden einen Ansatz mit zahlreichen physikalischen Parametern, um beispielsweise die subjektiven Eindrücke bei Motorstart- und Gangwechselverhalten zu operationalisieren. Das sogenannte „NVH-Verhalten"[1] beschreibt sämtliche hör- oder spürbaren Schwingungen im Fahrzeug (Heissing 2008). Beispiele für diese unerwünschten Effekte sind quietschende Bremsen oder das Kupplungsrupfen. Auch in diesem Bereich existieren Ansätze zur Operationalisierung der Phänomene (Lerspalungsanti 2010). Ein weiterer Bereich, in dem versucht wird, objektiv-subjektiv Zusammenhänge darzustellen, ist die „Fahrertyperkennung". Hierbei wird auf Basis im Fahrzeug vorliegender physikalischer Daten eine Klassifizierung des aktuellen Fahrstils des Fahrzeugführers vorgenommen. Diese kann beispielsweise zur Anpassung des Verhalten eines Automatikgetriebes verwendet werden (Frei et al. 2006). Als letztes sollen hier Untersuchungen zum „Fahrspaß" erwähnt werden. Dieser Begriff ist übergreifend in den bisher genannten Ansätzen vertreten, kann allerdings auch unter abstrakteren und teilweise fahrzeugexternen Einflüssen betrachtet werden. So nennen Tischler & Renner (2007) im Rahmen von Fahrversuchen identifizierte Faktoren, welche Fahrspaß fördern bzw. hemmen, z. B. Strecke, Straßenlage, Verkehrsdichte usw.

Im Rahmen des hier zu konzipierenden Verfahrens sollen objektive quantitative Zusammenhänge zwischen Parametern von FAS und der subjektiven Wirkung auf Markenattribute hergestellt werden. Anhand dieser Operationalisierung können mittels FAS gezielte Ausprägungen eines subjektiven Fahrerlebnisses erzeugt werden.

---

1 Noise, Vibration, Harshness; Geräusch, Vibration, Rauheit

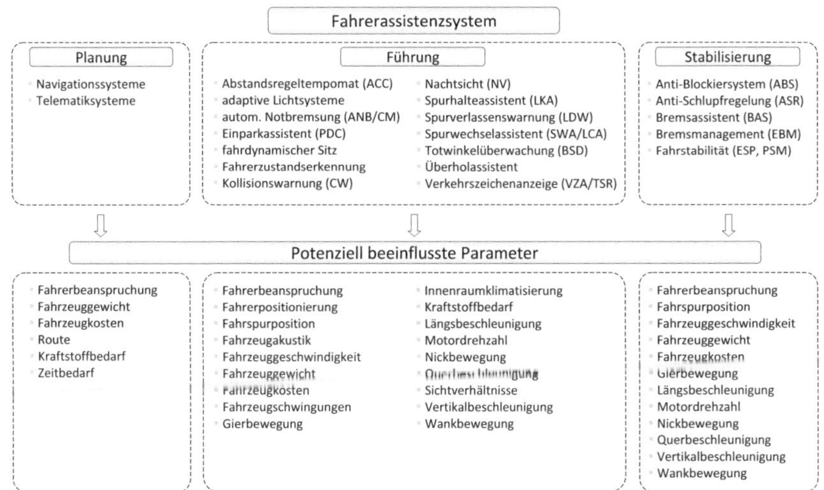

Abb. 5.1: Zusammenhang   FAS-Kategorien   und   beeinflusste   Fahrzeugparameter
(Zuordnungsschema)

5.1.1 Hypothesenbildung

Das erste Teilziel des Verfahrens ist die Bildung von Hypothesen über Zusammenhänge
zwischen FAS-Algorithmen und den Markenattributen. Hierzu muss zunächst die Frage beantwortet werden, welche physikalischen Parameter des Fahrzeugs bzw. Fahrers
prinzipiell durch unterschiedliche FAS beeinflussbar sind. Das Ergebnis einer Literatur-
analyse und Experteneinzelbefragung zeigt Abbildung 5.1. Dort sind die FAS-Gruppen
entsprechend der Kategorisierung in Abschnitt 2.1.2 und die durch sie potenziell beein-
flussten Parameter aufgelistet.

Das gezeigte Schema erlaubt das Erstellen von Hypothesen über das Wirken einzelner
FAS auf Fahrzeug und Fahrer. Die zweite notwendige Zuordnung geschieht zwischen
den Fahrzeugparametern und Markenattributen. Das Verfahrenskonzept empfiehlt, dies
von Experten abschätzen zu lassen. Je nach Anspruch an die Fundiertheit der Hypothesen kann im Bedarfsfall auch die bereits in Verfahren V1 (Abschnitt 4.1.1) angewendete
Delphi-Technik zum Einsatz gelangen. Eine weitere Möglichkeit liegt in dem von Kraft
(2010) vorgestellten Tool „Fahrverhaltenssynthese", mit welchem solche Zusammenhän-

ge experimentell quantifiziert werden können. Für welche Attribute welche Methoden eingesetzt werden sollten, wird in der Diskussion dieses Kapitels (Abschnitt 5.4) zusammengefasst.

In diesem ersten Schritt von V2 werden somit Hypothesen über Zusammenhänge zwischen FAS-Algorithmen und Markenattributen hergeleitet. Das Verfahrenskonzept zeigt im nun folgenden zweiten Schritt auf, wie die Hypothesen empirisch evaluiert werden können und so die angestrebte Operationalisierung entsteht.

5.1.2 Operationalisierung

Im Rahmen dieses zweiten Schrittes des Verfahrens V2 basiert die Operationalisierung auf den Ergebnissen des ersten Schrittes. Es wurden Hypothesen über Zusammenhänge zwischen Fahrzeugparametern, welche durch FAS-Algorithmen beeinflusst werden, und den Attributen einer Marke hergeleitet. Nun ist zu evaluieren, inwiefern sich die subjektive Wahrnehmung eines ausgesuchten Attributs durch die Veränderung der physikalisch messbaren Parameter tatsächlich ändert. Lässt sich dies empirisch belegen, ist die angestrebte Operationalisierung des Einflusses von FAS auf ein Markenattribut gefunden.

Wie die Durchführung einer solchen Evaluation aussehen sollte, ist stark von dem konkret betrachteten Attribut abhängig. Als Methoden der Primärdatenerhebung kommen Befragungen, Fahrversuche in Sitzkisten, Fahrsimulatoren oder Realfahrzeugen usw. in Betracht. Empfehlung für das Versuchsdesign können dennoch ausgesprochen werden. Eine solche Untersuchung ist auf zwei prinzipielle Arten möglich. In der passiven Variante sollten diejenigen Parameter, welche als Ergebnis des ersten Verfahrensschrittes potenzielle Operationalisierungen des Attributs darstellen, im Probandenversuch als unabhängige Größe mittels des FAS-Algorithmus gezielt variiert und der abhängige subjektive Eindruck hinsichtlich des betrachteten Attributs dokumentiert werden. In der anschließenden Auswertung sind Korrelationen und verschiedene Regressionen zwischen der unabhängigen und der abhängigen Variablen zu berechnen. Je höher diese Zusammenhänge sind, als desto valider ist die Operationalisierung anzusehen. Umgekehrt können Attribute, welche der Fahrzeugführer direkt durch seine Fahrweise beeinflussen kann, im aktiven Fahrversuch operationalisiert werden. Ein solches Vorgehen ist beispielsweise bei „Dynamik" oder „Performance" zu empfehlen, für die Versuchsteilnehmer als unabhängige Variable explizite Vorgaben der zu fahrenden

Ausprägungen (z. B. gering vs. hoch) erhalten würden. Aufgezeichnete Fahrzeugdaten sind als abhängige Variablen im Anschluss auszuwerten und so die trennschärfsten Parameter als Operationalisierungen zu identifizieren.

Im Rahmen der Operationalisierung ist das Evaluationskriterium ausschließlich die Stärke des objektiv-subjektiv-Zusammenhangs. Das übergeordnete Ziel dieser Arbeit, eine Akzeptanzmaximierung von FAS durch den Kunden zu erwirken, ist an dieser Stelle dennoch relevant. Es wird adressiert, indem die mittels V1 extrahierten Markenattribute, welche für die Akzeptanz entscheidend sind, durch eine adäquate Parametrierung von FAS-Algorithmen durch den Fahrzeughersteller zielgerichteter betont und gesteuert werden können. In der praktischen Umsetzung denkbar sind ebenso Regler im Fahrzeug, mit denen sich die Stärke der jeweiligen Attributausprägung (z. B. Dynamik oder Effizienz) und somit das FAS- und Fahrzeugverhalten je nach Situation und Gefallen des Fahrers verändern ließen. Ob die kundenseitige Erwünschtheit hierzu tatsächlich vorhanden ist, kann zunächst nicht mit Sicherheit gesagt werden. Die Frage wird als ein Unterpunkt der Validierung des Verfahrens in Abschnitt 5.3 aufgegriffen.

5.1.3 Ablaufmodell

Als Zusammenfassung des Konzepts sind in Abbildung 5.2 die beiden besprochenen Schritte inklusive der zur Durchführung empfohlenen Methoden dargestellt. Die konkrete Anwendung für ein Attribut erfolgt in den folgenden Abschnitten. Anschließend wird die empirische Validierung dieser Ergebnisse und somit des Verfahrens selbst vorgenommen.

5.2 Anwendung des Verfahrens

Das im vorangegangenen Abschnitt konzipierte Verfahren gelangt nun für ein Markenattribut beispielhaft zur Anwendung. Aus mehreren Gründen wird die „Dynamik" verwendet. Zum einen wurde in Kapitel 4 die Bedeutsamkeit dieser für die Marke Porsche als sehr hoch nachgewiesen. Außerdem belegen Tischler & Renner (2007, S. 112 f.) eine Dominanz der Dynamik für die Empfindung von Fahrspaß, was die Relevanz zusätzlich unterstreicht. Ferner existiert bereits augenscheinlich eine starke Beeinflussung

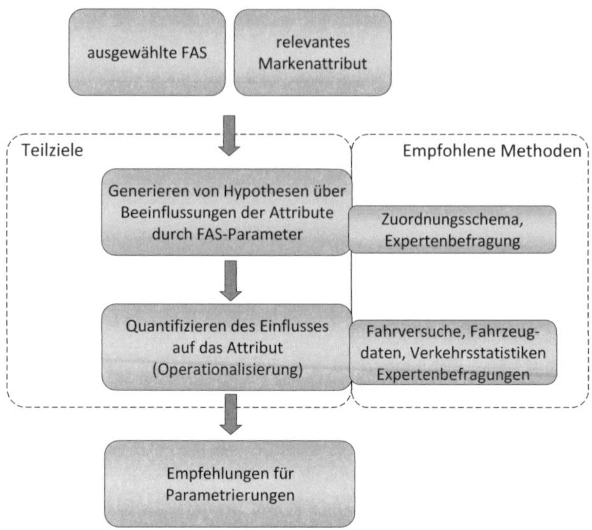

Abb. 5.2: Ablaufmodell Verfahren zur markenadäquaten Parametrierung von FAS (V2)

dieses Attributs durch FAS, z. B. durch Systeme, welche eine autonome Längsführung des Fahrzeugs vornehmen.

Der erste Schritt des Verfahrenskonzepts dient zur Bildung von Hypothesen über Zusammenhänge zwischen FAS-Algorithmen und dem Markenattribut. Hierzu wird eine Anwendung des Zuordnungsschemas (Abbildung 5.1) vorgenommen und diejenigen Fahrzeugparameter bestimmt, welche die Dynamik hauptsächlich beeinflussen können. Das Verfahrenskonzept nennt hierfür die Anwendung der Delphi-Technik als optional. In diesem Fall scheinen inhaltliche Begründungen für folgende Hypothesen relativ klar, weshalb darauf verzichtet wird. Da Grenzbereichs- und Gefahrensituationen bei der hier aufgefassten Bedeutung von Dynamik irrelevant sind, fallen die Stabilisierungsparameter aus der Betrachtung heraus. Auch zwischen den Planungsparametern und der Dynamik lässt sich kaum ein relevanter Zusammenhang für die hier angestrebte Operationalisierung herstellen.[2] Es bleiben die Parameter der Führungsebene als die subjektive Dynamikwahrnehmung am stärksten beeinflussende Größen. Die Auflistun-

---

2 Die bewusste Wahl einer kurvigen und bergigen Route eines dynamischen Sportwagen- oder Motorradfahrers könnte allerdings als Ansatzpunkt für die „Parametrierung" eines Navigationssystems dienen.

Tab. 5.1: Details der Streckenabschnitte des Rundkurses

Teilstrecke	Abschnittsnummer	Länge in km
Mönsheim - Weissach	± 1	3,8
Weissach - Kreuzung	± 2	2,0
Kreuzung - Eberdingen	± 3	3,1
Eberdingen - Nussdorf	± 4	2,1
Nussdorf - Iptingen	± 5	2,4
Iptingen - Mönsheim	± 6	2,4
		Total: 15,8

+ Linkskurs   - Rechtskurs

gen im Zuordnungsschema legen die Hypothese einer stärksten Beeinflussung durch Parameter der Quer- und Längsführung, z. B. Querbeschleunigung und Fahrzeuggeschwindigkeit, nahe. Vor allem FAS mit einem oder mehreren dieser Freiheitsgrade, z. B. ACC, scheinen somit für das Markenattribut Dynamik relevant.

Im zweiten Schritt der Verfahrensanwendung ist die empirische Evaluation der im ersten Schritt formulierten Hypothesen über Einflussparameter der Dynamik vorgesehen. Das Ziel der durchzuführenden Studie ist das Bestätigen und Präzisieren der oben hypothetisch genannten Parameter. Diese werden im Fahrversuch gemessen und dienjenigen fahrdynamischen Größen extrahiert, welche besonders scharf hinsichtlich der Dynamikausprägung einer Fahrweise trennen. Hierzu werden Fahrversuche im Realfahrzeug durchgeführt. Als Versuchsträger gelangt ein Porsche 911 Carrera S (Typ 997/2) zum Einsatz, welcher mit einer dSPACE MicroAutobox sowie einem Inertialmesssystem (Oxford Technical Solutions RT2502) ausgestattet ist und so die Aufzeichnung beliebiger CAN-Signale sowie Positionsdaten ermöglicht. Als Fahrstrecke dient der in Abbildung 5.3 gezeigte Rundkurs in der Nähe von Weissach (Baden-Württemberg). Es handelt sich um einen Rundkurs von 15,8 km Gesamtlänge mit insgesamt sechs Teilstrecken zwischen fünf Ortschaften. Die Streckenlängen der einzelnen Abschnitte sind in Tabelle 5.1 aufgelistet. Für die Fahrversuche zur Evaluierung der potenziellen Operationalisierung werden lediglich die Teilstrecken Weissach–Kreuzung und Kreuzung–Eberdingen in beiden Orientierungen (± 2, ± 3) verwendet. Das Befahren der restlichen Abschnitte erfolgt erst im Rahmen der Validierungsstudie für das Verfahren an sich.

Die unabhängige Variable des Versuchs ist die Dynamikausprägung des Fahrstils und besitzt zwei Stufen. Für die Versuchsdurchführung werden fünf erfahrene Fahrzeugfüh-

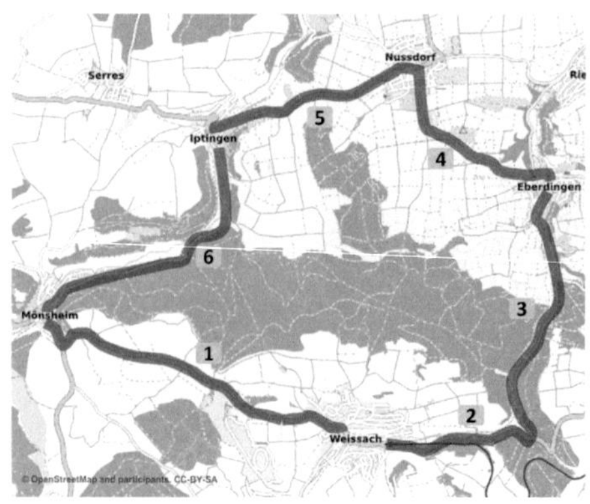

Abb. 5.3: Abschnitte der Fahrstrecke „Weissachrunde"

rer (0 w, 5 m, $\varnothing$ 35,4 Jahre) gebeten, zwei antagonistische Dynamikausprägungen in oben beschriebenem Versuchsfahrzeug fahrerisch umzusetzen. Jeder Fahrer absolviert die genannten Strecken einmal mit der Anweisung „betont undynamisch", d. h. stark komfortorientiert und homogen, sowie einmal mit der Anweisung „betont dynamisch", d. h. sehr sportlich und ambitioniert, wobei die Reihenfolge randomisiert wird. Als abhängige Variablen werden 39 CAN-Signale aufgezeichnet, u. a. die im ersten Schritt benannten potenziellen Einflussparameter. Anschließend wird ausgewertet, welche der Signale starke Variationen zwischen einer „undynamischen" und einer „dynamischen" Fahrweise zeigen. Diese Auswertung erfolgt in drei Schritten. Zunächst werden die Rohdaten aggregiert, anschließend anhand eines Mittelwertvergleichs zwischen den beiden Dynamikausprägungen die geeignetsten, d. h. am besten trennenden CAN-Signale, identifiziert, mit den Hypothesen aus Schritt eins abgeglichen und so bestätigt oder verworfen. Zudem werden die Clusterzentren dieser Signale hinsichtlich der beiden Ausprägungen berechnet. Mittels dieser drei Schritte der Auswertung wird das Ziel erreicht, beliebige andere Fahrten bezüglich ihrer Dynamikausprägung relativ hierzu zu bewerten und so wie angestrebt das Markenattribut „Dynamik" zu operationalisieren. Die genannten Schritte der Auswertung werden in den folgenden Abschnitten durchgeführt und ausführlich diskutiert.

Die menschliche Wahrnehmung wird bei vielzähligen Phänomenen vor allem durch stark herausragende Einzelereignisse geprägt und so empfehlen McLaughlin et al. (2009) bei der Messung von Fahreindrücken wie Beschleunigungen die Verwendung des 95. Perzentils zur Aggregierung von Stimulus-Daten. Wird die menschliche Geräuschwahrnehmung untersucht, gibt das 50. Perzentil präziser den subjektiven Eindruck wieder (Ellermeier et al. 2008). Diesen Empfehlungen wird entsprochen und als erster Schritt der Datenauswertung für die Rohdaten der 39 CAN-Signale jeweils die 50. und 95. Perzentile berechnet. Von einigen Signalen, z. B. der Längsbeschleunigung, werden Absolutwerte gebildet. Die Annahme ist hierbei ein Einfluss dieser auf das subjektive Dynamikempfinden unabhängig davon, ob die Beschleunigung in positiver oder negativer Längsrichtung erfolgt, d. h., das Fahrzeug beschleunigt oder verzögert wird.

Um nun auf Grundlage der aggregierten Daten diejenigen Signale zu bestimmen, welche am besten zwischen undynamischer und dynamischer Fahrweise unterscheiden, werden für jedes Signal zwei Stichprobenvergleichstests berechnet – jeweils einer für das 50. und das 95. Perzentil. Da sämtliche Versuchspersonen beide Stufen der unabhängigen Variablen („Dynamikausprägung") durchlaufen haben, handelt es sich um ein „Within-Design", auch „Messwiederholungsdesign" genannt (Betsch 2006). Insofern werden Zweistichproben-Hypothesentests mit Student-t-verteilter Prüfgröße für gepaarte Stichproben verwendet, um die Null- (H_0) und Alternativhypothesen (H_A) auf Gültigkeit zu untersuchen. Die diesbezügliche Anwendungsvoraussetzung einer Normalverteilung der zu überprüfenden Zufallsvariablen (Bortz 2005) kann nach Durchführen von Kolmogorov-Smirnov- sowie Shapiro-Wilk-Anpassungstests als erfüllt angesehen werden. Diejenigen Parameter mit der geringsten Irrtumswahrscheinlichkeit (α) und signifikanter Eignung hinsichtlich der Unterscheidung zwischen den beiden Dynamikausprägungen sind in Tabelle 5.2 abgebildet.

Es sind die vier Größen Fahrzeuggeschwindigkeit, Längs- und Querbeschleunigung im 95. sowie die Motordrehzahl im 50. Perzentil hervorgehoben. Der Abgleich mit den theoriegetriebenen Hypothesen aus dem ersten Verfahrensschritt ergibt eine prinzipielle Übereinstimmung. Es wurde die angestrebte Präzisierung erreicht und somit stellen diese vier identifizierten Größen Operationalisierungen, d. h. geeignete Prädiktoren für

Tab. 5.2: CAN-Signale (50./95. Perzentile) und Irrtumswahrscheinlichkeiten zur Trennung zwischen Dynamikausprägungen von Fahrweisen

	Irrtumswahrscheinlichkeiten (Student-t-Test)	
	50. Perzentil	95. Perzentil
Motordrehzahl	**< 0,01**	< 0,05
Querbeschleunigung	> 0,1	**< 0,01**
Längsbeschleunigung	> 0,1	**< 0,01**
Fahrzeuggeschwindigkeit	< 0,05	**< 0,01**
Bremsdruck	> 0,1	< 0,05
Lenkwinkelgeschwindigkeit	> 0,1	> 0,1
Fahrpedalstellung	> 0,1	< 0,05
Vertikalbeschleunigung	> 0,1	< 0,01
Gierrate	> 0,1	< 0,05

den Grad der Dynamik einer Pkw-Fahrt, dar.

Mit dem Ziel, die beiden extremen Dynamikausprägungen quantitativ zu charakterisieren, wird im dritten Schritt der Auswertung bezüglich der extrahierten fahrdynamischen Größen eine partitionierende Clusteranalyse durchgeführt. Die Werte für die errechneten Clusterzentren dokumentiert Tabelle 5.3. Die Ergebnisse sollen nun mit in der Literatur genannten Werten abgeglichen werden. Obgleich das Fahrverhalten stark situationsabhängig ist und einer Vielzahl von Einflussfaktoren unterliegt (Streckeneigenschaften, psychologische und emotionale Verfassung des Fahrers, Umfeldbedingungen usw.), können unterschiedliche Fahrertypen und damit verbundene Fahrstile differenziert werden. Zwar existiert keine wissenschaftlich exakte Definition für den „Normalfahrer", nach Deml et al. (2007, S. 48 f.) wird er jedoch in vielen Arbeiten als mittlere, allgemein verbreitete Fahrstilausprägung beschrieben. Es werden für die maximale Querbeschleunigung des Normalfahrers Werte von 3,0 bis 4,0 m/s^2 [Heissing (2008, S. 515), Bauer (2003, S. 430 f.), Pfeffer & Harrer (2010, S. 232 f.)] angegeben. Die relative Häufigkeit von Querbeschleunigungen über $2\,m/s^2$ liegt bei Fahrten auf Landstraßen unter 5 % (Pfeffer & Harrer 2010, S. 232 f.). Der Wert des Clusterzentrums „undynamisch", welcher auf 95. Perzentilwerten basiert, zeigt eine gute Übereinstimmung mit diesen Literaturangaben. Der explizit dynamische Fahrer erreicht höhere maximale Querbeschleunigungen von 4,0 bis 8,0 m/s^2 (Dragon 2008, S. 241 f.). Auch dieses harmoniert mit den Ergebnissen der Fahrversuche.

Tab. 5.3: Clusterzentren der vier als Operationalisierung der Dynamik extrahierten CAN-Signale

	Clusterzentrum "undynamisch"	Clusterzentrum "dynamisch"
Querbeschleunigung (95. p.)	2,5 m/s²	3,8 m/s²
Längsbeschleunigung (95. p.)	1,0 m/s²	2,3 m/s²
Motordrehzahl (50. p.)	1469,8 /min	2612,3 /min
Fahrzeuggeschwindigkeit (95. p.)	73,4 % (88,8 km/h)	100 % (121,0 km/h)

Die Literaturangaben zur maximalen Längsbeschleunigung sind weniger präzise als die zur maximalen Querbeschleunigung und reichen von 1,0 bis 2,8 m/s^2 für den Normalfahrer (Fuchs 1993, S. 59) und von 1,8 bis 2,9 m/s^2 für den dynamischen Fahrer (Wegscheider & Prokop 2005, S. 32). Die Werte der beiden Clusterzentren „dynamisch" und „undynamisch" zur Längsbeschleunigung liegen innerhalb dieser Angaben.

Die Überprüfung der Motordrehzahl ergibt keine konkreten Angaben, die den normalen oder dynamischen Fahrer eindeutig charakterisieren. Vielmehr finden sich Ansätze zur Differenzierung eines „ökonomischen Fahrers" vom „nicht-ökonomischen Fahrer". Für eine ökonomische Fahrweise ist die Schaltstufe früh, bei einer maximalen Drehzahl von 2500 min^{-1} für Ottomotoren und 2000 min^{-1} für Dieselmotoren (Mierlol et al. 2004, S. 4), zu erhöhen. Haworth & Symmons (2001, S. 4) sehen die Grenze für den ökonomischen Fahrstil bei einer allgemeinen Drehzahl von 3000 min^{-1} erreicht.

Das Geschwindigkeitsverhalten verschiedener Fahrertypen wird von Wegscheider & Prokop (2005, S. 29) untersucht. Dort zeigt sich für den „defensiven Fahrer" auf Landstraßen eine bevorzugte Fahrgeschwindigkeit von 100 km/h. Der Geschwindigkeitswunsch des „dynamischen Fahrers" liege bei durchschnittlich 116 km/h und stimmt in guter Näherung mit dem berechneten Clusterzentrum (121,0 km/h) überein.

Auf Basis dieser Ergebnisse wird ein „Dynamik-Faktor" erstellt, welcher die angestrebte Operationalisierung des Markenattributs Dynamik darstellt. Er ist ein quantitatives, stetiges Maß und entspricht dem Mittelwert der vier jeweils in Relation zum Clusterzentrum gesetzten fahrdynamischen Größen. Als Ergebnis der Vorversuche besitzt die Formel Hypothesencharakter und es erfolgt zunächst keine individuelle Wichtung der vier Faktoren.

$$F_{dyn}[\%] = \frac{1}{4} \cdot (F_v + F_{ay} + F_{ax} + F_n) \hspace{2cm} [5.1]$$

mit $F_v[\%] = p_{95}(v); F_{ay}[\%] = p_{95}(|a_y|); F_{ax}[\%] = p_{95}(|a_x|); F_n[\%] = p_{50}(n_{mot})$

Mittels dieses Faktors kann nun die quantifizierte Beeinflussung des Attributs Dynamik und somit Parametrierung von FAS erfolgen, wobei die undynamische Ausprägung den Wert $0,0$ und die dynamische Ausprägung die $1,0$ zugewiesen bekommt. Umgekehrt können die Daten einer beliebigen Fahrt in Relation zu den Clusterzentren gesetzt werden. Je nach Art des bewerteten Fahrprofils kann der Faktor auch Werte kleiner $0,0$ und größer $1,0$ annehmen. Dies ist der Fall, da die faktischen fahrdynamischen Werte einer Fahrt ebenso außerhalb des in den Fahrversuchen ermittelten Intervalls liegen können. Der Wert des Dynamik-Faktors prädiziert die subjektive Wahrnehmung dieses Markenattributs. Zum jetzigen Zeitpunkt ist allerdings die faktische Güte des Zusammenhangs zwischen dieser Operationalisierung und der tatsächlichen subjektiven Wahrnehmung nicht bekannt. Insofern ist auch noch nicht die Zweckmäßigkeit des Verfahrenskonzepts V2 nachgewiesen, weshalb nun eine empirische Validierung vorgenommen wird.

5.3 Evaluation des Verfahrens

Es soll nun die Güte des Dynamik-Faktors als Prädiktor für die subjektive Dynamikwahrnehmung und somit die Validität des konzipierten Verfahrens V2 aufgezeigt werden. Hierzu werden weitere Probandenversuche im oben beschriebenen Versuchsfahrzeug durchgeführt.

5.3.1 Versuchsdesign und Durchführung

In der Konzeption des Verfahrens sind bezüglich der Operationalisierung zwei unterschiedliche Versuchsdesigns besprochen. Die aktive Variante, in der Versuchsteilnehmer die Ausprägung des jeweiligen Markenattributs in Versuchen selbst einstellen, gelangte in Abschnitt 5.2 bereits zum Einsatz. Zur nun angestrebten Validierung wird die passive Variante verwendet. Hierzu ist das Versuchsfahrzeug mit einem System zur automatisierten Längsführung ausgestattet, sodass die Versuchspersonen in diesen Validierungsver-

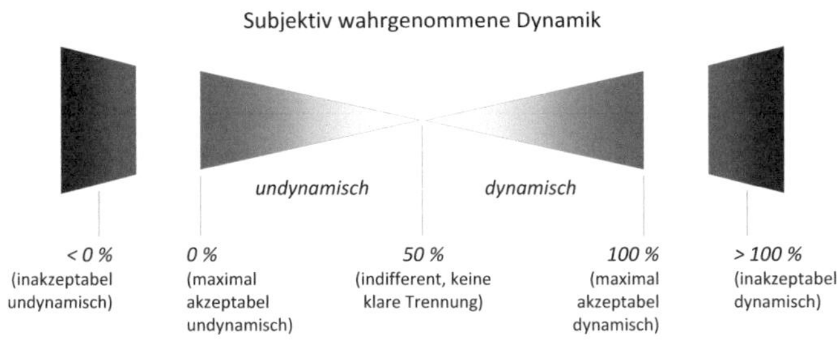

Abb. 5.4: Erklärung der Bewertungsskala für die Versuchsteilnehmer

suchen lediglich die Querführung des Fahrzeugs übernehmen. Ein Betätigen des Fahr-
bzw. Bremspedals seitens des Fahrzeugführers ist nicht vorgesehen und wird auf etwaige Gefahrensituationen beschränkt. Das Teilnehmerkollektiv besteht aus 31 (3 w, 28 m,
$\varnothing$ 29,3 Jahre) Personen.

Die Dynamik-Ausprägung der automatisiert dargestellten Fahrprofile wird anhand des
Dynamik-Faktors quantifiziert. Dieser stellt somit die unabhängige Variable der Hauptversuche dar, für die stochastisch verteilte Werte zwischen $-0,47$ und $0,89$ eingestellt
werden. Als abhängige Variable wird das subjektive Dynamikempfinden erhoben. So
werden die Versuchspersonen nach jeder Teilstreckenfahrt gebeten, ihre Wahrnehmung
der Dynamikausprägung des Fahrprofils zu quantifizieren. Dies soll anhand einer steti-
gen Größe in Prozent angegeben werden, wobei in vier Teilbereiche unterschieden wird,
wie Abbildung 5.4 verdeutlicht.

Der Bereich zwischen 0 und 100 % stellt den Bereich der akzeptablen Dynamikausprägung dar. Je höher der Prozentsatz, desto dynamischer die Beurteilung des Fahrprofils. Insofern wird der Bereich zwischen 0 und 50 % als der undynamische bzw.
„Komfort-" und der Bereich zwischen 50 und 100 % als der dynamische Bereich bezeichnet. Der Komfortbegriff blendet an dieser Stelle assoziierte Aspekte wie Schwin-
gungsniveau, Raumtemperatur usw. aus, worauf explizit hingewiesen wird. Die abhängige Variable ist hinsichtlich ihres Wertebereichs nicht begrenzt, sodass in Analogie
zum Dynamik-Faktor ebenfalls Prozentangaben kleiner 0 und größer 100 % zugelassen
werden. Diese Bereiche werden inhaltlich mit „inakzeptabel undynamisch" sowie „inak-

zeptabel dynamisch" betitelt. Es werden in sämtlichen Fällen vor Versuchsbeginn das komplette Verständnis und die korrekte Interpretation der Skala explizit sichergestellt.

Die Durchführung der Fahrversuche erfolgt auf der in Abbildung 5.3 dargestellten Strecke. Der komplette Rundkurs wird in beiden Richtungen befahren, wobei die Reihenfolge ebenso wie die Dynamikausprägung randomisiert werden. Im Anschluss an jede Teilstrecke werden die Versuchspersonen bezüglich ihres Dynamik-Urteils verbal befragt, sodass als Ergebnis des Gesamtversuchs pro Versuchsperson 2×6 Urteile vorliegen. Zusätzlich werden demografische Daten sowie die jeweilige Streckenkenntnis und generelle Einstellungen erfragt. Die zeitliche Dauer je Teilstreckenfahrt beträgt zwischen 74 und 203 Sekunden, die Brutto-Gesamtdauer des Versuchs inklusive aller Briefings und Feedbacks zwischen 90 und 130 Minuten pro Versuchsperson.

5.3.2 Zusammenhänge zwischen Reiz und Empfindung

Zum Prüfen der Güte des Zusammenhangs zwischen dem Dynamik-Faktor und der subjektiven Wahrnehmung wird zunächst der lineare Korrelationskoeffizient nach Pearson berechnet, welcher mit $r = 0,71$ mittelstark und mit einer Irrtumswahrscheinlichkeit von $\alpha < 0,001$ höchstsignifikant ist. In Abbildung 5.5 ist ein Streudiagramm der subjektiven Dynamik-Beurteilung als abhängige Variable über dem Dynamik-Faktor dargestellt. Zu erkennen ist neben dem klaren, positiv-korrelativen Zusammenhang eine relativ hohe Varianz der abhängigen Variablen. Die Bandbreite der subjektiven Dynamik-Urteile ist bei gleicher Ausprägung der unabhängigen Variablen teilweise recht groß.

Um die Stärke der Korrelation einzuordnen, wird zusätzlich die intraindividuelle Reliabilität getestet. Aus inhaltlicher Sicht liegt nahe, dass in der menschlichen Bewertung der Dynamik eines Fahrprofils eine gewisse systematische Unschärfe vorherrscht (Thurstone 1974). Um diesen Effekt spezifisch für das gewählte Versuchsdesign abzuschätzen, werden exakte Reproduktionen der ursprünglichen Tests durchgeführt. So nehmen vier zufällig gewählte Versuchspersonen an einem kompletten Re-Test ihres ersten Versuchsablaufs teil. Ohne ihr Wissen werden identische Profile auf den 2×6 Teilstrecken gefahren und sie erneut um eine subjektive Bewertung gebeten. Zwischen dem ursprünglichen Fahrversuch und dem Wiederholungstest liegen etwa 25 Tage. Zusätzlich wird bei insgesamt 13 der 31 Teilnehmer ein Wiederholungstest in den eigentlichen Versuch integriert. Wiederum ohne eine Aufklärung seitens des Versuchsleiters

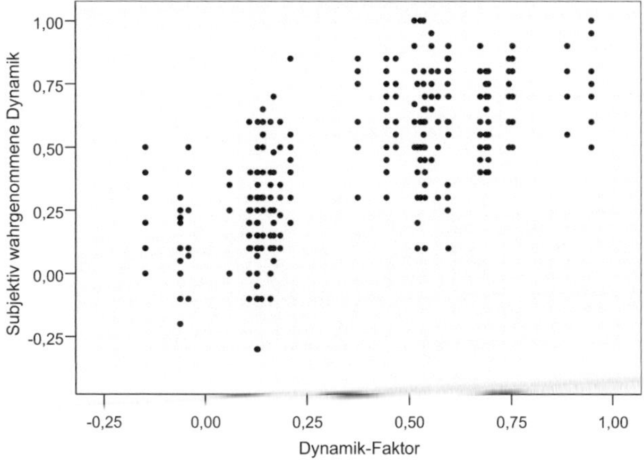

Abb. 5.5: Subjektive Urteile der Versuchsteilnehmer in Abhängigkeit des Dynamik-Faktors

fahren sie jeweils zwei der Teilstrecken mit exakt dem gleichen Fahrprofil doppelt. Das Maß, mit dem die erste und die wiederholte Messreihe miteinander korrelieren, wird als Intrarater-Reliabilität bezeichnet (Bortz & Döring 2002, S. 195). Sie beträgt bei diesem Fahrversuch $r = 0,70$ ($p < 0,01$). Es treten insofern trotz exakter Wiederholung des Tests bemerkenswerte Abweichungen vom jeweils eigenen Urteil auf. Die Formulierung „exakte Wiederholung" ist jedoch ausschließlich auf die Reproduktion der kontrollierten Versuchseinflüsse zu verstehen. Zusätzlich sind sogenannte Störvariablen zu identifizieren, welche neben dem eigentlich interessierenden Effekt auf die abhängige Variable wirken. Es existieren hier zum einen unkontrollierte, aber dokumentierte Einflüsse auf den Versuch und mutmaßlich auf die subjektiven Bewertungen. Hierzu zählen beispielsweise der Gegenverkehr und das Wetter. Ob diese tatsächlich einen Einfluss besitzen, wird weiter unten in diesem Kapitel berechnet. Zum anderen existieren unkontrollierte, nicht dokumentierte Einflussfaktoren. Hierzu zählen intraindividuelle Phänomene wie die aktuelle emotionale oder physische Konstitution der Versuchspersonen. Es ist es nicht prinzipiell ausgeschlossen, diese im Rahmen einer Versuchsdurchführung ebenfalls zu dokumentieren. Allerdings müssten für solche hochkomplexen Zustände wiederum zuverlässige Operationalisierungen gefunden werden, die nicht in sämtlichen Fällen von den Versuchspersonen selbst erbracht bzw. angegeben werden könnten.[3] Auf dieser Grundlage wurde sich bei der Versuchsdurchführung gegen eine solche zusätzliche Datenerhebung entschieden.

Der lediglich mittelstarke Zusammenhang zwischen den Versuchspersonenurteilen des ersten und zweiten Durchlaufs illustriert eine systematische Unschärfe in der menschlichen Beurteilung fahrdynamischer Parameter. Die Höhe dieser Intrarater-Reliabilität liegt in der Größenordnung der ermittelten Korrelation zwischen dem Dynamik-Faktor und dem subjektiven Urteil. Allerdings scheint aufgrund der angeführten nicht kontrollierten Störvariablen die Beurteilungsfähigkeit hier vermutlich geringer, als sie tatsächlich einzuschätzen ist.

Der oben berechnete Korrelationskoeffizient nach Pearson beschreibt die Stärke des linearen Zusammenhangs zwischen dem Dynamik-Faktor und den subjektiven Urteilen der Versuchspersonen. Mit dem Ziel einer weitergehenden Analyse der Relationen zwischen beiden Variablen werden anschließend verschiedene Regressionsmodelle berechnet. Zunächst erfolgt die Durchführung einer univariaten linearen Regression, mittels welcher der lineare Zusammenhang zwischen einer abhängigen und einer unabhängigen Variablen beschrieben wird. Dies sind im konkreten Fall die subjektiven Dynamik-Urteile und die zugehörigen Werte des Dynamik-Faktors. Insofern ist diese Rechnung der Korrelation sehr ähnlich und der Model-Fit gerade gleich dem Korrelationskoeffizienten bzw. dessen Quadrat. Im Regressionsmodell wird aber zudem eine Konstante zugelassen, welche den Schnittpunkt der Ausgleichsgeraden mit der Ordinate darstellt. Diese Konstante beträgt $b_0 = 0,20$ mit einem Standardfehler von $S = 0,02$ und einer Irrtumswahrscheinlichkeit von $p < 0,001$. Dieser höchstsignifikante Effekt bedeutet, eine Ausprägung des Dynamik-Faktors von 0 % wird von den Versuchsteilnehmern durchschnittlich bereits als eine Dynamik von ca. 20 % empfunden.

Die inhaltliche Begründung hierfür wird in der Entstehung des Konzepts Dynamik-Faktor gefunden. Der Wertebereich dieses Faktors entstand durch *aktive* Fahrten menschlicher Fahrzeugführer. Die Anweisungen an die Fahrer waren eine „betont undynami-

---

3 Hier ist beispielsweise die Messung psychophysiologischer Parameter, wie EKG oder EEG denkbar. Deren Reliabilität und Effektivität zur Abbildung psychologischer und emotionaler Konstitution sind allerdings umstritten (O'Donnell & Eggemeier 1986) bzw. stehen in ungünstigem Verhältnis zum Aufwand (Lei et al. 2009).

sche" und eine „betont dynamische" Fahrweise. Die Auswertung der CAN-Daten ergab die Clusterzentren, welche die Ausprägungen 0 und 100 % vorgeben. In den Hauptversuchen werden die Versuchspersonen mit den auf dieser Grundlage bewerteten Fahrprofilen in einem autonom agierenden Fahrzeug bezüglich der Längsführung *passiv* gefahren, was die Werte der Dynamik-Beurteilung systematisch zu verschieben scheint. Dieses Phänomen kann als der „Beifahrer-Effekt" betitelt werden, da der Fahrer in den Hauptversuchen die Längsdynamik nicht selbst regelt und diesbezüglich die Rolle eines Beifahrers einnimmt. Hinweise auf diesen Effekt finden sich in Hamberger (1999) sowie Wegscheider & Prokop (2005), wobei auf dessen Existenz gleichermaßen wie auf den hohen Aufwand von Versuchen zur Quantifizierung verwiesen wird. Die im Rahmen der vorliegenden Arbeit erhobenen Primärdaten lassen eine Abschätzung der Höhe dieses Effekts zu.

Die bisherigen Analysen wurden auf Grundlage des in den Vorversuchen hergeleiteten Konzepts des Dynamik-Faktors mit gleicher Wichtung der Teilkomponenten vorgenommen. Rechnerisch möglich und nahe liegend ist ebenfalls eine multiple lineare Regression, anhand derer die Wichtungsfaktoren der vier Komponenten individuell berechnet und so die Korrelation bzw. der Model-Fit zwischen unabhängiger und abhängiger Variable maximiert werden kann.

Als Ergebnis dieses Anpassungsmodells mit individueller Parameterwichtung ist der Model-Fit mit $R = 0,74$ ($R^2 = 0,55$) nur etwas höher als bei gleichgewichteten Parametern wie oben verwendet. Zudem erlangt die Querbeschleunigung einen übermäßig starken Einfluss und die Beta-Koeffizienten der übrigen Parameter sind teilweise nicht signifikant. Die Erklärung hierfür findet sich beim Betrachten der Einzelkorrelationen zwischen den subjektiven Urteilen und den fahrdynamischen Parametern sowie bezüglich der Parameter untereinander. Die Einzelkorrelation zwischen der Querbeschleunigung und der subjektiven Dynamik ist mit $r = 0,73$ die höchste. Sie ist augenscheinlich sogar so hoch wie beim Dynamik-Faktor in seiner bisherigen Form mit gleichgewichteten Parametern und nur marginal geringer als bei einer Anpassung mittels der multiplen Regression mit allen vier Parametern. Mathematisch zu begründen ist dies mit den signifikanten Korrelationen sämtlicher Parameter untereinander. Auf Grundlage dieses Befundes könnte der Vorschlag entstehen, als Prädiktor für die subjektive Dynamikempfindung ausschließlich das 95. Perzentil der Querbeschleunigung zu verwenden. Dies ist dennoch aus mehreren Gründen nicht zielführend. So entstehen die Korrelationen zwischen den aggregierten Daten der Parameter systematisch, da die automatisiert gefahrenen Profile „plausibel" sind. Die Korrelationen der aggregierten Daten lassen jedoch keineswegs auf einen kausalen Zusammenhang schließen. Es ist beispielsweise nicht notwendigerweise mit einer systematischen Erhöhung der Querbeschleunigung zu rechnen, sobald ein Profil mit hoher Geschwindigkeit gefahren wird, da dies von der Streckenführung abhängig ist. Der Anspruch an den Dynamik-Faktor ist jedoch eine Gültigkeit für beliebige Streckenabschnitte, nicht nur für die kurvenreiche Versuchsstrecke. Die Bewertung einer Geradeausfahrt wäre allerdings anhand der Querbeschleunigung nicht möglich und deren alleinige Betrachtung würde fälschlich implizieren, auf einer solchen Strecke gäbe es keinerlei unterschiedlich dynamische Fahrweisen.

Außerdem könnte bei ausschließlicher Verwendung des 95. Perzentils der Querbeschleunigung für die Prädiktion der subjektiven Dynamikempfindung durch die entstandenen Freiheitsgrade der übrigen Parameter „unplausibles" Fahrverhalten entstehen. So würde dieses Maß für Dynamik bei einer größtenteils langsamen und vorsichtigen Fahrt mit wenigen sehr schnell gefahrenen Kurven eine insgesamt dynamische Fahrweise attestieren bzw. ein FAS dementsprechend parametrieren. Diese Einschätzung wäre sehr artifiziell und weniger als Operationalisierung der tatsächlich empfundenen Dynamik anzusehen. Aus diesen Gründen werden weiterhin wie bisher die vier Parameter verwendet, welche in den freien Fahrten im Rahmen der Verfahrensanwendung die signifikantesten Änderungen zwischen den beiden Dynamikausprägungen zeigten. Die Gefahr eines artifiziellen und unplausiblen Systemverhaltens bei Vorgabe einer Kennzahl, die sich aus diesen vier Parametern zusammensetzt, ist gegenüber alleiniger Verwendung der Querbeschleunigung deutlich minimiert.

Der Zusammenhang zwischen dem Dynamik-Faktor und der tatsächlichen Dynamikwahrnehmung der Versuchspersonen muss nicht notwendigerweise linear sein. An dieser Stelle sollen auch univariate Regressionen mit quadratischem und kubischem Modell getestet werden. So erhält man bei quadratischer Anpassung mit $R = 0,71$ ($R^2 = 0,50$) einen nahezu identischen Model-Fit wie bei der oben durchgeführten univariaten linearen Regression. Der Grund hierfür ist die geringe Gewichtung des quadratischen Anteils in der Regressionsgleichung ($b2_{qua} = -0,27$), weshalb die quadratische Anpassungskurve im relevanten Intervall des Dynamik-Faktors recht nah an der Geraden liegt und somit nahezu die gleiche Güte der Zusammenhangsbeschreibung erreicht. Analog fällt die Konstante in der Gleichung mit $b0_{qua} = 0,19$ ähnlich hoch aus. Die kubische Regression bietet rein mathematisch eine leicht bessere Beschreibung der vorliegenden Daten. Der Model-Fit ist mit $R = 0,72$ ($R^2 = 0,52$) geringfügig höher als bei der linearen Regression. Der Grund hierfür kann im Streudiagramm (siehe Abbildung 5.5) gefunden werden. Einige Datenpunkte im Bereich eines geringen Dynamik-Faktors liegen bezüglich der subjektiven Einschätzung relativ hoch. Ebenso existieren einige Urteile im Bereich eines hohen Dynamik-Faktors, welche relativ gering ausfallen. Die kubische Anpassung zeigt einen Kurvenverlauf mit zwei Wendepunkten, der für $F_{dyn} \to -\infty$ gegen $+\infty$ und für $F_{dyn} \to +\infty$ gegen $-\infty$ konvergiert. Dieser Zusammenhang ist inhaltlich jedoch nicht sinnvoll zu erklären, weshalb der leicht bessere Model-Fit der kubischen Anpassung ein rein mathematisches Ergebnis bleibt. Der Schnittpunkt mit der Ordinate, d. h., der konstante Term der Gleichung beträgt in diesem Fall mit $b0_{kub} = 0,19$ wiederum nahezu den gleichen Wert wie bei den anderen Anpassungen. Als Fazit stellt die univariate lineare Regression das adäquateste Beschreibungsmodell der empirisch erhobenen Daten dar.

Die finale Berechnungsvorschrift des Dynamik-Faktors entspricht somit der mittels der Verfahrensanwendung abgeleiteten Form (siehe Formel [??]). Mit diesem wurde im Rahmen der durchgeführten Validierungsstudie eine höchstsignifikante Korrelation ($p < 0,001$) zu den subjektiven Urteilen hinsichtlich der Dynamikempfindung der Versuchsteilnehmer mit der Stärke von r = 0,705 erzielt. Der Normwertebereich des Dynamik-Faktors liegt in Analogie zu dem in Abbildung 5.4 illustrierten Briefing der Versuchspersonen zwischen 0 und 100 %. Er kann jedoch in Korrespondenz zu inakzeptabel undynamischem und inakzeptabel dynamischem Fahrzeugverhalten ebenso Werte unterhalb und oberhalb dieses Intervalls annehmen.

5.3.3 Einflussfaktoren auf subjektive Urteile

Neben dem zentralen Ziel der Validierung des Verfahrens V2 werden im Rahmen der Hauptversuche verschiedene Einflussfaktoren auf die subjektiven Urteile der Versuchsteilnehmer untersucht. Die Absicht ist hierbei ein gesamtheitlicheres Verständnis der fahrerseitigen Wahrnehmung und Akzeptanz von FAS der automatisierten Längsführung in Pkw. Außerdem können Rückschlüsse auf den oben vermuteten Bedarf an individueller Konfigurierbarkeit je nach Situation und Gefallen des Fahrers gezogen werden. So werden demografische Daten sowie generelle Einstellungen der Versuchsteilnehmer erfragt. Zusätzlich werden auf jeder Teilstrecke der entgegenkommende Verkehr mittels einer durchgängigen Kameraaufzeichnung der Verkehrsszenerie sowie die individuelle Kenntnis der Strecke in einer Selbsteinschätzung der Versuchspersonen dokumentiert. Die Überprüfungen, welche Merkmale Einfluss auf das Dynamikurteil besitzen, werden jeweils mittels univariater, einfaktorieller Varianzanalysen (ANOVA) vorgenommen.

Die Anwendungsvoraussetzungen für diese Art der induktiven Analyse sind eine Normalverteilung der Messwerte sowie eine vorliegende Homoskedastizität[4]. Ersteres wird anhand von Kolmogorov-Smirnov- sowie Shapiro-Wilk-Anpassungstests für die durchschnittliche sowie die individuelle Dynamikbewertung pro Teilstrecke überprüft. Es können keine signifikanten Abweichungen von einer Normalverteilung gefunden werden ($p > 0,1$). Die Homoskedastizität wird ebenfalls für die durchschnittliche sowie individuelle Dynamikbewertung überprüft. Auf Grundlage der durchgeführten Levene-Tests kann von einer Homoskedastizität der Daten ausgegangen werden. Die Anwendungsvoraussetzungen für Varianzanalysen sind von dem vorliegenden Datensatz somit erfüllt.

So werden Alter und Geschlecht der Versuchsteilnehmer, durchschnittliche jährliche Fahrleistung, Fahrzeugtyp und Getriebeart des überwiegend gefahrenen Pkw, eine Selbsteinschätzung des eigenen Fahrstils, das generelle Wohlfühlen in der Rolle des Beifahrers sowie die grundsätzliche emotionale Einstellung gegenüber (teil-)automatisiertem Fahren und FAS erfragt. Der Fragebogen sowie deskriptive Statistiken der erhobenen demografischen Daten finden sich in Anhang 11.2. Bezüglich des Einflusses der einzelnen Daten auf das durchschnittliche subjektive Dynamik-Urteil zeigt Tabelle 5.4 die Ergebnisse der durchgeführten ANOVAs im Einzelnen. Auf Basis der vorliegenden Versuchsdaten besitzt lediglich das Geschlecht einen signifikanten Einfluss auf die Dynamikwahrnehmung. Weibliche Teilnehmer geben im Durchschnitt höhere Dynamikurteile ab als männliche. Dieser Effekt kann jedoch vor dem Hintergrund der geringen Anzahl an weiblichen Beteiligten nur bedingt verallgemeinert werden. Für keine der übrigen Variablen kann ein signifikanter Einfluss auf die Bewertung der Fahrprofile nachgewiesen werden.

---

4 Als „Homoskedastizität" wird eine homogene Verteilung der Varianzen einer Zufallsvariable bezeichnet (Bortz 2005).

Tab. 5.4: Einfluss demografischer Parameter auf die subjektive Dynamikbeurteilung, Ergebnisse
der Varianzanalysen

Alter	Geschlecht	Fahrleistung	Fahrzeugtyp
p > 0,1	p < 0,05	p > 0,1	p > 0,1

Getriebeart	Fahrstil	Beifahrerrolle	Einstellung
p > 0,1	p > 0,1	p > 0,1	p > 0,1

Neben dem Einfluss auf die subjektive Dynamikwahrnehmung werden die Datensätze
auf Zusammenhänge innerhalb der demografischen Parameter, auch als Interaktionsef-
fekte bezeichnet, untersucht. So wird eine signifikante schwache bis mittlere negative
Korrelation zwischen dem Alter und der Selbsteinschätzung des eigenen Fahrstils
gefunden ($r = -0,35, p < 0,05$). Dies ließe die Schlüsse eines weniger sportlichen
Fahrens mit zunehmendem Alter bzw. eine defensivere Herangehensweise bei der
Selbsteinschätzung zu. Ferner wird eine signifikante mittlere negative Korrelation
zwischen der durchschnittlichen jährlichen Fahrleistung und dem Wohlfühlen in der
Rolle des Beifahrers beobachtet ($r = -0,47, p < 0,01$). Versuchspersonen mit höherer
Fahrleistung fühlen sich offenbar in der Rolle des Beifahrers eher unwohl bzw. geben
an, dies zu tun.

Abgesehen von den einmalig zu Beginn eines jeden Versuchs erhobenen demografischen Daten wird bei 14 Versuchsteilnehmern auf jeder Teilstrecke der Gegenverkehr
dokumentiert. Dies geschieht mittels einer auf der Armaturentafel befestigten Kamera, welche durchgehend die Verkehrsszenerie filmt. Die Auswertung der aufgenomme-
nen Videos wird anschließend am PC vorgenommen. Hierbei wird die jeweilige Anzahl
an entgegenkommenden Fahrzeugen verschiedener Kategorien je Teilstrecke ausgezählt.
Als Fahrzeugkategorien werden:

- Pkw,
- Transporter,
- LKW,
- Motorrad / Motorroller und
- Fahrrad

festgelegt.

Wiederum werden jeweils univariate, einfaktorielle Varianzanalysen berechnet, wobei die abhängige Variable wie zuvor das subjektive Dynamikurteil und die Faktoren die Gesamtanzahl an Fahrzeugen sowie die Anzahlen in den einzelnen Kategorien sind. Für keinen dieser Faktoren kann auf der vorliegenden Datenbasis ein signifikanter Einfluss auf das subjektive Dynamikurteil festgestellt werden (sämtliche $p > 0,1$). Verwendet man jedoch lediglich diejenigen Fahrzeuge als Faktor, welche während Kurvenfahrten entgegenkommen, ist ein signifikanter Einfluss auf das Dynamikurteil festzustellen ($p < 0,05$). Offenbar wird eine Fahrsituation subjektiv als dynamischer wahrgenommen, wenn zu der seitens des Fahrers in Kurven geleisteten Bahnführungsarbeit zusätzlich Gegenverkehr erscheint.

Als potenziell zusätzlich relevante Einflussgröße auf die Urteile der subjektiven Dynamik wird die durchschnittliche Sichtweite auf den Teilabschnitten protokolliert. Die Bewertung erfolgt auf einer Skala von 1 (geringe Sichtweite) bis 10 (hohe Sichtweite) und wurde von drei Experten vorgenommen. Die Vergabe der Werte erfolgt hierbei unabhängig von Verkehrs- und Witterungsbedingungen einmalig und statisch für jeden der 2×6 Teilabschnitte. Als Ergebnis der auf Grundlage dieser Daten durchgeführten ANOVA besitzt die Sichtweite einen höchstsignifikanten Einfluss auf das Dynamikurteil ($p < 0,001$).

Als weiterer potenzieller Einflussfaktor auf die subjektiven Dynamik-Urteile wird die individuelle Streckenkenntnis von den Versuchsteilnehmern in Eigeneinschätzung pro einzelnem Streckenabschnitt entlang der Skala:

- keine,
- gering,
- mittel,
- gut und
- sehr gut

quantifiziert. Wiederum mittels ANOVA wird ein höchstsignifikanter Einfluss der Streckenkenntnis auf die subjektive Dynamikbeurteilung ($p < 0,001$) nachgewiesen.

Es konnten verschiedene situationsspezifische Einflüsse auf die Dynamikwahrnehmung aufgezeigt werden. Diese legen einen individuellen Konfigurationswunsch der Kunden nahe. Inwiefern dies tatsächlich der Fall ist, wird mithilfe einer Befragung im nächsten Abschnitt geklärt.

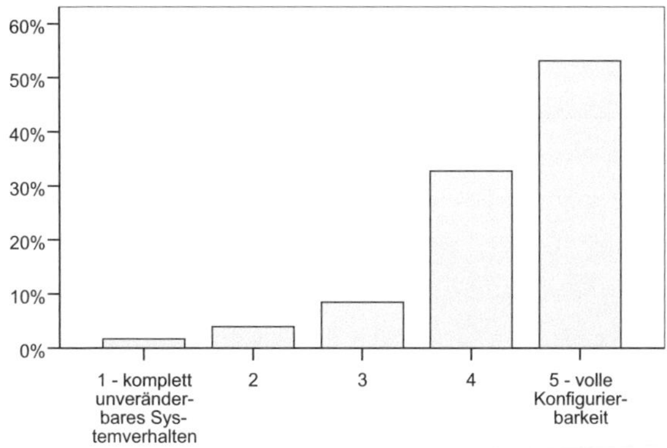

Abb. 5.6: Prozentuale Verteilung des Konfigurationswunschs der Kunden

5.3.4 Wunsch nach Konfigurierbarkeit

In der Konzeption des Verfahrens wurden Ideen zur praktischen Verwertung der Ergebnisse genannt. Ein Vorschlag ist das Integrieren von Reglern in die Fahrzeuge, anhand derer die Kunden das FAS- und somit Fahrzeugverhalten hinsichtlich operationalisierter Attribute nach Situation und Gefallen einstellen können. Wie stark der allgemeine Wunsch nach individueller Konfiguration faktisch ist, wird nun mittels einer Befragung erhoben. Diese wurde gemeinsam mit der Befragungsstudie nach dem Kano-Modell aus Verfahren V1 durchgeführt, an der insgesamt 214 Personen teilnahmen. Die Details bezüglich der Durchführung entsprechen daher den Ausführungen in Abschnitt 4.2.3.

Die Befragungsteilnehmer bewerten ihre Präferenz zwischen „komplett unveränderbares Systemverhalten" und „voller Konfigurierbarkeit" auf einer fünfstufigen Skala. Das Befragungsergebnis ist eindeutig und wird in Abbildung 5.6 dargestellt. Wie zu erkennen möchte die absolute Mehrheit der Befragten eine volle Konfigurierbarkeit von FAS. Indifferente oder statisches Systemverhalten bevorzugende Meinungen existieren nur wenige, weshalb der Mittelwert der Antworten mit 4,6 entsprechend hoch liegt. Die Operationalisierung der Stärke eines Markenattributs als Ergebnis von Verfahren V2 kann somit dazu dienen, dem Kunden die erwünschte Konfiguration nach individuellem Gefallen zu ermöglichen.

5.4 Zusammenfassung und Diskussion

In diesem Kapitel wurde ein Verfahren zur markenadäquaten Parametrierung von FAS konzipiert, am Beispiel des Markenattributs „Dynamik" angewendet und empirisch evaluiert. Hierbei wurde ein „Dynamik-Faktor" gefunden, welcher aus der Kombination vier fahrdynamischer Größen entsteht und eine Operationalisierung des Attributs darstellt. Die empirische Validierung zeigte die prinzipielle Eignung des Faktors als Prädiktor und somit die Zweckmäßigkeit des konzipierten Vorgehensmodells V2 auf. Allerdings wurde ebenfalls auf Grenzen hinsichtlich der Modellgüte des Dynamik-Faktors aufmerksam gemacht.

Das Verfahrenskonzept selbst besitzt wiederum einen generischen Charakter, indem es in seiner Anwendbarkeit prinzipiell weder auf bestimmte FAS noch auf bestimmte Attribute beschränkt ist. Die ausführlich dargestellte Anwendung erfolgt allerdings nur bezüglich des einen Attributs Dynamik. Als grundsätzlicher Ablauf wird entsprechend der Verfahrensschritte auch für andere Attribute die Hypothesengenerierung und anschließende empirische Operationalisierung vorgeschlagen. Allerdings ist im zweiten Schritt des Verfahrens die starke Abhängigkeit der zu wählenden empirischen Methoden von dem konkret betrachteten Attribut genannt. Um einen systematisierten Ausblick auf mögliche Anwendungen über das bisherige Zuordnungsschema (Abbildung 5.1) hinaus zu erteilen, wird eine Gruppierung von in Kapitel 4 genannten Attributen vorgenommen und in Abbildung 5.7 dargestellt.

Diese erfolgt nach dem Kriterium der potenziellen Operationalisierbarkeit, welche eng mit dem Abstraktions- bzw. semantischen Level der betrachteten Attribute zusammenhängt. So stellt die oberste und entsprechend benannte Ebene emotionale Begriffe dar, welche in ihrer Bedeutung und Assoziation große interindividuelle Unterschiede aufweisen können. Diese sind weit von den physikalisch erfassbaren Parametern des Zuordnungsschemas entfernt und besitzen ein geringeres Potenzial der Operationalisierbarkeit. Die Attribute der untersten Ebene hingegen sind näher an der menschlichen Perzeption und weisen deutlich direktere Zusammenhänge zu diesen Parametern auf, was zu höherem Operationalisierungspotenzial und geringerem interindividuellem Assoziationsspielraum führt. Die Benennung der Ebene erfolgt entsprechend. Die Attribute der mittleren, der Interpretationsebene bilden somit eine mögliche Zwi-

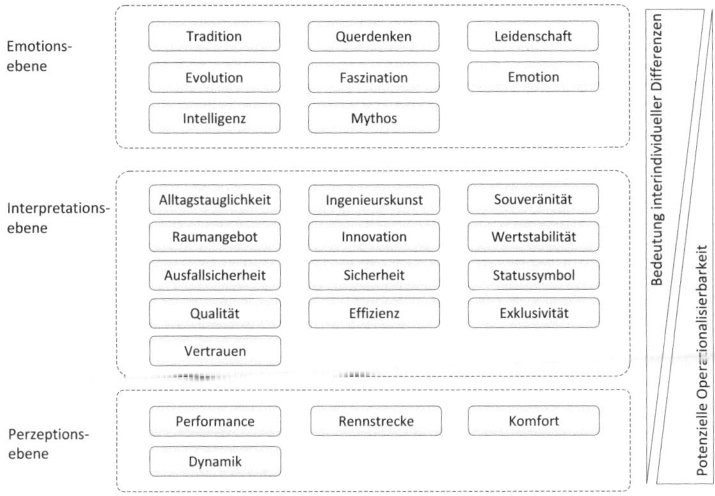

Abb. 5.7: Mögliche Gruppierung von Typikalitätsattributen

schengruppe der beiden anderen. Für diese können als Repräsentation quantifizierbare Daten gefunden werden, die allerdings weiter von der perzeptiven Ebene entfernt und deshalb zunächst die jeweiligen Verbindungen zu den Attributen zu interpretieren sind. Die vorgenommene Einteilung unterliegt Subjektivitäten, dient aber dennoch dem Ausblick auf mögliches Vorgehen für unterschiedliche Typikalitätsattribute. Bezüglich Attributen der Perzeptionsebene lassen sich Hypothesen über Zusammenhänge mit FAS-Parametern vergleichsweise einfach finden und Validierungen nach dem Vorbild der hier für die Dynamik durchgeführten Fahrversuche erbringen. Diese Form des Experiments ist für Attribute der zweiten und dritten Ebene nicht zielführend. Für die Interpretationsebene empfiehlt sich vielmehr die Betrachtung dokumentierter Daten und Statistiken. Beispielsweise können bezüglich der Attribute Raumangebot und Effizienz Daten des Fahrzeugs selbst, bezüglich der Attribute Sicherheit und Qualität Verkehrsstatistiken interpretiert und Operationalisierungen gefunden werden. Auch Attribute wie Innovation und Ingenieurskunst könnten über statistische Dokumentationen, z. B. Patentanmeldungen innerhalb eines Zeitraums, gemessen werden. Ebenso scheinen Zulassungs- und Kundenstatistiken ein guter Anhaltspunkt für Operationalisierungen der Attribute Exklusivität und Statussymbol zu sein. Die Attribute der Emotionsebene besitzen die geringste potenzielle Operationalisierbarkeit und sind am weitesten von fahrphysikalischen und dokumentierbaren Daten entfernt. Stichhaltige und für FAS zweckmäßige Operationalisierungen wie bezüglich der anderen Ebenen dürften auf diesem hohen semantischen Level kaum zu finden sein. Hieraus folgt die implizite These einer generell schwächeren Beeinflussung dieser Attribute durch FAS. Um diese zunächst ohne Vorhandensein direkter Verknüpfungen zu objektiven Daten abzuschätzen, können Expertenbefragung, z. B. Einzelinterviews oder die Delphi-Technik, zum Einsatz gelangen. Als Experten würden Personen mit langjähriger Erfahrung in der Automobilindustrie möglichst im Bereich der Gesamtfahrzeugentwicklung gelten, welche in der Lage sind, die hochsemantischen Begriffe der Emotionsebene qualifiziert mit messbaren Eigenschaften des Fahrzeugs in Verbindung zu bringen. Zusammenfassend wird der höchste Nutzen des Verfahrens bezüglich Attributen auf der Perzeptionsebene erwartet und somit der Anwendungsfokus hierauf gelegt.

Das Verfahren V2 beschäftigt sich mit der funktionalen Seite der Produktgruppe Fahrerassistenz und stellt mit Blick auf die doppelte Kontingenz der Produktentstehung die zweite Stufe zur Erstellung des Zielsystems dar. Die dritte und vierte Stufe befinden sich auf einem anderen thematischen Unterast – der Fahrer-Fahrzeug-Schnittstelle (siehe Abbildung 3.2). Beginnend mit einem Verfahren zur Bestimmung der optimalen Rückmeldemodalität für FAS-Meldungen werden diese in den folgenden beiden Kapiteln besprochen.

6 Ergonomische Optimierung des HMI

Innerhalb des in Abbildung 3.2 dargestellten Supersystems „Gesamtfahrzeug" bildet die Fahrer-Fahrzeug-Schnittstelle neben der im vorangegangen Kapitel diskutierten Funktionsparametrierung ein weiteres Subsystem. So wird in diesem Kapitel ein Verfahren zur ergonomischen Optimierung von FAS-Rückmeldungen konzipiert, umgesetzt und empirisch evaluiert. Die zentrale zu beantwortende Frage ist, welche Modalität (Sinneskanal des Menschen) sich am besten für die Ausgabe von FAS-Rückmeldungen an den Fahrzeugführer eignet. Der Bedarf hierzu leitet sich, wie in Kapitel 3 ausgeführt, von der Gefahr einer auf den Fahrer zurollenden „Informationslawine" ab. Dieser sollte bei einer steigenden Anzahl an FAS mit aktiven Rückmeldungen im Fahrzeug durch systematische und fundierte HMI-Konzeption entgegengewirkt werden. Das Verfahren V3 bezieht sich auf die Gestalt der Fahrer-Fahrzeug-Schnittstelle von FAS und berücksichtigt hierfür Aspekte der menschlichen Informationsaufnahme und -verarbeitung, die sogenannten „Human Factors". Das Ziel sind Empfehlungen für die Gestaltung eines ergonomisch optimierten Basiskonzepts, um die Gefahr einer überfordernden Komplexität bedingt durch aktive Systemausgaben zu minimieren.

Hierzu wird die Eignung der Sinnesmodalitäten des Menschen in unterschiedlichen Situationen analysiert. Die betrachteten Ausgabemodalitäten für Meldungen der FAS sind der visuelle, auditive sowie haptische Kanal. Die Frage, welche Art von Ausgabe für welche Meldung und für welche Situation aus ergonomischer Sicht am besten geeignet ist, wird mittels einer Nutzwertanalyse, gestützt durch eine breit angelegte, systematische Literaturauswertung und Expertenwissen, beantwortet. Dabei wird jedem Sinneskanal in unterschiedlichen Situationen und bezüglich unterschiedlicher Eigenschaften der auszugebenden Meldung ein Nutzwert zugeordnet, auf dessen Grundlage dann das Bestimmen der jeweilig optimalen Ausgabemodalität ermöglicht wird.

Entsprechend der einheitlichen Struktur des wissenschaftlichen Vorgehens folgt anschließend die beispielhafte Anwendung des Verfahrens. Es werden Empfehlungen generiert und darauf basierend Rückmeldungen konkreter FAS ausgestaltet. Zur Validierung des Verfahrens werden diese HMI-Basiskonzepte hinsichtlich ihrer Akzeptanz empirisch bewertet. Dies erfolgt im Rahmen von Fahrversuchen in einer Sitzkiste, wobei die Akzeptanz mithilfe psychometrischer Fragebögen gemessen wird.

6.1 Konzeption des Verfahrens

Zur Konzeption des Verfahrens V3 wird ergänzend zu den Ausführungen in Kapitel 2 nun eine Priorisierung der zu betrachtenden menschlichen Sinnesmodalitäten besprochen. Anschließend werden weitere notwendige Vorarbeiten geleistet und die eigentlichen Verfahrensschritte dargestellt.

6.1.1 Modalitäten der Informationsaufnahme

Bei der Entwicklung neuer FAS stellt sich häufig bereits in der frühen Phase die Frage, welche Beschaffenheit die Systemausgabe haben soll. Um eine Empfehlung auszusprechen, mittels welches Sinneskanals eine (Warn-)Meldung an den Fahrer transportiert werden kann, sollten grundlegende Erkenntnisse der menschlichen Psychologie und Physiologie berücksichtigt werden. Die Sinneskanäle wurden in Abschnitt 2.2 des Grundlagenkapitels bereits benannt. Für die Konzeption von Rückmeldungen im Fahrzeug werden die in Abbildung 6.1 aufgezeigten Möglichkeiten betrachtet. Zu erkennen ist eine Beschränkung auf den visuellen, auditiven und haptischen Kanal sowie deren Kombinationen. Der Grund hierfür liegt wie in Abschnitt 2.2 ausführlich beleuchtet in der zur Verfügung stehenden Bandbreite der Informationsübertragung. Die Olfaktorik und Gustatorik bieten eine vergleichsweise geringe Reizaufnahme und werden hier als Modalitäten zur Ausgabe von FAS-Informationen bewusst ausgeklammert.

Bezüglich dieser Modalitätsausprägungen sind in der Literatur verschiedenste Situationen der Eignung bzw. Nicht-Eignung aus psychologischer und physiologischer Sicht dokumentiert. Diese sollen für die Erstellung des Verfahrens systematisch gesammelt und ausgewertet werden, um schließlich konkrete Empfehlungen für FAS-Ausgaben generieren zu können.

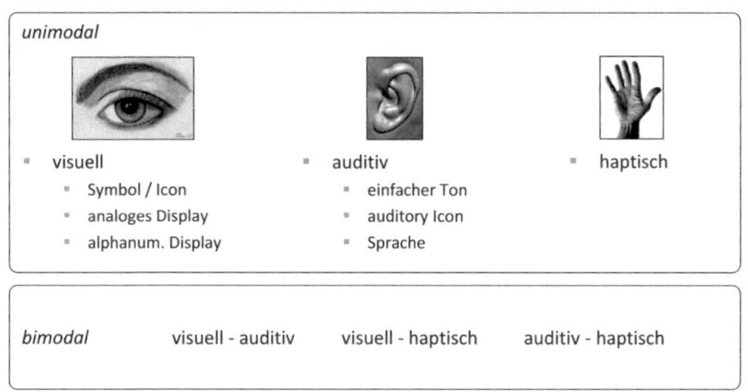

Abb. 6.1: Übersicht der betrachteten Modalitäten

6.1.2 Eigenschaften von FAS-Meldungen

Zur Systematisierung der Literaturaussagen werden die folgenden fünf Eigenschaften
von FAS-Ausgaben definiert:

- Dringlichkeit,
- Anzeigedauer,
- Anzeigehäufigkeit,
- Informationskomplexität,
- Wichtigkeit.

Sie erlauben die Klassifizierung beliebiger FAS-Meldungen und Warnungen, indem diese hinsichtlich der Eigenschaften auf jeweils dreistufigen Skalen (z. B. „niedrig – mittel
– hoch") bewertet werden. Hieraus wird im Gesamtergebnis des entworfenen Verfahrens
die Eignung der möglichen Modalitäten für die Ausgabe der Meldung bzw. Warnung beurteilt. Es folgt eine kurze inhaltliche Erklärung zu den einzelnen Eigenschaftsbegriffen.

Der Begriff der Dringlichkeit kann in diesem Kontext auch als zeitlich Relevanz oder
Kritikalität bezeichnet werden. Eine hohe Dringlichkeit basiert darauf, dass nach einer
gewissen Zeit Veränderungen eintreten, die eine meist drastische Verschlechterung des
vorhandenen Zustandes bedeuten. Eine hierarchische Ordnung kann anhand der zur Verfügung stehenden Zeitdauer für die Reaktion zur Verhinderung der Zustandsverschlech-
terung definiert werden. Eine mögliche Unterteilung ist in Tabelle 6.1 dargeboten. Die
konkreten Zeitspannen und Zuordnungen zu den Eigenschaftsstufen wurden dabei in

Tab. 6.1: Stufen der Meldungseigenschaft „Dringlichkeit"

Stufen des Attributs	Erklärung
Information	keine direkte Aktion/Entscheidung erforderlich; Zeitrahmen > 2 min
unkritisch/gering	Vorbereiten auf Aktion/Entscheidung; Zeitrahmen 10 s bis 2 min
mittel	erforderliche Aktion/Entscheidung zeitnah erforderlich; Zeitrahmen 3 bis 10 s
kritisch/hoch	unmittelbare Aktion/Entscheidung erforderlich; Zeitrahmen 0 bis 3 s

Tab. 6.2: Stufen der Meldungseigenschaft „Ausgabedauer"

Stufen des Attributs	Erklärung
kurz	dargeboten und direkt wieder ausgeblendet; lediglich einmal angezeigt, ertönt, vibriert; Dauer < 2 s
mittel	hintereinander mehrfach länger angezeigt, ertönt, vibriert; Dauer 2 bis 10 s
lang	kontinuierlich dargeboten; dauerhaft angezeigt, ertönt, vibriert; Dauer > 10 s

Anlehnung an ISO (2004), DINENISO (2007), Response 3 (2006) und Fricke (2008) formuliert.

Die Eigenschaft Ausgabedauer steht in engem Zusammenhang mit der Gültigkeit einer FAS-Meldung. Wie in Tabelle 6.2 zu erkennen ist, wurden hier Zeitspannen für die drei Stufen der Eigenschaft definiert. Diese erlauben es, unterschiedliche FAS-Meldungen und Warnungen zu kategorisieren.

Die Eigenschaftsdimension Ausgabehäufigkeit meint die Anzahl, wie oft die zu bewertende FAS-Meldung innerhalb eines Zeitraums durchschnittlich auftritt. Im Rahmen von Response 3 (2006) wurden Häufigkeiten für Systembenutzungen definiert, die in Tabelle 6.3 aufgegriffen werden.

Der Begriff der Komplexität kann als die Menge an Informationen aufgefasst werden, welche zur Beschreibung der Regelmäßigkeiten und Unregelmäßigkeiten eines Systems

Tab. 6.3: Stufen der Meldungseigenschaft „Ausgabehäufigkeit"

Stufen des Attributs	Erklärung
selten	Ausgabehäufigkeit 1 x pro Woche oder geringer
mittel	Ausgabehäufigkeit 1 x pro Tag bis 1 x pro Woche
häufig	Ausgabehäufigkeit 1 x pro Tag/Fahrt oder höher

Tab. 6.4: Stufen der Meldungseigenschaft „Informationskomplexität"

Stufen des Attributs	Erklärung
gering	eine Informationseinheit der Ausgabe
mittel	zwei Informationseinheiten der Ausgabe
hoch	drei oder mehr Informationseinheiten der Ausgabe

Tab. 6.5: Stufen der Meldungseigenschaft „Wichtigkeit"

Stufen des Attributs	Erklärung
unwichtig	reine Statusinformation, keine oder geringe Kritikalität; kein Personenschaden, max. geringer Sachschaden möglich
mittel	geringe oder mittlere Kritikalität; keine oder geringer Personenschaden, geringer oder mittlerer Sachschaden möglich
wichtig	hohe Kritikalität; mittlerer bis maximaler Personen- oder Sachschaden möglich

notwendig ist (Gell-Mann 1994). Bezüglich einer FAS-Ausgabe ist konkreter die Menge an Informationen gemeint, welche dem Fahrer durch diese dargeboten wird. Als Beispiel unterschiedlicher Komplexität kann eine Spurverlassenwarnung (LDW) im Vergleich zu einem Parkassistenten inkl. Top-View verwendet werden. Im ersten Fall existiert im Wesentlichen eine Informationseinheit: „Spur verlassen – ja oder nein". Im zweiten Fall stellt das System dem Fahrer Informationen über die Existenz und Positionierung von Hindernissen in der Fahrzeugumgebung dar, was insofern als komplexere, zweiteilige Ausgabe gelten kann. Diese Anzahl an Ausgabegröße bildet wie in Tabelle 6.4 dargestellt die Basis für die Kategorisierung der FAS-Ausgaben.

In Ergänzung zur Dringlichkeit wird die Wichtigkeit im Rahmen dieser Arbeit nicht als zeitliche, sondern als Sicherheits- und Folgenschwererelevanz definiert. Die drei in Tabelle 6.5 aufgeführten Stufen entstammen DINENISO (2007).

6.1.3 Fuzzifizierung

Zur Operationalisierung von Literaturaussagen sollen die linguistischen Variablen in numerische Werte überführt werden. Ein solches Vorgehen ist aus der „Fuzzy-Logic" bekannt [Zadeh (1972), Zadeh & Kacprzyk (1999)]. Einen Überblick der sogenannten „Fuzzifizierung" einiger der in der Literatur auftauchenden Schlagworte vermittelt Tabelle 6.6. Die Zahlenangaben stellen Nutzwerte der jeweiligen Modalität bezüglich der

Tab. 6.6: Überführung linguistischer Variablen in numerische Werte (Fuzzifizierungstabelle)

Nutzwert	Linguistische Variablen (deutsch, englisch)
0	nicht, gar nicht, auf keinen Fall, kaum, am schlechtesten
	not, impossible, hardly possible, worst
0,25	nicht gut, schlecht, gering, mangelhaft
	not good, not very good, poor, not recommended
0,5	gerecht, angemessen, mittel, mittelmäßig
	suitable, recommendable, can provide
0,75	gut, geeignet, zuverlässig, effektiv, wirkungsvoll, empfohlen, angebracht
	good, well suited, qualified, recommended, appropriate, effective
1	sehr, ganz, optimal, äußerst, besonders, am besten
	very, optimal, excellent, best

jeweiligen Eigenschaft der FAS-Ausgabe dar und bilden so die Basis für eine Nutzwertmatrix.

6.1.4 Nutzwertanalyse

In Verbindung mit oben definierten Stufen der Meldungseigenschaften können somit Aussagesätze aus wissenschaftlichen Publikationen, Guidelines oder Ähnlichem den Eigenschaften zugeordnet und ein quantitatives Urteil über die Eignung der jeweilig betreffenden Modalität abgegeben werden. Ein Beispiel soll dies verdeutlichen. Die Aussage „purely analog displays provide poor Imminent Cautionary Warning (ICW) information" stammt aus der Guideline „Intersection Collision Avoidance Using ITS Countermeasures" (Pierowicz 2000). Diese Formulierung kann analysiert, zugeordnet und überführt werden. „Purely analog display" adressiert die Modalitätsstufe „unimodal visuell, analoges Display". Die Wortgruppe „Imminent Cautionary Warning" benennt die betroffene Eigenschaft und ihre Stufe, in diesem Fall „Dringlichkeit: hoch". Die eigentliche Bewertung erfolgt durch das Wort „poor" und wird entsprechend der Fuzzifizierungstabelle (Tabelle 6.6) in den Wert 0,25 überführt. Dieses Vorgehen wird für die bezüglich sämtlicher Modalitäten und Eigenschaftsausprägungen ca. 200 gefundenen Literaturaussagen umgesetzt. Ist für eine Eigenschaftsausprägung keine explizite Literaturangabe verfügbar, kann zwischen bereits gefundenen Werten linear interpoliert bzw. bestehende Werte übernommen werden. Im Gesamtergebnis erhält man eine Nutzwertmatrix, welche die Modalitäten den Meldungseigenschaften gegenüberstellt. Diese ist inklusive der jeweiligen Quellenangaben komplett in Anhang 11.3 abgebildet. Soll nun die Ausgabebeschaf-

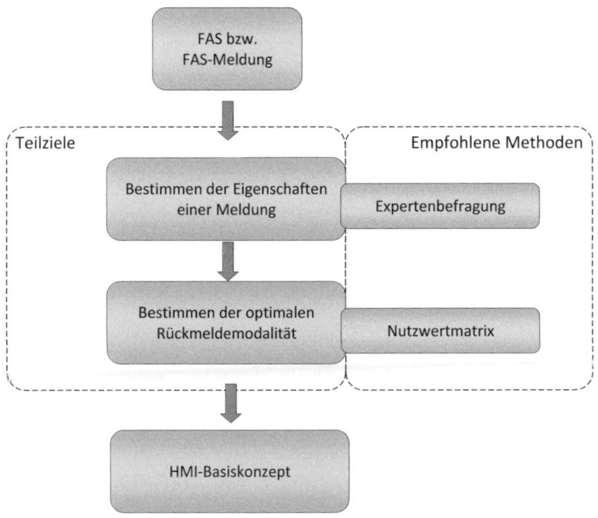

Abb. 6.2: Ablaufmodell Verfahren zur ergonomischen Optimierung des HMI (V3)

fenheit einer FAS-Information konzipiert werden, kann dies fundiert und objektiviert auf Grundlage ihrer Meldungseigenschaften erfolgen.

6.1.5 Ablaufmodell

Einen zusammenfassenden Überblick des hier beschriebenen Verfahrens vermittelt Abbildung 6.2. Ausgangspunkt ist ein beliebiges FAS, dessen Rückmeldungen ergonomisch optimiert gestaltet werden sollen. Im ersten Schritt sollen dann die Eigenschaften einer Meldung bewertet werden, wobei die oben aufgeführte Beschreibung der Eigenschaftsstufen diesen Prozess objektiviert. Dennoch wird empfohlen, dies von Experten durchführen zu lassen, von denen eine präzisere und einheitliche Bewertung erwartet wird. Anhand der so festgelegten Meldungseigenschaften wird mittels der Nutzwertmatrix die optimale Rückmeldemodalität bestimmt. Falls das FAS mehrere unterschiedliche Meldungen ausgibt, kann eine mehrfache Anwendung erfolgen. Ergebnis der Verfahrensanwendung ist ein HMI-Basiskonzept.

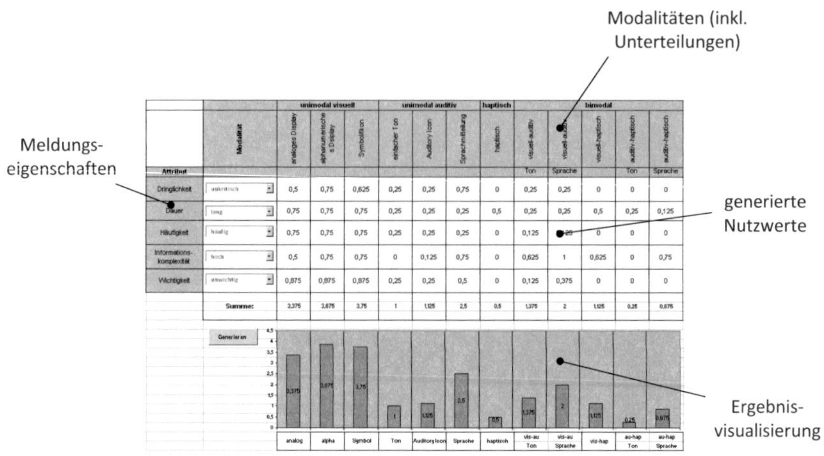

Abb. 6.3: Excel-Applikation der Nutzwertmatrix, Bildschirmfoto

6.2 Anwendung des Verfahrens

Zur einfacheren Handhabung der Nutzwertmatrix wird diese in Microsoft Excel umgesetzt und mit aktiven Schaltflächen ausgestattet. Ein Bildschirmfoto der erstellten Applikation findet sich in Abbildung 6.3. Sie beinhaltet eine Ergebnisvisualisierung, welche mittels eines Balkendiagramms anzeigt, welche Modalität bei der gewählten Konfiguration an Meldungseigenschaften welchen Nutzwert erzielt.

Um anhand des Verfahrens Empfehlungen für konkrete FAS-Meldungen aussprechen zu können, müssen die Meldungen hinsichtlich der oben definierten Eigenschaften bewertet werden. Eine Übersicht der Bewertung für die drei Systeme Einparkassistent (PDC), Abstandsregeltempomat (ACC) und akute Kollisionswarnung (CW) bietet Tabelle 6.7. Die Einteilung ist auf Grundlage der im vorangegangenen Abschnitt definierten Eigenschaftsstufen erfolgt, deren Begründung dort nachgelesen werden kann. Für die so kategorisierten FAS-Meldungen ist das Verfahren nun in der Lage, Empfehlungen bezüglich der optimalen Rückmeldemodalität an den Fahrer zu generieren.

Auf dieser Grundlage werden für die drei FAS verschiedene Ausgaben entsprechend den Empfehlungen der Nutzwertmatrix konzipiert. In Tabelle 6.8 sind aktuelle Serienumsetzungen inklusive ihrer Bewertung durch das Verfahren den von dem Verfahren

Tab. 6.7: Meldungseigenschaften drei ausgewählter FAS

	Dringlichkeit	Dauer	Häufigkeit	Informations-komplexität	Wichtigkeit
PDC	unkritisch	lang	häufig	hoch	unwichtig
ACC	kritisch	kurz	selten	gering	wichtig
CW	kritisch	kurz	selten	hoch	wichtig

Tab. 6.8: Nutzwerte aktueller Serienausführungen im Vergleich zu Empfehlungen des Verfahrens

Umsetzung FAS	Serie		Empfehlungen gemäß V3	
	Modalität	Nutzwert	Modalität	Nutzwert
PDC	visuell (analog) - auditiv (Ton)	1,4	visuell (alphanumerisch)	3,5
ACC	visuell (Symbol) - auditiv (Ton)	3,9	visuell (Symbol) - haptisch	4,5
CW	visuell (Symbol) - auditiv (Ton)	3,8	auditiv (Sprache) - haptisch	4,6

als am zweckmäßigsten beurteilten Umsetzungen gegenübergestellt. Die Umsetzungen der Serie wurden mittels eines Benchmarks mit Wettbewerberfahrzeugen eruiert. Für die genannten Systeme kann für verschiedene Fahrzeuge der Oberklasse ein auf Modalitätenebene identisches Rückmeldekonzept festgestellt werden. Ein Vergleich zu *der* Serienumsetzung scheint insofern zulässig.

Wie zu erkennen, erhalten die aktuellen Serienkonfigurationen seitens des Verfahrens nicht die höchsten Nutzwerte. Im Falle des Parkens wird ein alphanumerisches Display, bezüglich ACC die bimodale Kombination visuell(Symbol)–haptisch und bezüglich CW auditiv(Sprache)–haptisch als am zweckmäßigsten angesehen.

Hierbei verbleibt ein Freiraum für die konkrete Umsetzung und Ausgestaltung. Details bezüglich Form, Größe, Farbe oder Installationsort werden nicht vorgegeben, da diese Festlegungen in Abhängigkeit des jeweiligen FAS getroffen werden müssen. Die alphanumerische Anzeige eines Parkassistenten könnte beispielsweise als Head-Up-Display ausgeführt sein, wobei dies idealerweise für Front- und Heck- sowie gegebenenfalls Seitenscheiben vorzusehen ist. Ähnliche Gestaltungsspielräume ergeben sich für die haptischen Ausgaben der ACC-Übernahme- und Kollisionswarnung. Über welchen Bereich des Fahrzeugs eine Vibration an den Fahrer übermittelt wird und wie diese im Detail umzusetzen ist, muss mit Blick auf die jeweilige Meldung entschieden werden. In der empirischen Evaluation des Verfahrens richten sich die faktischen Umsetzungen außerdem an technischen Rahmenbedingungen der zur Verfügung stehenden Versuchsumgebung aus.

Diese FAS und Meldungen werden gewählt, da von ihnen bereits serien- bzw. seriennahe HMI-Umsetzungen als Vergleichswerte für die Empfehlungen des Verfahrens existieren. Zusätzlich sind hier die Empfehlungen nicht deckungsgleich und teilweise konträr zu den Ausführungen, die bereits in Serie bestehen. Bezüglich einer Vielzahl anderer FAS decken sich die Empfehlungen aus dem Verfahren mit den Serienumsetzungen. Dies wird unabhängig von der folgenden Validierungsstudie als Qualitätsmerkmal des Verfahrens aufgefasst. Der Entscheidung für Umsetzungen in der Serienproduktion sind zumeist langwierige Untersuchungs- und Abstimmungsprozesse vorausgegangen, die für zukünftige Systementwicklungen offenbar in vielen Fällen durch die Anwendung von V3 abgekürzt werden können.

6.3 Evaluation des Verfahrens

Das bisherige Ergebnis der Verfahrensanwendung soll nun empirisch evaluiert und das Verfahren somit validiert werden. Dies wird wie oben genannt anhand der drei FAS Parkassistent (PDC), Abstandsregeltempomat (ACC) sowie Kollisionswarnung (CW) vollzogen. Das Ziel ist ein empirischer Nachweis der Zweckmäßigkeit der seitens des Verfahrens generierten HMI-Basiskonzepte.

6.3.1 Versuchsdesign und Durchführung

Die zweistufige unabhängige Variable (UV) im Sinne des Versuchsdesigns ist somit die Art der Rückmeldung – Serienausführung vs. Ausführung entsprechend der Verfahrensempfehlung. Da sämtliche Versuchsteilnehmer beide Stufen der UV durchlaufen, handelt es sich um ein „Within-Design", auch „Messwiederholungsdesign" genannt (Betsch 2006). Das zentrale Ziel der Versuche ist das Bewerten der Eignung unterschiedlicher Modalitäten für FAS-Ausgaben. Der Begriff „Eignung" wird in dieser Arbeit mit starkem Bezug zur Akzeptanz des Kunden interpretiert. Eine FAS-Ausgabe besitzt dann eine hohe Eignung, wenn sie vom Kunden verstanden, akzeptiert und als nicht übermäßig störend empfunden wird. Im Kontext der automobilen HMI-Evaluation kann das sogenannte „AttrakDiff(2)"-Modell nach Hassenzahl et al. (2003) als etabliert bezeichnet werden. Dieses unterteilt das Konstrukt Akzeptanz in die Komponenten pragmatische

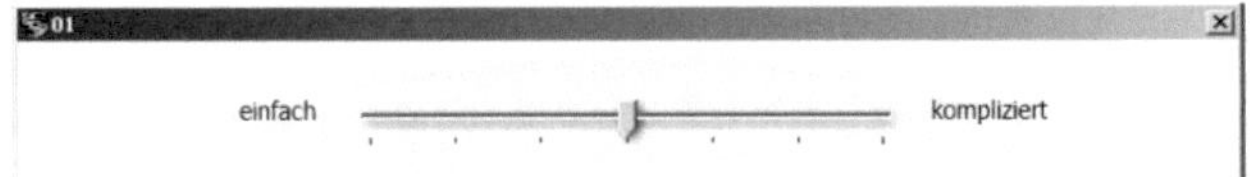

Abb. 6.4: Ein Antonympaar des AttrakDiff-Modells nach (Hassenzahl et al. 2003), Bildschirmfoto der Softwareumsetzung

und die hedonische Qualität, welche in den Versuchen insofern als abhängige Variablen bewertet werden. Dieses entspricht hauptsächlich der zweiten Dimension des in
Abschnitt 2.2.1 vorgestellten Akzeptanzmodells, der Attraktivität, beinhaltet allerdings
auch Aspekte der anderen Dimensionen. Für die Bewertung eines HMI-Konzepts in
Fahrzeugen der Premiumklasse wurde das Modell beispielsweise auch von Broy et al.
(2008) verwendet. Ein Nachweis bezüglich der ebenfalls sehr relevanten Wirksamkeit
der konzipierten FAS-Meldungen erfolgt mit Blick auf die Ausrichtung der vorliegenden
Arbeit und experimentalökonomische Abwägungen zunächst nicht. Für eine umfassende
Validierung des Verfahrenskonzepts muss dieser Punkt jedoch im Rahmen weiterführender Forschung beleuchtet werden.

Mittels eines Fragebogens entsprechend dem AttrakDiff-Modell lassen sich die pragmatische und hedonische Komponente messen und somit die gesamtheitliche Akzeptanz
von Produkten quantifizieren und untereinander vergleichen. Der Fragebogen setzt sich
pro Dimension aus sieben Antonympaaren zusammen, zwischen welchen die Befragten auf einer siebenstufigen Skala beurteilen können. Im Rahmen dieser Arbeit wurde
das Konzept des Fragebogens in einer Softwareoberfläche umgesetzt. Einen Bildschir-
mausschnitt dieser zeigt Abbildung 6.4. Zu sehen ist hier beispielhaft das Antonympaar
„einfach–kompliziert“, welches zur pragmatischen Qualität zählt. Die Gegensatzbildung
erfolgt teilweise wie in dem Beispiel durch zwei antagonistische Begriffe, teilweise
durch Negierung eines Begriffs mittels „nicht“ bzw. der Vorsilbe „un-“. Sämtliche Paare
tragen gleich stark zum Gesamtergebnis bei. Eine Auflistung sämtlicher Antonympaare
beider Dimensionen findet sich in Anhang 11.3.

Als Versuchsumgebung gelangt eine statische Sitzkiste des IPEK – Institut für
Produktentwicklung am Karlsruher Institut für Technologie (KIT) zum Einsatz. Dieser
einfache Fahrsimulator stellt unter Verwendung von Originalteilen einen maßstabsge-
rechten Innenraum eines Porsche 911 Carrera (Typ 997) dar. Wie in Abbildung 6.5 zu

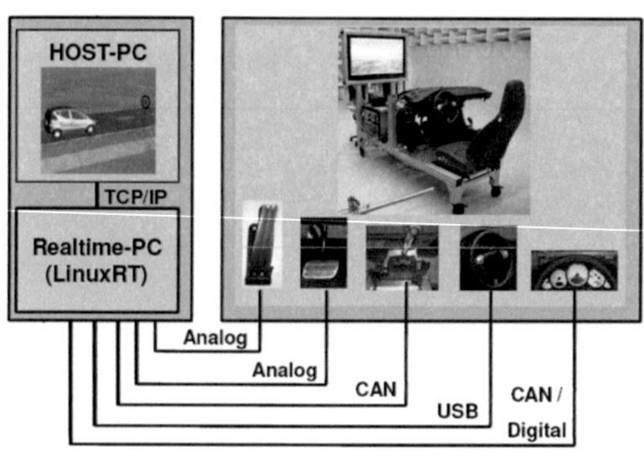

Abb. 6.5: Statische Sitzkiste des IPEK – Institut für Produktentwicklung am Karlsruher Institut für Technologie (KIT) (modifiziert nach: Albers et al. 2009)

sehen ist, besteht dieser aus Armaturentafel, Kombiinstrument, Lenkrad, Sitz, Pedalerie und Gangwahlhebel. Hierbei sind weitestgehend realitätsnahe Kraft-Weg-Verläufe für Fahr- und Bremspedal sowie Lenkung und Gangwahlhebel umgesetzt. Zur Visualisierung der Fahrszenarien ist am vorderen Ende der Sitzkiste ein 42-Zoll Bildschirm montiert. Die Kommunikation erfolgt wie dargestellt über einen Realtime-PC, wobei die Anbindungen mittels USB-, CAN- oder analogen Schnittstellen realisiert sind. Als Software für die Visualisierung der Fahrszenarien gelangt CarMaker 3.0 der IPG Automotive GmbH zum Einsatz. Mittels dieser werden die Gestaltung der Umgebung sowie das Einscheinungsbild und Verhalten des Ego-Fahrzeugs und der übrigen Verkehrsteilnehmer dargeboten. Die Ausgabe von CAN-Botschaften, z. B. das Leuchten einer Warnlampe auf dem zentralen Kombiinstrument wird durch die Software CANoe 7.1 der Vector Informatik GmbH realisiert.

An dem Versuch nehmen insgesamt 22 Personen (3 w, 19 m, $\varnothing = 31{,}8$ Jahre) teil. Diese sind Mitarbeiter der Porsche AG bzw. des IPEK und FAST (Institut für Fahrzeugsystemtechnik) am KIT und werden dort akquiriert. Eine Vergütung der Teilnahme erfolgt als Arbeitszeit und wird nicht zusätzlich incentiviert.

Wie oben erklärt wird ein Vergleich der Rückmeldungen eines Einparkassistenten (PDC), Abstandsregeltempomaten (ACC) und Kollisionswarnung (CW) zwischen Seri-

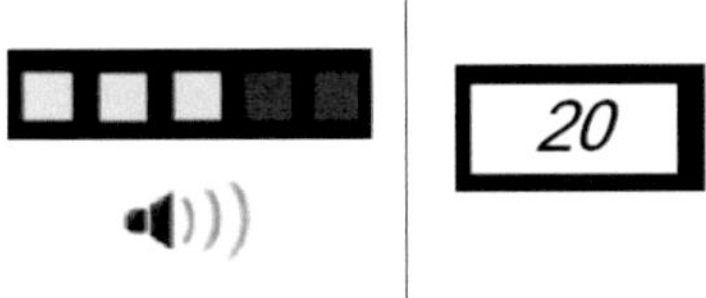

Abb. 6.6: Ausgabemodalitäten eines Parkassistenten – Serienausführung vs. Empfehlungen des Verfahrens V3

endarbietung und Empfehlungen des hier erstellten Verfahrens angestrebt. Hierzu werden spezielle Fahrsituationen/-szenarien konfiguriert, die nun kurz vorgestellt seien. Das erste Szenario dient zur Beurteilung der PDC-Informationen. Die Aufgabe der Versuchspersonen ist das Vorwärts-Einparken in eine Parklücke vor einer Wand. Die dort bereits parkenden Fahrzeuge lassen seitlich umfangreichen Abstand, sodass der einzig relevante Parameter der Abstand zwischen Bugteil und Wand ist. Dieser Abstand wird den Teilnehmern wiederum mittels einer seriennahen Darbietung einerseits und einer Darstellung auf Basis der Verfahrensempfehlungen andererseits präsentiert. Als seriennahe Umsetzung wird die bimodale Kombination aus auditivem Intervallton und visuellem Abstandbalken mit zweistufiger Farbgebung gewählt. Die Umsetzung der Verfahrensempfehlung ist eine alphanumerische Anzeige des verbleibenden Abstandes in Zentimetern (Abbildung 6.6).

Bei der zweiten zu überprüfenden Ausgabe eines FAS handelt es sich um eine ACC-Übernahmewarnung. Dies bedeutet, der Fahrer folgt zunächst ACC-geregelt mit konstantem Abstand dem Vorfahrzeug. Zu einer Übernahmewarnung an den Fahrer kommt es, sobald die benötigte Verzögerung, um den Mindestabstand einzuhalten, die seitens des Systems mögliche Verzögerung übersteigt. Dies kann beispielsweise bei einer sehr starken Bremsung des getrackten Vorfahrzeugs der Fall sein. Als weitere Möglichkeit einer plötzlich benötigten starken Verzögerung wird in der Sitzkiste ein einscherendes Fahrzeug realisiert. Dies illustriert Abbildung 6.7. Wie auf der linken Seite aus der Cockpit-Perspektive zu sehen fahren die Probanden zunächst ACC-geregelt hinter dem roten Fahrzeug auf einer dreispurigen Autobahn. Die rechte Seite zeigt dann, wie der Lkw von der rechten auf die mittlere Spur wechselt und durch das ACC getrackt wird. Da der Abstand zum Ego-Fahrzeug jedoch gering und die Relativgeschwindigkeit hoch sind, kann das System die Situation nicht ausregeln und meldet eine Übernahmewarnung. Auch

Abb. 6.7: Fahrszenario zur Evaluation der Rückmeldungen des ACC

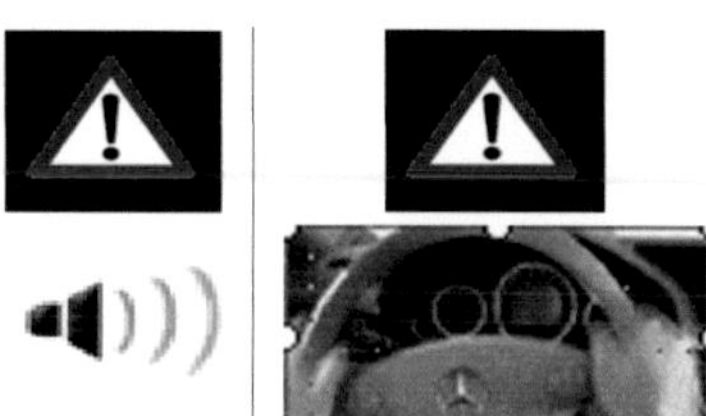

Abb. 6.8: Ausgabemodalitäten einer ACC-Fahrerübernahmewarnung – Serienausführung vs. Empfehlungen des Verfahrens V3

die Beschaffenheit dieser Nachricht orientiert sich einmal an aktuellen Serienumsetzungen und einmal an den Empfehlungen des hier vorgestellten Verfahrens. Konkret bedeutet dies die bimodale Kombination aus visuellem Piktogramm und auditivem Warnton vs. die Kombination aus visuellem Piktogramm und haptischer Lenkradvibration (Abbildung 6.8). Da das Verfahren selbst lediglich Empfehlungen zur Wahl der optimalen Modalitäten erteilt, verbleiben die oben erwähnten Freiheiten in der konkreten Ausgestaltung. So wäre es ebenfalls denkbar, die haptische Komponente mittels einer Fahrpedalvibration zu realisieren, vor allem bei einer vom Fahrer durchzuführenden Aktion bezüglich der Längsführung. Die höhere Akzeptanz der Verfahrensempfehlung muss im Sinne der Validierung allerdings ebenso für die hier aufgrund technischer Randbedingungen gewählte Lenkradvibration nachzuweisen sein.

Innerhalb des dritten Szenarios werden die Rückmeldungsvarianten der Kollisionswarnung bewertet. Hierzu werden die Versuchspersonen angewiesen, dem vorausfahrenden Fahrzeug auf einer zweispurigen Strecke zu folgen. Nach dem Verstreichen einer Mindestzeitdauer der Folgefahrt von vier Minuten und Unterschreiten eines gewissen Abstandes seitens der Versuchspersonen wurde eine unerwartete Vollverzögerung des

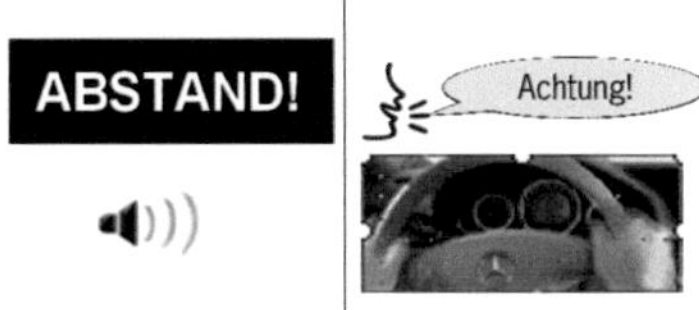

Abb. 6.9: Ausgabemodalitäten einer akuten Kollisionswarnung – Serienausführung vs. Empfehlungen des Verfahrens V3

Vorausfahrenden initiiert. Aufgrund des sich in diesem Augenblick stark und schnell verringernden Abstandes wird eine Kollisionswarnung seitens des FAS ausgegeben. Die beiden Rückmeldungsvarianten stammen wiederum aus der Serienkonfiguration einerseits und der Umsetzung der Verfahrensempfehlungen andererseits. Es sind die bimodale Kombination aus auditivem Signal und einer visuellen Textdarbietung bzw. eine auditiv ausgegebene Sprachmitteilung in Kombination mit einer Lenkradvibration (Abbildung 6.9), wobei die Überlegung zu alternativen Umsetzungen aus dem obigen Abschnitt analog gilt.

Um systematische Reihenfolgeeffekte bei der Bewertung durch die Teilnehmer und eine entsprechende Beeinflussung des Ergebnisses zu vermeiden, wird der Ablauf der Szenarien randomisiert. Die Versuchsteilnehmer werden außerdem im Vorfeld nicht im Detail über den Ablauf des Versuchs unterrichtet. Zunächst werden die Teilnehmer gebeten, einen Fragebogen zu demografischen Daten auszufüllen, wobei explizit auf die Freiwilligkeit der Angaben hingewiesen wird. Danach erfolgt eine Erklärung bezüglich der Sitzkiste und das Platznehmen inklusive Einstellen der Sitzposition usw. Als nächstes wird ein Rundkurs als Gewöhnungsphase an das Fahrzeugverhalten absolviert, bis die Teilnehmer von sich aus ein ausreichendes Gefühl für die Reaktionen des simulierten Fahrzeugs signalisieren. Diese Zeitspanne variiert zwischen 5 und 15 Minuten. Anschließend erfolgt die randomisierte Durchführung der 2×3 Bewertungsszenarien. Diese besitzen unterschiedliche Dauern und werden im Schnitt inklusive der Bewertungsabgabe mit sechs Minuten pro Szenario anberaumt. Zum Abschluss werden etwaige Fragen seitens der Teilnehmer vom Versuchsleiter beantwortet und zur Danksagung und Verabschiedung übergeleitet. Als Gesamtdauer der Versuchsdurchführung sind somit ungefähr 60 Minuten zu benennen.

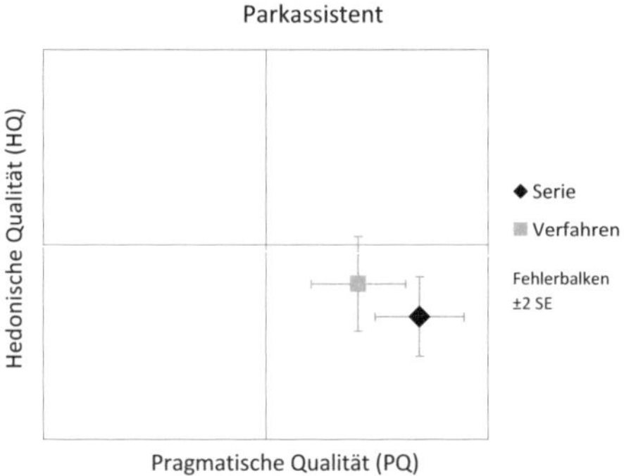

Abb. 6.10: Bewertung der Rückmeldung des Parkassistenten im AttrakDiff-Modell

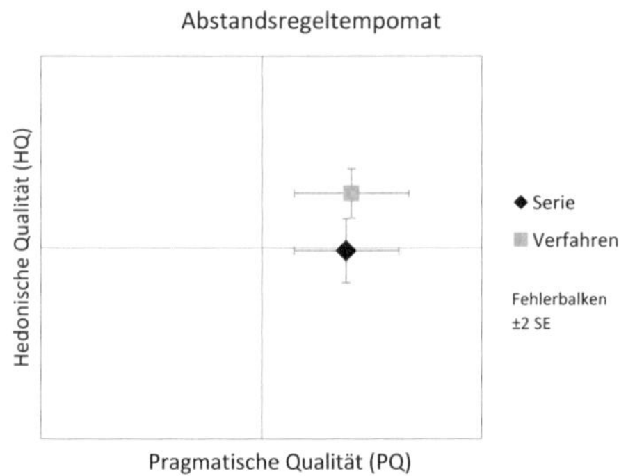

Abb. 6.11: Bewertung der ACC-Rückmeldung im AttrakDiff-Modell

6.3.2 Auswertung und Ergebnisse

Wie oben erklärt ist die abhängige Variable in diesem Versuchsdesign das Konstrukt Akzeptanz mit seinen Unterdimensionen pragmatische und hedonische Qualität. Zur deskriptiven Illustration wird eine zweidimensionale Darstellung gewählt und die Erhebungsresultate je Einzelversuch dargestellt. So sind in den Abbildungen 6.10, 6.11 und 6.12 auf der Abszisse die pragmatische und auf der Ordinate die hedonische Qualität dargestellt. Als Fehlerindikator ist der doppelte Standardfehler in beiden Dimensionen aufgetragen. Diese Darstellungen erlauben nun einen Vergleich der Probandenbewertung von Serienumsetzung und Empfehlung des Verfahrens V3.

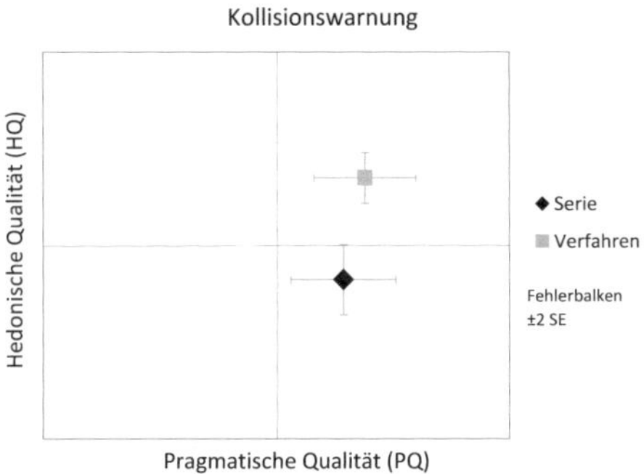

Abb. 6.12: Bewertung der CW-Rückmeldung im AttrakDiff Modell

Bezüglich der ersten Meldung, der Abstandsangabe eines Parkassistenten, ist die pragmatische Qualität der Serienumsetzung höher, die hedonische etwas geringer als bei der Verfahrensumsetzung. Diese rein deskriptive Datenauswertung lässt eine höhere hedonischen Qualität im Fall der Empfehlung vermuten, welche im Anschluss anhand paarweiser Mittelwertvergleichstest mit Student-t-verteilter Prüfgröße interferenzstatistisch überprüft werden soll.

Voraussetzung für die Anwendung des t-Tests ist eine Normalverteilung der Zufallsgröße (Bortz 2005). Durch die Kombination von drei FAS, zwei Akzeptanzdimensionen (hedonisch und pragmatische Qualität) und zwei Gestaltungsarten der Rückmeldung (Serie vs. Verfahren) ergeben sich insgesamt zwölf Zufallsgrößen, für welche mittels Kolmogorov-Smirnov- sowie Shapiro-Wilk-Anpassungstests eine vorhandene Normalverteilung nachgewiesen wird (sämtliche $p > 0,1$). Durch die insofern zulässige Anwendung des t-Tests stellt sich der Unterschied der pragmatischen Qualität als signifikanter Effekt heraus ($p < 0,05$), was für die hedonische Qualität nicht der Fall ist ($p > 0,1$).

Bezüglich der zweiten Meldung, der ACC-Übernahmeaufforderung, ist die pragmatische Qualität phänomenologisch bei Serie und Verfahren positiv und nahezu gleich, die hedonische ist beim Verfahren höher als bei der Serie. Zur Bewertung der Signifikanz dieses Effekts wird wiederum der t-Test eingesetzt. Im Ergebnis ist der beobachtete Unterschied hinsichtlich der hedonischen Qualität hochsignifikant ($p < 0,01$), hinsichtlich der pragmatischen Qualität bleibt er nur tendenziell ($p > 0,1$).

Bezüglich der dritten Meldung, der akuten Kollisionswarnung, zeigt sich ein ähnliches Bild. Die pragmatische Qualität ist bei der Umsetzung auf Grundlage der Verfahrensempfehlung leicht höher als bei seriennahen Umsetzung, wobei beide Varianten im positiven Bereich angesiedelt sind. Bezüglich der hedonischen Qualität befindet sich die Serienumsetzung im negativen, die Verfahrensumsetzung mit relativ großem Abstand im positiven Bereich. Dieser Effekt ist höchstsignifikant ($p < 0,001$). Der Unterschied hinsichtlich der pragmatischen Qualität ist nicht signifikant ($p > 0,1$) und daher lediglich als tendenziell zu bezeichnen.

Im Gesamtergebnis kann für zwei der drei empirisch evaluierten Empfehlungen des Verfahrens verglichen mit seriennahen Umsetzungen eine signifikant höhere hedonische Qualität nachgewiesen werden. Bezüglich einer Meldung ist die pragmatische Qualität der Seriengestaltung signifikant höher. Nun sollen an dieser Stelle zusätzlich zu den Ausführungen bezüglich des Akzeptanzmodells in Kapitel 2 kurz die Qualitäten sowie der Begriff der Attraktivität reflektiert werden. Gemäß Hassenzahl et al. (2003, S. 189) tragen die pragmatische und die hedonische Qualität gleich stark und unabhängig zum Attraktivitäts- und somit Akzeptanzurteil bei. Die hedonische Qualität ist über den Wortbegriff im engsten Sinne hinaus auch als Professionalität, Innovativität und „Mutigkeit"/Mut aufzufassen (Hassenzahl et al. 2003, S. 188 ff.). Im hier betrachteten Kontext der Informationen und Warnungen von FAS sind eben diese Aspekte adressiert, da die „genussliche" Komponente einer solchen FAS-Meldung im engeren Sinne schwierig zu beschreiben und identifizieren sein dürfte.

Das freie Feedback der Versuchsteilnehmer, welches im Rahmen der Untersuchung aufgezeichnet wurde, gibt weitere Anhaltspunkte einer Zweckmäßigkeit des Verfahrens. Äußerungen bezüglich der Kollisionswarnung wie „Die Sprachausgabe ist gegenüber dem Intervallton überlegen" zeugen von einer höheren Akzeptanz der Umsetzungen anhand von V3. Ebenso wurde die eher geringe hedonische Komponente bei der Serien-ACC-Umsetzung benannt: „Das Symbol und den Ton habe ich als sehr störend empfunden." Die komplette Transkription der Äußerungen findet sich in Anhang 11.3.

Eine in zwei von drei Fällen höhere Akzeptanz der Verfahrensempfehlung ist vor dem Hintergrund eines Vergleichs mit Serien- bzw. seriennahen Umsetzungen zusätzlich bemerkenswert. Es kann von einer prinzipiell höheren Akzeptanz von gewohnten und erwartungskonformen Umsetzungen ausgegangen werden. Dieser Effekt wird offenbar von dem Vorteil der Empfehlungen überkompensiert, sodass diese teilweise eine höhere

Akzeptanz erfahren. Zudem wurde die haptische Rückmeldung der ACC-Übernahme-
und Kollisionswarnung aufgrund technischer Einschränkungen mittels einer Vibration
des Lenkrades ausgestaltet, was als nicht ideal angesehen wird. Für die nahe liegendere
Umsetzung mittels einer Vibration des Fahrpedals wird insofern eine eher höhere Akzeptanz seitens der Versuchsteilnehmer erwartet.

6.4 Zusammenfassung und Diskussion

Der Profit, welcher durch das hier vorgestellte und empirisch evaluierte Verfahren
entsteht, ist das Generieren von objektivierten, systemindividuellen Empfehlungen für
die Ausgabegestaltung für aktuelle und zukünftige FAS zu einem frühen Entwicklungszeitpunkt. Dies erfolgt anhand von hergeleiteten Meldungseigenschaften mittels einer
Nutzwertmatrix, welche auf ca. 200 Literaturaussagen zur Eignung der unterschiedlichen Sinneskanäle des Menschen aus physiologischer und psychologischer Sicht in
unterschiedlichen Situationen basiert.

Zunächst ist der naturgemäß punktuelle Charakter der empirischen Validierung des
Verfahrens anzumerken. Sie erfolgte ausschließlich anhand der drei FAS Einparkassistent (PDC), Abstandsregeltempomat (ACC) sowie Kollisionswarnung (CW) und wird
induktiv verallgemeinert. Bereits genannt wurde die Einschränkung der zunächst ausschließlich auf das Bewerten der Akzeptanz bezogenen Validierungsstudie. Dieser Punkt
erhält beim Betrachten der Ergebnisse zusätzliches Gewicht. Bezüglich der ACC- und
CW-Meldung konnte ein signifikanter Vorteil der Verfahrensempfehlung lediglich in der
hedonischen Qualität nachgewiesen werden. Bei sicherheitskritischen Meldungen mit
hoher Dringlichkeit und Wichtigkeit sind jedoch auch die pragmatische Qualität und
Wirksamkeit entscheidend. Eine gute Orientierung für ein mögliches Vorgehen bieten
Weber et al. (2010). Sie analysieren unterschiedliche HMI-Ausgestaltungen eines Kolli-
sionswarnsystems im Fahrsimulator und betrachten beispielsweise Reaktionszeiten und
die Anzahl der tatsächlich verhinderten Kollisionen als Indikatoren für die Wirksamkeit.
Die Relevanz der unterschiedlichen Qualitäten kann vom jeweiligen Vigilanz-/Auf-
merksamkeitszustand des Fahrzeugführers abhängen. In dem hier gewählten Validie-
rungssetup ist der Fahrerzustand eine unkontrollierte Störgröße, d. h. es wurde kein Maß
für die Aufmerksamkeit der Versuchsteilnehmer erhoben oder diese über systematische

Ablenkung gezielt gesteuert. Es kann wegen der relativ kurzen Dauern der Einzelversuche allerdings von einem weitestgehend aufmerksamen Fahrer ausgegangen werden. Bei Warnungen, die der Fahrzeugführer trotz vorhandener Aufmerksamkeit erhält, ist der Fokus auf das Messen der hedonischen Qualität zu legen. Die Ausgestaltung einer solchen Warnung sollte möglichst professionell und nicht übermäßig störend sein, wobei die Wirksamkeit eine untergeordnete Rolle spielt.

Für das Bewerten des Systemnutzens ist jedoch die Realitätsnähe der Warnsituation zu beachten. Die Evaluation des Nutzens sollte nicht mit bezüglich der primären Fahraufgabe vollständig aufmerksamen Fahrzeugführern, sondern anhand eines Dual-Task-Paradigmas vollzogen werden. Dies erfolgt beispielsweise durch Ovcharova et al. (2010). In einem Fahrsimulatorexperiment wird dort die Fahreraufmerksamkeit mittels einer visuell und kognitiv ablenkenden Sekundäraufgabe gezielt von der primären Szenerie abgenommen und eine kritische Verkehrssituation initiiert, sobald der Teilnehmer als unaufmerksam detektiert wird. Als Wirksamkeitsindikatoren des getesteten FAS dienen wiederum die Anzahl der verhinderten Kollisionen bzw. die Reduktion der Kollisionsgeschwindigkeit. Das hier durchgeführte Experiment kann insofern nur den ersten Schritt einer vollständigen empirischen Validierung des Verfahrens darstellen. Weitere Erkenntnisse werden vor allem bezüglich der Wirksamkeit und pragmatischen Qualität der Empfehlungen benötigt.

Auch die Sitzkiste als Versuchsumgebung birgt verschiedene Defizite und Abweichungen von der realen Anwendungssituation der FAS. So ist die Visualisierung auf dem frontalen Display recht artifiziell und gibt dem Insassen nur bedingt ein realitätsnahes Fahrgefühl. Die akustische Rückmeldung der Fahrgeräusche erfolgt über vier Lautsprecher und ist gut umgesetzt, allerdings fehlen durch den statischen Aufbau sämtliche kinästhetischen Komponenten des Fahrerlebnisses. Trotz des Gesagten scheint eine Übertragbarkeit auf weitere, auch erst in Zukunft zu entwickelnde Systeme zulässig. Die Empfehlungen zur Gestaltung, welche das Verfahren ausgibt, sind nicht von der Art des Systems abhängig, sondern basieren auf physiologie- und psychologieimmanenten Effekten der menschlichen Informationsaufnahme und -verarbeitung.

Neben den genannten Grenzen der empirischen Versuchsumgebung kann auch bezüglich des hier vorgestellten Standes des Verfahrens Suboptimales identifiziert werden. So werden die Empfehlungen bis jetzt auf Grundlage der Eigenschaften der zu gestaltenden

Meldung, wie Dringlichkeit und Ausgabehäufigkeit, generiert. Hier wurde im Verfahrenskonzept die Bewertung durch Experten empfohlen. Trotz der Objektivierung durch die Stufen der Meldungseigenschaften (siehe Tabelle 6.1 bis 6.4) sind Bewertung nicht komplett frei von Subjektivitäten. Unterschiedliche Experteneinschätzungen könnten für die gleiche Meldung insofern zu unterschiedlichen Empfehlungen für die Ausgabegestaltung führen. In einem solchen Fall sollte eine Diskussion unter den Experten stattfinden, in der sich auf die plausibelsten und realitätsnahesten Beurteilungen der Meldungseigenschaften geeinigt wird.

An dieser Stelle soll ein zusätzlicher Punkt in die Diskussion einbezogen werden. Bisher ist das Verfahren für die Anwendung bezüglich einzelner Meldungen validiert worden. Denkbar ist jedoch ebenso, ein komplettes, gesamtheitliches Rückmeldekonzept anhand der Verfahrensempfehlungen auszugestalten. Wie sich das auf die Empfehlungen je FAS auswirken könnte, soll nun kurz ausgeführt werden. Die Empfehlungen des Verfahrens basieren auf den Eigenschaften der Meldungen. Für jede dieser Eigenschaften wurden in Abschnitt 6.1.2 drei Stufen mit möglichst objektiven Beschreibungen definiert. So besitzt eine Meldung beispielsweise die Dringlichkeit „hoch", wenn eine Reaktion des Fahrers innerhalb von 3 Sekunden oder weniger notwendig ist. Diese objektive Einstufung einer einzelnen Meldung würde sich daher nicht ändern, wenn noch beliebige weitere Meldungen für ein Gesamtkonzept mitbetrachtet würden. Dies bedeutet wiederum, die Empfehlung für die Ausgestaltung der Rückmeldung mittels des hier vorgestellten Verfahrens ist absolut robust gegenüber der Integration zusätzlicher FAS in ein bestehendes Rückmeldungskonzept. Erwirkt wurde dies durch die Fundierung der Empfehlungen ausschließlich anhand grundlegender Zusammenhänge der menschlichen Informationsaufnahme und -verarbeitung und eben beschriebener Objektivierung der Meldungsbewertung.

Dieses generische Verhalten war auch einer der initial geäußerten Ansprüche an ein solches Verfahren. Allerdings soll an dieser Stelle auf einen Zielkonflikt hingewiesen werden, der sich aus diesem Verhalten ergibt. Ein besonders robuster Charakter der Empfehlungen kann potenzielle Nachteile bergen. Es ist nicht auszuschließen, dass bei Kaskaden von Warnmeldungen die Empfehlungen des Verfahrens in seiner jetzigen Form nicht optimal sind. Vor allem bei nahezu gleichzeitig oder in sehr kurzen zeitlichen Abständen ausgegebenen Meldungen legt das Ressourcenmodell der menschlichen Informationsaufnahme und -verarbeitung, welches im Grundlagenkapitel vorgestellt wurde (siehe Abschnitt 2.2.3), eine Parallelisierung und somit einen eventuellen Wechsel der Modalitäten von Systemausgaben nahe. Der robuste Charakter der hier generierten Empfehlungen führt aber zu statischen Konfigurationen, welche diesen Punkt nicht berücksichtigen. Ein empirischer Nachweis darüber, wie zweckmäßig die Gestaltungsempfehlungen in einem solchen Fall wären, wurde im Rahmen der vorliegenden Arbeit nicht erbracht. Allerdings wird dieser Aspekt in der Praxis auch nicht als zentral entscheidend angesehen. So sind nach Einschätzung des Autors im realen Fahrzeugbetrieb eher selten kritische Situationen zu erwarten, in denen eine echt parallele Verarbeitung unterschiedlicher FAS-Informationen einen Sicherheitsgewinn bringen würde. Die situationsadaptive Umgestaltung der Systemrückmeldungen könnte zu sehr unerwartetem und aus Sicht des Fahrzeugführers unverständlichem Verhalten führen. Wurde beispielsweise eine Spurverlassenwarnung bei einem Fahrer viele Male als zu diesem Zeitpunkt einzige Meldung durch eine Vibration am Lenkrad rückmeldet, hat sich der Fahrer daran gewöhnt. Würde dann aufgrund einer weiteren Meldungsausgabe zeitgleich oder davor bzw. danach die Modalität beispielsweise auf den auditiven Kanal umgeleitet, ist nicht mit einer Entlastung für den Verarbeitungsprozess zu rechnen. Vielmehr erscheint der Aspekt der Robustheit bzw. Konsistenz der Ausgabe entscheidend für den Komfort- und Sicherheitsgewinn zu sein.

Eine weitere Folge aus dem Generieren von Empfehlungen ausschließlich basierend auf Eigenschaften der Meldungen selbst ist das Ausblenden sämtlicher anderer Einflussparameter auf „die ideale" Beschaffenheit der Ausgabe. Zu nennen sind hier beispielsweise der Zustand des Fahrers, die Fahrsituation und die Umgebungssituation. Es gibt diverse Ansätze in Forschung und Entwicklung, FAS-Ausgaben diesbezüglich situativ variabel zu gestalten, um maximale Wirksamkeit und Akzeptanz zu erreichen. Einen Überblick des Forschungsstandes dieses sogenannten „Interaktionsmanagements" findet sich in Lewandowitz (2008, S. 22 f.). Diesbezüglich sollte geprüft werden, inwieweit eine Verschmelzung dieser Ansätze mit dem hier vorgestellten Verfahren möglich und zweckmäßig ist. Denkbar ist beispielsweise eine Beeinflussung der Einstufung einer Meldung hinsichtlich der oben definierten Eigenschaften. Die bisher objektiven Stufen könnten in Abhängigkeit des Fahrerzustands modifiziert werden (z. B. Meldung erhält im Normalzustand Dringlichkeit mittel, bei hypovigilantem Fahrer Dringlichkeit hoch). Allerdings sind diese Anpassungen von Warnschwellen und -zeitpunkten in Abhängigkeit des Fahrerzustands wiederum mit Blick auf konsistentes Systemverhalten prinzipiell kritisch zu sehen.

In Kapitel 3 zu Zielsetzung und Vorgehen dieser Arbeit ist die doppelte Kontingenz der Produktentstehung besprochen worden (Abbildung 3.4). Das Verfahren V3 findet zweckmäßige Anwendung, nachdem die in Abhängigkeit der Markenwerte zu integrierenden FAS ausgewählt (V1) und parametriert worden sind (V2). Insofern wird die Einhaltung des seriellen Charakters der Einzelverfahren empfohlen. Im Gegensatz zu den beiden bisher vorgestellten Verfahren existiert bei V3 kein marken- oder konkreter Porsche-spezifischer Anteil, da die Existenz einer markenspezifischen Präferenz auf Modalitätenebene nicht angenommen wurde, wobei dies aufgrund des fehlenden Nachweises nicht gänzlich ausgeschlossen werden kann. Die Empfehlungen zur Meldungsgestaltung wurden hier ausschließlich auf objektiven Ergebnissen der Psychologie- und Physiologieforschung erstellt und sind insofern als markenunabhängig anzusehen.

Entsprechend dem steigenden Informationsgehalt des Zielsystems adressiert das im folgenden Kapitel vorgestellte Verfahren V4 die konkrete Designebene. Hier werden auf einer geringeren Abstraktionsebene, als sie die Sinnesmodalitäten darstellen, Empfehlungen für die visuelle HMI-Ausgestaltung von Screens erstellt.

7 Markenspezifisches Design für FAS

Aus hierarchischer Sicht bildet das HMI-Design ein Subsystem der visuellen Modalität (siehe Abbildung 3.2). Nun soll ein Verfahren zum Erzeugen von markenadäquaten Designvorschlägen für FAS-HMIs konzipiert werden. Im Gegensatz zu V3, welches die Optimierung unter rein psychologisch-physiologischen Aspekten vornimmt, finden innerhalb des Verfahrens V4 die Markenattribute Berücksichtigung. Für die Konzeption wird das Design in Farb- und Formwirkungen unterteilt und jeweilige Wirkprinzipien recherchiert. Anschließend wird das Verfahren in Anlehnung an die induktiv geprägte Struktur (siehe Abbildung 3.5) beispielhaft angewendet und hieraus Stimulusmaterial für die empirische Evaluation des Konzepts gewonnen. Abschließend erfolgen eine Diskussion und die zusammenfassende Einordnung in das Gesamtrahmenwerk der vorliegenden Arbeit.

7.1 Konzeption des Verfahrens

Das theoretische Fundament für das Verfahren, welches Empfehlungen für Designs von FAS-HMIs generieren soll, wird durch die grundlegende Wirkung von Farben, Kontrasten, Formen und Anordnungen auf den Menschen gebildet. Diese werden in verfügbarer Literatur recherchiert, zusammengefasst und schließlich als Gestaltungsprinzipien formuliert, indem sie in Verbindung mit Markenattributen der Porsche AG gebracht werden. Die gesichtete Literatur stammt dabei aus verschiedenen Themengebieten wie der Farben- und Formenlehre, des Designs (Textilien, Software, technische Produkte), der Kunst sowie der Psychologie. Das Kriterium für die Quellenauswahl ist hierbei das Bereitstellen von Zusammenhängen zwischen Farben und Anmutungsleistungen. Vorzugsweise werden Aussagen gesichtet, welche sich auf potenzielle Typikalitätsattribute einer Marke beziehen. Die Recherche ist nicht als erschöpfend anzusehen, sondern soll einen Eindruck von der systematischen Attributbeeinflussung durch Farb- und Formausgestaltungen vermitteln.

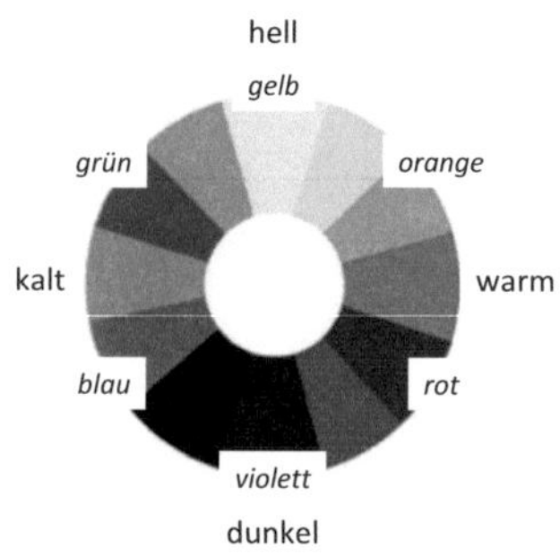

Abb. 7.1: Kategorisierung von Farben nach Temperatur und Helligkeit (Kohler 2003)

7.1.1 Farbenwirkung

Farben helfen bei der Erkennung von Gegenständen und Formen (Goldstein 1997, S. 123 ff.). Zusätzlich sind sie in starkem Maße in der Lage, unterschiedliche Anmutungen, Assoziationen und Emotionen auszulösen. Konnotative Bedeutungen von Farben sind vom kulturellen, historischen und sozialen Kontext abhängig, sodass Aussagen zu Farbwirkungen stets einen eingeschränkten Gültigkeitsbereich besitzen.

In den folgenden Abschnitten werden Ergebnisse der Recherche zur Farbwirkung dokumentiert. Diese bilden gemeinsam mit den Ausführungen zur Formwirkung die Grundlage des Gestaltungskatalogs für das Erstellen von markenadäquatem HMI-Design. Eine Möglichkeit der Kategorisierung ist die in Abbildung 7.1 gezeigte Unterscheidung nach der Farbtemperatur und -helligkeit, d. h. in kalte und warme sowie helle und dunkle Farben.

Außerdem besteht die Möglichkeit einer parametrischen Unterteilung in Bunt-, Unbunt-, Metall-, Metallic-, Pastell- und gedämpfte Farben (Kohler 2003). Bunte Farben sind beispielsweise Rot, Grün und Blau, unbunte sind Weiß, Grau und Schwarz, daneben existieren Metallfarben, z. B. Gold und Silber. Zusätzlich entstehen aus der Mischung bunter mit Metallfarben sogenannte Metallictöne. Bunte Farben zusammen mit Weiß werden als Pastellfarben bezeichnet, z. B. Rosa, Hellgrün und Hellblau. In der Mischung mit Schwarz heißen sie gedämpfte Farben, z. B. Dunkelrot, Dunkelgrün. Eine Übersicht der jeweiligen Anmutungsleistungen bieten die Tabellen 7.1 und 7.2. Die dort aufgeführten Attribute sind teilweise Typikalitäten der Marke Porsche, darüber hinaus finden sich jedoch weitere in der Literatur gesichtete Attribute, welche als potenzielle Beschreibungen anderer Marken aufgefasst werden können. Wie zu erkennen sind die Anmutungen bereits bei der Betrachtung einzelner Farben weitreichend und teilweise ambivalent.

In der Zusammenstellung zweier oder mehrerer Farben entstehen unterschiedliche Arten von Kontrasten mit noch diverseren Wirkungen (Seeger 2005). Im Allgemeinen wirkt ein Unbuntkontrast (bunte und unbunte Farbe) extravagant und geschmackvoll. Werden Farben in bestimmten Anteilen zusammengestellt (z. B. ein Teil Grün und zwei Teile Braun), wird dies als Quantitätskontrast bezeichnet, welcher Ruhe und Harmonie ausstrahlt. Zusätzlich sind Aspekte der Lesbarkeit unterschiedlicher Schriftfarben auf unterschiedlichen Hintergrundfarben zu beachten. Sehr gute Nahwirkung besitzt schwarze Schrift auf weißem Grund, ungünstig sind beispielsweise Orange auf Weiß, Rot auf Grün oder Schwarz auf Violett (Seeger 2005).

Emotionale Wirkungen und Assoziationen von Farben können sehr unterschiedlich sein, wobei ein Teil dieser Diversität und Ambivalenz hier dargestellt wurde. Auf dieser Basis werden in der Anwendung der recherchierten Farbwirkungen konkrete Umsetzungen von HMI-Designs in Fahrzeugen beispielhaft erstellt und deren faktischer Effekt mittels einer Befragungsstudie evaluiert.

7.1.2 Formenwirkung

In Analogie zu Farben können Formen ebenso Anmutungen, Assoziationen und Emotionen auslösen. Diesbezügliche Erkenntnisse werden in diesem Abschnitt dokumentiert und können erste Hinweise für eine markentypische HMI-Gestaltung erteilen.

Eine Kategorisierung kann hier entlang der Grundelemente Punkt, Linie, Fläche und Körper erfolgen. Diese sind dann hinsichtlich ihrer Binnenstruktur, Lage im Raum sowie Anordnung mit anderen Elementen weiter zu detaillieren. Eine Übersicht bietet Stark (1996). Stichhaltige Angaben über die Wirkung von Formen sind in der Literatur deutlich rarer als hinsichtlich der Farben. Einige Aspekte seien dennoch angeführt. Seyler (2004) beschreibt die Wirkung von Quadern als unnatürlich, kalt und fremd, von Zylindern als lebendig und von Spiralen als dynamisch. Generell werden gemäß Haverkamp (2008) Diagonales und geschwungene Linien mit Dynamik assoziiert, wobei filigrane bzw. dünne Linien technischer wirken. Klaref Anordnungen mit rechten

Tab. 7.1: Wirkungen von Farben

Farbe	Wirkung
Rot	Wärme, Liebe, Gefahr, Warnung, Stärke, Sportlichkeit, Leidenschaft, Aggressivität, Energie, Macht (Heller 2004) Dynamik, Aktivität, Kraft (Kohler 2003) Kraft, Energie, Aggressivität, Feuer, Leidenschaft (Phillips 2009)
Orange	Wärme (Frehmann 2010) Aufdringlichkeit, Extrovertiertheit (Heimendahl 1974) Vergnügen, Unseriosität, Dynamik, Aufdringlichkeit, Wärme, Kraft (Heller 2004) Reife, Wärme, Strahlen (Kohler 2003)
Gelb	Dynamik (Bartel 2003) Sonne, Sommer, Warnung, Neid (Heller 2004) Heiterkeit, Sonne, Helligkeit, Saures (Kohler 2003)
Grün	Hoffnung (Bartel 2003) Frische, Gesundheit, Hilfe, Beruhigung, Gift (Heller 2004) Natur, Lebendigkeit, Jugend (Kohler 2003) Heilung, Erholung (Strickerschmidt 2007)
Blau	Männlichkeit (Bartel 2003) Beruhigung (Düchting 2003) Seriosität, Zuverlässigkeit, Vertrauen, Ernst (Frehmann 2010) Ferne, Sportlichkeit, Intelligenz , Sicherheit (Heller 2004) Weite, Kälte, Klarheit (Kohler 2003)
Violett	Ungewohntes, Geheimnisvolles, Intimes (Kohler 2003)
Braun	Natürlichkeit, Wärme (Frehmann 2010) Geborgenheit, Passivität (Heller 2004) Natur, Erde, Wärme, Einfachheit (Kohler 2003)
Weiß	Unschuld (Frehmann 2010) Frieden, Kälte, Sportlichkeit, Stolz, Hygiene, Eleganz (Heller 2004) Reinheit, Sauberkeit, Helligkeit (Kohler 2003)
Grau	Neutralität, Zurückhaltung, Sachlichkeit, Funktionalität, Vernunft, Intelligenz, Tradition, Alter (Heller 2004) Dezentes, Konservatives, Unauffälliges (Kohler 2003)
Schwarz	Eleganz, Stolz, Würde, Respekt (Bartel 2003) Objektivität, Sachlichkeit, Funktionalität, Elite, Stärke, Eleganz, Souveränität, Intelligenz, Macht (Heller 2004) Trauer (Koger 2010) Markantes, Professionelles, Ungewöhnliches (Kohler 2003) Luxus (Seeger 2005)

Tab. 7.2: Wirkung von Farben, Fortsetzung

Farbe	Wirkung
Silber	Elite, Luxus, Eleganz, Technologie (Heller 2004)
	Moderne, Technologie (Kohler 2003)
Gold	Elite, Luxus (Heller 2004)
	Noblesse, Exklusivität (Kohler 2003)
	Luxus (Seeger 2005)
Kupfer	Wärme (Kohler 2003)
Pastellfarben	Weiblichkeit, Zärtlichkeit, Pflege, Schutz (Kohler 2003)
Gedämpfte Farben	Männlichkeit, Korrektheit, Konservatives, Unauffälliges (Kohler 2003)
Metallictöne	Strahlen, Professionelles, Moderne (Kohler 2003)

Winkeln stehen hingegen für Vernunft und Statik. Ferner werden kantige Gebilde mit konsistenten Anordnungseigenschaften als eher männlich, weiche und runde Konturen als eher weiblich angesehen (Underhill 2010).

Neben der geometrischen Form können auch die Oberflächenanmutung und das Materialgewicht von Objekten eine symbolische Bedeutung vermitteln (Schlüter 2009). So werden mit weichem Leder Exklusivität und Qualität assoziiert, mit Holz Geborgenheit, Romantik und Gediegenheit. Ein geringes Materialgewicht kann geringwertig anmuten, ausladende Geometrien können Macht, Status und Prestige ausstrahlen. Eine Übersicht der Wirkung von Formen- und Oberflächenmerkmalen gibt Tabelle 7.3, wobei die Markierung durch „x" eine starke und die durch „o" eine mittlere oder schwache Assoziation bedeutet. Die hierbei genannten Attribute können wiederum als potenzielle Typikalitäten einer Marke aufgefasst werden, entsprechen allerdings nicht den Attributen der Porsche AG.

Auch die Form und Linienführung des Exterieur-Designs von Fahrzeugen kann sehr starke Assoziationen hervorrufen. Aufgrund ihrer Silhouetten wirken beispielsweise ein Coupé elegant und ein Fließheck familiär [Schlüter (2009), Gröppel-Klein (2004)]. Um solche Wirkungen zu erzielen, orientieren sich Ansätze auch an Beispielen in der Natur. Dieses Vorgehen wird als „Animal" oder „Biomimikry Design" bezeichnet. Analogien

Tab. 7.3: Wirkung von Formen- und Oberflächenmerkmalen (Meyer 2001)

	Konsistenz		Textur		Temperatur		Form		Gewicht	
	hart	weich	glatt	rauh	warm	kalt	abgerundet	kantig	leicht	schwer
behaglich	o	x	x	o	x	o	o	x	x	o
entspannend	o	x	x	o	o	x	x	o	x	o
erotisch	x	o	x	o	o	x	x	o	x	o
frisch	x	o	x	o	x	x	o	x	x	o
herb	x	o	o	x	x	o	o	x	o	x
majestätisch	x	o	o	x	o	x	o	x	o	x
männlich	x	o	o	x	x	o	o	x	x	x
mild	o	x	x	o	o	x	x	o	x	o
natürlich	x	x	o	x	x	o	x	o	o	x
robust	x	o	o	x	x	o	o	x	o	x
romantisch	x	o	o	x	x	o	x	o	x	o
sinnlich	x	o	x	o	o	x	x	o	x	o
weiblich	x	o	x	o	o	x	x	o	x	o

zwischen dem Design eines Fahrzeugs auf Basis des Porsche Cayenne und einer Raubkatze diskutiert Schlüter (2009) und nennt hierbei Assoziationen wie stark, emotional, dynamisch, männlich, aktiv, spielerisch, aggressiv, robust, laut und beweglich.

Die konkrete Wirkung von Formen ist noch stärker als bei den Farben äußerst individuell und von dem jeweiligen Anwendungsfall und der Zielsetzung abhängig. Zwar stellen Achiche & Ahmed (2008) einen Fuzzy-Algorithmus vor, welcher die emotionale Wirkung dreidimensionaler Formen berechnet, dies jedoch nur unter sehr eingeschränkten Bedingungen vollzieht. Es werden Eigenschaften von Objekten, wie das Oberflächen-Volumen-Verhältnis, die Schwerpunktlage und das Verhältnis aus geraden und geschwungenen Kanten verwendet, um letztlich das von einer Form ausgehende Maß an „Aggressivität" vorherzusagen. Die hier besprochenen Ausführungen sollen vor allem für potenzielle Zusammenhänge zwischen Formgestaltung und Wirkung sensibilisieren. Die empirische Evaluation des Verfahrens konzentriert sich auf die bezüglich der Farbenwirkung gefundenen konkreteren Zusammenhänge.

7.1.3 Ablaufmodell

Das Ergebnis der Konzeption sind die durch Literaturaussagen fundierten Gestaltungshinweise. Diese beinhalten mögliche Markenattribute und erteilen dazu spezifische Empfehlungen für die Gestaltung von Farbe und Form des visuellen HMI-Designs von FAS. Den Ablauf illustriert Abbildung 7.2. Im Rahmen der nun folgenden Anwendung wer-

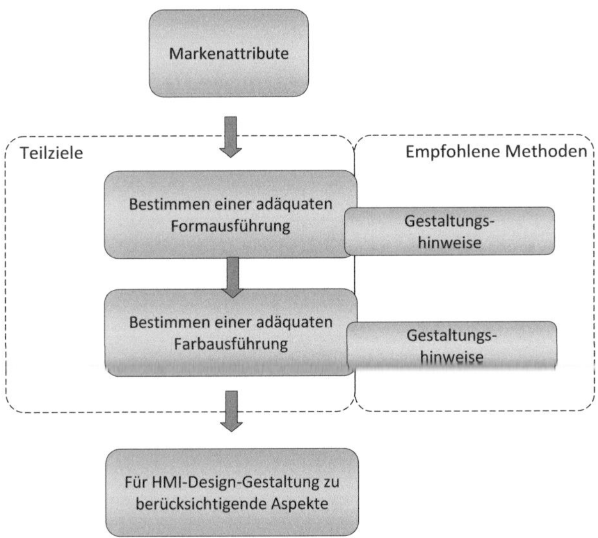

Abb. 7.2: Ablaufmodell Verfahren zur markenadäquaten Designgestaltung von FAS-HMI (V4)

den auf dieser Basis beispielhafte Darstellungen erzeugt, welche gezielt einzelne Attribute bedienen sollen.

7.2 Anwendung des Verfahrens

An dieser Stelle wird die Anwendung des Gestaltungskatalogs beispielhaft anhand zweier Entwürfe aufgezeigt. Die erhaltenen Empfehlungen werden in konkrete Screen-Designs umgesetzt. So zeigt Abbildung 7.3 eine Darstellung mit Gestaltungsfokus auf den Attributen Vernunft und Tradition. Einerseits wurde ein dunkles Grau für den Hintergrund, die Hauptschaltflächen und die Funktionssymbole gewählt sowie kleinere Bereiche eines gelb-orangen Tons für die Funktionsflächen selbst. Durch den weitestgehenden Verzicht auf Farbverläufe soll die klare Anordnung betont werden. Dem Verfahrenskonzept entsprechend ist die Hypothese eine primäre Assoziation mit den beiden beabsichtigten Attributen seitens des Betrachters. Der in Abbildung 7.4 gezeigte Entwurf verwendet die warme Farbe Orange für den Hintergrund und bläulich gefärbte Symbole im Vordergrund. Zusätzlich sind dezente Kreisformen im Hintergrund zu sehen, die den

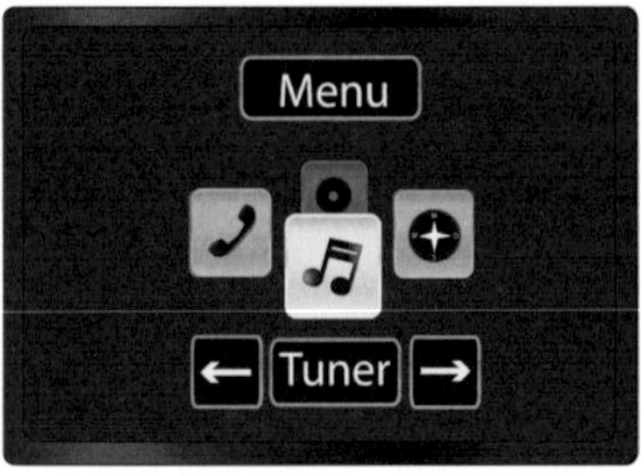

Abb. 7.3: Beispielhafte Design-Umsetzung aus Befragungsstudie (Entwurf 13)

Abb. 7.4: Beispielhafte Design-Umsetzung aus Befragungsstudie (Entwurf 14)

Charakter einer geschwungenen Linienführung erzeugen sollen. Die Hypothese ist hier die primäre Assoziation mit den Attributen Dynamik, Kraft und Leidenschaft.

Insgesamt werden auf diese Weise 21 Beispieldesigns entworfen, welche in Anhang 11.4 vollständig abgebildet sind. Sie bilden das Stimulusmaterial für die folgende Studie zur empirischen Evaluation der formulierten Hypothesen.

7.3 Evaluation des Verfahrens

Für die angestrebte empirische Evaluation des entwickelten Verfahrens wird eine Befragungsstudie durchgeführt. Die digitale Umsetzung erfolgt wiederum über das Online-Forschungsportal „oFB". Es ist in dieser Befragung zu klären, inwieweit die auf Basis des Gestaltungskatalogs erstellten Screen-Designs im Kontext von FAS-HMI tatsächlich die Wirkung der beabsichtigten Attribute erzielen. Eine Diskussion des Versuchs und der Ergebnisse findet sich in den folgenden Abschnitten.

7.3.1 Versuchsdesign und Durchführung

Den Befragungsteilnehmern werden die im Rahmen der Verfahrensanwendung erstellten Designbeispiele visueller Anzeigen in Fahrzeugen zur Beurteilung vorgelegt. Diese beispielhaften Umsetzungen wurden mittels der erstellten Gestaltungsrichtlinien kreiert und sind in Anhang 11.4 dokumentiert. Unabhängig vom persönlichen Geschmack und Gefallen erfolgt in der Befragung die Prüfung, ob die beabsichtigten Wirkungen durch die Designs bei den Teilnehmern erreicht werden. Der Fragebogen zeigt die 21 Designentwürfe, wobei jedem Design 14 Markenattribute gegenübergestellt werden. Die aus Sicht der Befragten passenden Assoziationen werden angekreuzt, wobei Mehrfachauswahlen zugelassen sind. Das Validierungskriterium für die Gestaltungsempfehlungen ist die Korrelation der Bewertung mit den jeweilig beabsichtigten Attributen. Zusätzlich werden persönliche Angaben zu Geschlecht und Alter erhoben.

Der Link zu der Online-Befragung wird per E-Mail versendet. Im Anschreiben wird kurz das Anliegen beschrieben und auf weitere Erklärungen durch das Briefing zu Beginn der Befragung verwiesen. Dies erfolgt auf der ersten Seite des Fragebogens und beinhaltet neben einer Danksagung für das Interesse einen Verweis auf das Karlsruher Institut für Technologie (KIT) sowie die Versicherung der Anonymität und Freiwilligkeit sämtlicher Angaben. An der Befragungsstudie nehmen 114 Personen (49 w, 65 m, ⌀ 30,2 Jahre) teil, bei denen es sich vor allem um Mitarbeiter und Studierende des KIT handelt, wobei keine Incentivierung der Teilnahme erfolgt. Mit diesen demografischen Details ist die Gruppe der Befragten weit von der klassischen Porsche-Klientel entfernt, was es bei der Interpretation der Ergebnisse zu beachten gilt. Die Bearbeitung des Fragebogens dauert durchschnittlich ca. fünf Minuten und die Gültigkeitsdauer des Links beträgt zwei Wochen. Für etwaige Rückfragen der Teilnehmer ist auf jeder Seite des Fragebogens eine E-Mail-Kontaktadresse angegeben. Die Auswertung der erhobenen Daten erfolgt ausführlich im nun folgenden Abschnitt.

7.3.2 Auswertung und Ergebnisse

Das Ziel dieser Studie ist eine Evaluation der Zweckmäßigkeit des konzipierten Gestaltungskatalogs. Es wird der Zusammenhang zwischen beabsichtigter und tatsächlicher Wirkung der beispielhaft erstellten Designentwürfe quantifiziert, wozu eine Korrelationsrechnung dient. Die unabhängige Variable besitzt die zwei Stufen: „Attributassoziation durch Designentwurf beabsichtigt – ja oder nein", die abhängige Variable nimmt die Stufen: „Attributassoziation vorhanden – ja oder nein" an. Der Pearson-Korrelationskoeffizient zwischen Erwartung und faktischer Assoziation liegt, über sämtliche der 21 Darstellungen gerechnet, bei 0,67 und ist höchstsignifikant ($p < 0,001$). Die Korrelationen separat für die einzelnen Entwürfe liegen zwischen 0,39 und 0,89 und sind als Überblick in Tabelle 7.4 aufgeführt.

Bezüglich der beiden in den Abbildungen 7.3 und 7.4 gezeigten Entwürfe Nummer 13 und 14 lässt sich eine gute bis sehr gute Bestätigung der Hypothesen feststellen. Im ersten Fall befindet sich das Attribut Vernunft auf Rang eins, Tradition auf Rang drei der Assoziationsrangliste der 14 zur Auswahl stehenden Markenattribute. Dies entspricht einer hochsignifikanten Korrelation von 0,76 ($p < 0,01$). Im zweiten Fall belegen die drei beabsichtigten Attribute Dynamik, Leidenschaft und Kraft gerade die ersten drei Ränge. Die höchstsignifikante Korrelation beträgt 0,87 ($p < 0,001$). Wie oben angemerkt sind diese Ergebnisse unter Berücksichtigung des Probandenkollektivs zu bewerten. Das erste Beispieldesign beinhaltet Elemente, welche auf Grundlage der Gestaltungsempfehlungen traditionell anmuten und wurde in der Befragungsstudie entsprechend assoziiert. Die rotierende Anzeige, welche aus Platzgründen nicht zwangsweise nötig gewesen wäre, könnte innerhalb Personengruppen fortgeschritteneren Alters jedoch auch die Assoziation von Verspieltheit hervorrufen. Eine vollständige Übertragbarkeit und Allgemeingültigkeit ist insofern nicht gewährleistet.

Diejenigen Entwürfe mit nur mittelstarken Korrelationen beabsichtigen scheinbar eine größere Zahl an Attributen in einer Darstellung zu erwirken. So sind in den Entwürfen 15 und 16 (Abbildungen 11.22 und 11.23 im Anhang) beispielsweise Darstellungsaspekte vertreten, die zu insgesamt neun Attributen gehören. Die Korrelationen betragen in diesem Fall lediglich 0,46 bzw. 0,41 und sind nicht signifikant ($p > 0,05$), da die beabsichtigte Wirkung vor allem hinsichtlich Souveränität und Macht bei den Befragten nicht erzielt wurde. Offenbar ist die Zweckmäßigkeit der Gestaltungsempfehlungen für Darstellungen, mit denen eine Wirkung von vier oder weniger Attributen erreicht werden soll, am höchsten. Sind zu viele Aspekte gleichzeitig in einer Darstellung kombiniert, kann die beabsichtigte Wirkung beim Betrachter offenbar nicht in jedem Fall erzeugt werden.

Tab. 7.4: Ergebnisübersicht Befragungsstudie Designentwürfe, Korrelation beabsichtigte zu faktisch assoziierten Attributen

Entwurf	Beabsichtige Attribute	Korrelation
01	Qualität, Exklusivität, Tradition, Vernunft, Souveränität, Effizienz, Intelligenz, Macht, Ingenieurskunst	0,68
02	Männlichkeit	0,74
03	Kraft, Leidenschaft, Macht, Männlichkeit, Dynamik	0,70
04	Exklusivität, Intelligenz, Männlichkeit, Dynamik	0,58
05	Sicherheit	0,87
06	Kraft, Leidenschaft, Macht, Dynamik	0,78
07	Dynamik	0,53
08	Vernunft, Sicherheit	0,87
09	Dynamik, Sicherheit	0,66
10	Dynamik, Sicherheit	0,89
11	Macht, Männlichkeit, Dynamik	0,87
12	Tradition, Vernunft, Männlichkeit	0,55
13	Tradition, Vernunft	0,76
14	Kraft, Leidenschaft, Dynamik	0,87
15	Qualität, Exklusivität, Tradition, Vernunft, Souveränität, Effizienz, Intelligenz, Macht, Ingenieurskunst	0,46 (n. s.)
16	Qualität, Exklusivität, Tradition, Vernunft, Souveränität, Effizienz, Intelligenz, Macht, Ingenieurskunst	0,41 (n. s.)
17	Exklusivität, Dynamik, Ingenieurskunst	0,82
18	Qualität, Tradition, Vernunft, Souveränität, Effizienz, Ingenieurskunst	0,63
19	Qualität, Exklusivität, Macht, Männlichkeit, Dynamik	0,42 (n. s.)
20	Qualität, Tradition, Vernunft, Souveränität, Intelligenz, Macht	0,39 (n. s.)
21	Männlichkeit, Dynamik	0,79

n. s. - nicht signifikant (p > 0,05)

7.4 Zusammenfassung und Diskussion

Im Rahmen dieses Kapitels wurde ein Verfahren zur Berücksichtigung von Markenattributen im HMI-Design vorgestellt. Hierzu wurden basierend auf Literaturaussagen zur Wirkung von Farben und Formen Gestaltungshinweise zum Erzeugen bestimmter Assoziationen durch das Screen-Design abgeleitet. Ein Hinweis auf die Zweckmäßigkeit der Empfehlungen konnte durch die erste empirische Evaluation dargelegt werden. Es wurden ebenfalls die Komplexität und die Grenzen eines solchen Vorgehens aufgezeigt. Die emotionale Wirkung von Farben und Formen ist stark individuell beeinflusst sowie situations- und kontextspezifisch. Insofern ist ein vollumfänglicher Gestaltungskatalog, welcher zu allen möglichen Attributen passgenaue Konfigurationen von Farben, Formen und Anordnungen generiert, auch in absehbarer Zukunft kaum vorstellbar. Mit Blick auf die Mächtigkeit des Themas Form- und Farbwirkung verbleibt eine Vielzahl nicht oder nur knapp berücksichtigter Aspekte. Es wurden keine spezifischen Modelle der menschlichen Wahrnehmung und Verarbeitung vorgestellt und die Auswahl an Gestaltungselementen ist ebenso wie die konkrete Umsetzung in Screen-Designs lediglich beispielhaft. Das hier konzipierte Verfahren generiert dennoch hilfreiche erste Empfehlungen zur Design-Gestaltung des visuellen HMIs im Fahrzeug und erzeugt eine Sensibilisierung für systematische Zusammenhänge zu Anmutungsleistungen.

Hinsichtlich der doppelten Kontingenz der Produktentstehung bildet V4 den Abschluss des im Rahmen dieser Arbeit adressierten Zielsystems (Abbildung 3.4). Ausgehend von der Menge aller verfügbaren und zukünftigen FAS wurden zunächst die markenadäquaten und vom Kunden erwünschten Systeme ausgewählt. Im zweiten Schritt erfolgte eine entsprechende Parametrierung von FAS-Algorithmen. Anschließend konnte die optimale Sinnesmodalität bezüglich Rückmeldungen der FAS an den Fahrer bestimmt werden. Für visuell auszugebende Informationen wurden im vierten Schritt einige Empfehlungen bezüglich der Designausgestaltung zur Verfügung gestellt. Somit sind das Objekt- und Zielsystem nun bis zu dem angestrebten Maße beschrieben.

Innerhalb der Kapitel 4 bis 7 wurden vier Verfahren konzipiert, angewendet und empirisch evaluiert. Im nun folgenden Kapitel soll die gesamtheitliche Verwendung des Rahmenwerks unter Bezugnahme auf konkrete Beispiele zusammengefasst werden.

8 Gesamtheitliche Anwendung des Rahmenwerks

Die Systemtheorie des Zusammenwirkens der vier vorgestellten Verfahren wurde in Kapitel 3 hergeleitet. Nun soll die gesamtheitliche Anwendung des Rahmenwerks mit Blick auf den Produktentstehungsprozess (PEP) diskutiert werden. Zunächst wird jeweils ein Ergebnis jedes Verfahrens zusammenfassend am Beispiel eines FAS der automatisierten Längsführung besprochen.

Das Verfahren V1 (Kapitel 4) diente im ersten Schritt der Identifikation von Markenattributen des Gesamtfahrzeugs. Es wurde spezifisch für die Fahrzeugmarke Porsche vollzogen und Attribute wie Ingenieurskunst und Exklusivität herausgestellt. Diese sind mit einem FAS der automatisierten Fahrzeuglängsführung vereinbar, allerdings lautete im Ergebnis die Empfehlung, eine auf Kundenakzeptanz ausgerichtete Parametrierung des Algorithmus zu realisieren. Eine solche ermöglichte Verfahren V2 (Kapitel 5), indem Wege zur markenadäquaten Parametrierung von FAS-Algorithmen aufgezeigt wurden. Mit diesem Ziel wurde eine Objektivierung der subjektiv empfundenen Dynamik einer automatisiert längsgeführten Fahrt vorgenommen. Der so gefundene Dynamik-Faktor erlaubt eine kontinuierliche Einstellung des Längsführungsverhaltens eines solchen FAS entsprechend den spezifischen Kundenwünschen. Zur anschließenden Erstellung eines HMI-Basiskonzepts kann Verfahren V3 (Kapitel 6) zum Einsatz gelangen. Eine denkbare Meldung des Assistenzsystems Längsführung bzw. ACC ist eine Fahrerübernahmewarnung. In der Anwendung des Verfahrens sind deren Meldungseigenschaften zu bewerten, wobei eine hohe Dringlichkeit und Wichtigkeit, mittlere Informationskomplexität und Häufigkeit sowie eine kurze Gültigkeitsdauer angesetzt werden könnten. Mit dieser Konfiguration ist die Empfehlung des Verfahrens, die Ausgabe bimodal auditiv-haptisch (Nutzwert 4,6) oder visuell-haptisch (Nutzwert 4,5) zu gestalten. Würde der zweiten Empfehlung gefolgt, erstellte das Verfahren V4 (Kapitel 7) markentypische Design-Gestaltungsempfehlungen für den visuellen Anteil der Ausgabe. Mittels des Gestaltungskatalogs könnte die Designgestaltung gezielt auf Attribute wie Ingenieurskunst, Exklusivität und Dynamik ausgerichtet werden.

Wie anhand der doppelten Kontingenz des ZHO-Modells (siehe Abbildung 3.4) strukturiert wurden durch diesen Top-Down-Ansatz sukzessive das Objektsystem konzentriert und das Zielsystem gefüllt. Am Ausgangspunkt befand sich die Menge sämtlicher verfügbarer FAS, was mit einem weitestgehend unbestimmten Objekt- und nahezu leeren Zielsystem gleichzusetzen ist.[1] Nach der Anwendung des Rahmenwerks für die Marke Porsche sind bezüglich des oben gewählten Beispiels die Empfehlungen der Auswahl einer Längsführung als FAS, einer Parametrierung mittels des Dynamik-Faktors, einer bimodalen Ausgabe der Übernahmewarnung auf dem auditiv-haptischen oder visuell-haptischen Sinneskanal und einer visuellen Design-Ausgestaltung mit empfohlenem Fokus auf die genannten Attribute entstanden. Das Objektsystem wurde somit erheblich konzentriert, das Zielsystem simultan gefüllt. Die bereits in der Zielsetzung genannte residuale Kontingenz ergibt sich einerseits aus dem nicht betrachteten FAS-Subsystem, der Sensorik, und andererseits aus dem verbleibenden Ausgestaltungsspielraum des HMI, z. B. bezüglich Details der haptischen Ausgabe wie Vibrationsfrequenz und -amplitude sowie bezüglich der finalen Designausführung.

Für das Aufzeigen der gesamtheitlichen Anwendung und zusätzlichen Strukturierung der Verfahren soll nun ein Rückbezug auf die in Abschnitt 2.4 vorgestellten Formalisierungen des PEP erfolgen. Ziel ist die Einordnung des Rahmenwerks in ein PEP-Modell. Eine Zuordnung in das Modell entsprechend der VDI-Richtlinie 2221 (siehe Abbildung 2.24) scheint nur bedingt zweckmäßig, da der dort definierte Ablauf vor allem auf das Vorgehen beim technischen, strukturellen Konstruieren im engeren Sinne bezogen ist, was hier bezüglich der Produktgruppe FAS nicht geschieht. Die Verbindungen können dennoch benannt werden. So entspricht V1 dem ersten Modellschritt und besitzt als Ergebnis eine Art Anforderungsliste. Die Verfahren V2 und V3 können als Suche nach Lösungsprinzipien aufgefasst werden, was dem dritten Schritt entspricht. Verfahren V4 kann dem fünften Modellschritt, der Gestaltung von Modulen, zugeordnet werden.

Als Zweites wird die Beziehung zum V-Modell der VDI-Richtlinie 2206 (siehe Abbildung 2.25) geprüft. Dem „V" liegt ebenfalls ein systemhierarchischer Gedanke

---

1 Wie in Kapitel 3 dargestellt existieren bereits vor der Anwendung der Verfahren Rahmenbedingungen und Vorgaben, weshalb das Zielsystem nicht gänzlich ungefüllt ist.

zugrunde, welcher gut mit dem Top-Down-Vorgehen der Verfahren dieser Arbeit vereinbar ist. Allerdings repräsentiert das einmalige Durchlaufen des Systementwurfs auf der linken und der Systemintegration auf der rechten Seite bereits einen kompletten Produktentstehungsprozess. Hier kann das Rahmenwerk dieser Arbeit ansetzen. Die vorgestellten Verfahren wurden in der Konzeption theoretisch fundiert und anschließend umfangreich empirisch validiert. Ihr Einsatz ist auf der Seite des Systementwurfs zu sehen, beinhaltet allerdings bereits Aktivitäten zur Eigenschaftenabsicherung. Durch die Verbindung beider Modelle bleibt das globale „V“ erhalten und wird um lokale V-förmige Prozessverläufe erweitert. Ein solches fraktales Vorgehen ermöglicht die Absicherung von Konzepten zu einem frühen Entwicklungszeitpunkt und steigert die Flexibilität sowie Effektivität der Produktentstehung.

Nun soll das integrierte Produktentstehungs-Modell (iPeM) des Karlsruher IPEK auf zweckmäßige Anwendbarkeit überprüft werden. Das in Abschnitt 2.4.3 vorgestellte Metamodell lässt eine sehr differenzierte Betrachtung zu, sodass durch die Aktivitäten der Produktentstehung nicht nur die Verfahren makroskopisch, sondern durch die Aktivitäten der Problemlösung nach „SPALTEN“ gemäß Albers et al. (2002) auch die einzelnen Verfahrensschritte mikroskopisch abgebildet werden können. Es soll insofern eine Einordnung sämtlicher Schritte der Verfahren V1 bis V4 in die Aktivitätenmatrix erfolgen. Gleichzeitig werden die Verfahrensschritte verknüpft und ein Ablauf aufgezeigt. Somit entsteht im Sinne des iPeM ein erstes Referenzmodell für das Rahmenwerk der vorliegenden Arbeit, dessen Darstellungsform auf dem Metamodell basiert und in Abbildung 8.1 gezeigt wird. Es erfolgt zunächst keine Angabe über Zeitdauern, Ressourcenbedarfe oder -zuteilungen. Eine solche weitere Spezifizierung inklusive der Erstellung von Implementierungs- und Anwendungsmodellen kann erst in Begleitung eines faktischen Einsatzes der Verfahren erfolgen.

Verfahren V1 stellt insgesamt eine Aktivität der Profilfindung dar, V2 und V3 entsprechen einer Ideenfindung und V4 adressiert die Modellierung von Prinzip und Gestalt. Die Validierung als separate Aktivitätsstufe ist bei Anwendung des Rahmenwerks nicht vorgesehen, da dies bereits im Rahmen der Erstellung und Konzeptabsicherung der vier Verfahren (Kapitel 4 bis 7) durchgeführt und induktiv verallgemeinert wurde. Parallel und kontinuierlich findet die Aktivität der Projektierung statt. Diese beinhaltet das Projektmanagement und somit die Zuteilung von Ressourcen während des Prozessver-

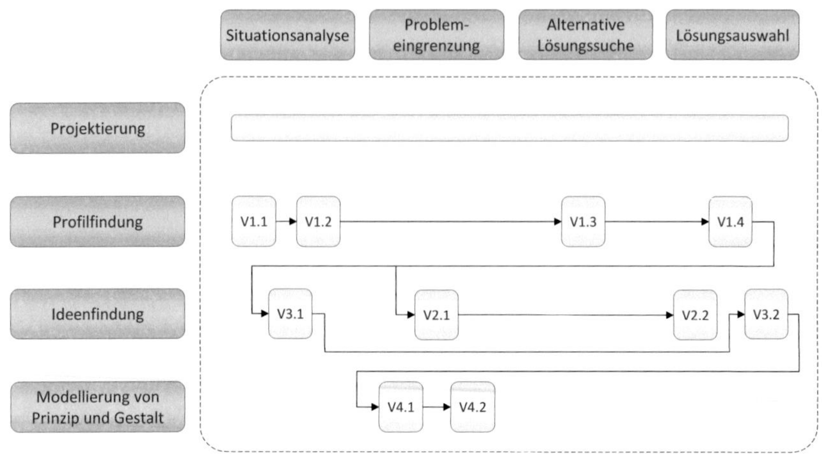

Abb. 8.1: Referenzmodell des Rahmenwerks aus V1 bis V4 – Darstellung aus Zuordnung und Verknüpfung der Verfahrensschritte in der Aktivitätenmatrix des iPeM-Metamodells

laufs, organisatorische Aufwände usw. Die Zuordnung hinsichtlich der Problemlösung erfolgt wie dargestellt zu den Aktivitäten Situationsanalyse, Problemeingrenzung, Alternative Lösungssuche und Lösungsauswahl. In dem Referenzmodell spiegelt sich einerseits der serielle Charakter der Anwendung je Einzelverfahren, andererseits die Möglichkeit der parallelen Anwendung von V2 und V3 wider. Auf Grundlage der Lösungsauswahl von V1.4, d. h. den Markenattributen und den als markenadäquat bestimmten FAS, kann im nächsten Schritt innerhalb der Ideenfindung entweder eine Problemeingrenzung durch V2.1 oder eine Situationsanalyse durch V3.1 erfolgen. In Verfahren V2 wird diese Problemeingrenzung durch das Generieren von Hypothesen über die Beeinflussung der Markenattribute durch FAS-Parameter vorgenommen. Das Finden der eigentlichen Operationalisierung in V2.2 kann als Lösungsauswahl aufgefasst werden. Die Situationsanalyse in Verfahren V3 ist das Bewerten der Eigenschaften einer auszugebenden FAS-Rückmeldung, die Lösungsauswahl in V3.2 ist das Bestimmen der optimalen Rückmeldemodalität anhand der erstellten Nutzwertmatrix. Im Anschluss daran werden die zwei Verfahrensschritte von V4 durchgeführt. Die hierdurch generierten Empfehlungen zur markenadäquaten Farb- sowie Formgestaltung des HMI-Designs werden der Aktivität Problemeingrenzung zugeordnet.

Wie in Kapitel 3 dargestellt wurde die Sensorik als eigenständiger Bereich für die Betrachtungen dieser Arbeit ausgeblendet und von idealem Funktionieren der Technologie ausgegangen. Das Gesamtrahmenwerk und seine Einordnung in das iPeM ließen allerdings auch eine Berücksichtigung zu. Denkbar ist, im Zuge von V1.3 bzw. V1.4 eine Konzeptabsicherung vorzunehmen. Mit exakter Kenntnis der Leistungsfähigkeit unterschiedlicher Sensorkonfigurationen könnte die technische Umsetzbarkeit der eruierten Kundenwünsche bereits an dieser Stelle beurteilt und diese bei der Lösungssuche und -auswahl berücksichtigt werden.

Das erstellte Rahmenwerk lässt sich mittels des iPeM gut strukturieren und die Verfahrensschritte im Detail abbilden. Die vorgenommenen Zuordnungen zu den Aktivitäten der Produktentstehung und Problemlösung sind allerdings nicht als absolut anzusehen, sondern hängen sehr stark von der Betrachtungsebene ab. Hier wurde das iPeM spezifisch für die Produktgruppe Fahrerassistenz verwendet. Sein fraktaler Charakter erlaubte ebenso die Betrachtungsebene des Gesamtfahrzeugs und damit die Modellierung eines deutlich umfangreicheren PEP.

Es besteht der mehrfach genannte Anspruch eines generischen Charakters an die einzelnen Verfahren. Dieser wurde erreicht, indem die Verfahren selbst sowohl von konkreten FAS als auch von konkreten Fahrzeugmarken abstrahiert und verallgemeinert wurden. Eine konkrete Anwendung wurde dann am Beispiel der Dr. Ing. h. c. F. Porsche AG vollzogen. Nun soll ein zusätzlicher Anspruch diskutiert werden – die „Skalierbarkeit". Dies bedeutet, Konzepte, welche auf Grundlage der Verfahren erstellt wurden, sollen einem nachträglichen Integrieren zusätzlicher FAS gegenüber robust sein. Ein hoher Aufwand für ein vollständiges Neukonzipieren, weil *eine* neue Funktion hinzukommt, soll verhindert werden.

Um dies zu überprüfen, wird die Veränderung des Outputs der einzelnen Verfahren bei jeweils leicht verändertem Input analysiert. Bezüglich Verfahren V1 lässt sich eine gänzliche Unabhängigkeit der Empfehlungen von den FAS als Input beobachten. Werden beispielsweise aus fünf Systemen zwei als passend und drei als unpassend empfohlen, so würden diese Empfehlungen Gültigkeit besitzen, unabhängig davon, welche anderen Systeme dazu gleichzeitig betrachtet werden. Hier ist somit ein vollständig robustes Verhalten festzustellen.

Bei der Systemparametrierung mittels V2 werden die zu erwirkenden Markenattribute ausgewählt und Empfehlungen spezifisch für den jeweiligen FAS-Algorithmus ausgegeben. Zwar sind diese Algorithmen sehr stark funktionsindividuell und gekapselt, eine gegenseitige Beeinflussung kann jedoch zunächst nicht sicher ausgeschlossen werden. Für die Bewertung der Verfahrensrobustheit wären insofern weitere Analysen notwendig.

Innerhalb des Verfahrens zur Modalitätsbestimmung werden Meldungseigenschaften unterschiedlicher Systeme bewertet und hieraus Empfehlungen für die optimale Ausgabemodalität generiert. Diese Meldungseigenschaften, z. B. die Dringlichkeit, werden anhand definierter Stufen, z. B. gering, mittel und hoch, von Experten beurteilt. Als Grundlage hierfür wurden in der Verfahrenskonzeption Literaturquellen verwendet, um eine möglichst objektive Beschreibung der jeweiligen Stufen zu erhalten. Dennoch kann es je nach Zusammensetzung der zu gestaltenden Menge an FAS-Rückmeldungen sinnvoll sein, davon abzurücken. Denkbar wäre ein Fahrzeug ausgestattet ausschließlich mit FAS, welche hochdringliche Meldungen ausgeben. Bezüglich dieser Eigenschaft wären die Empfehlungen des Verfahrens für sämtliche Meldungen identisch. Betrachtet man jede Einzelempfehlung, ist dies psycho-physiologisch sehr sinnvoll. Im Zusammenspiel sämtlicher Meldungen könnten allerdings zweckmäßigere Ausgabekombinationen denkbar werden, welche im Einzelfall von den Empfehlungen aus V3 in seiner aktuellen Form abweichen können. Denkbar ist auch ein spezielles FAS, welches erst in einer solchen komplexen Notsituation aktiv wird und exklusiven Zugriff auf die Fahrer-Fahrzeug-Schnittstelle erhält. Die Robustheit gegenüber Veränderungen in der Zusammensetzung der betrachteten FAS ist somit nicht zweifelsfrei gegeben. Dieser Punkt wird im Rahmen des Ausblicks (Kapitel 9) als Ansatz für weitere Forschung nochmals aufgegriffen.

Die Empfehlungen zur Design-Gestaltung des HMI wiederum sind vollständig unabhängig von den betrachteten FAS. Als Input besitzt dieses Verfahren ausschließlich die zu erwirkenden Attribute, nicht die FAS selbst. Die konkrete Ausgestaltung des FAS-Designs kann in Abhängigkeit der Systemart unterschiedlich sein, da unterschiedliche Attribute transportiert werden sollen, womit nicht ausschließlich Typikalitätsattribute einer Marke gemeint sind. Das Design richtet sich generell nach der erwünschten Wirkung bzw. der zu übertragenden Information. So kann eine Warnung je nach Kritikalität beispielsweise gelb oder rot sein. Die prizipielle Assoziation von mittlerer Gefahr mit gelber und hoher Gefahr mit roter Farbe besitzt allerdings systemunabhängige Gültigkeit. Eine Robustheit gegenüber Veränderungen in der Zusammensetzung betrachteter FAS ist somit gewährleistet.

Die Vorteile der Verfahrensanwendung wurden in den jeweiligen Kapiteln empirisch nachgewiesen und ausführlich besprochen. In seiner Gesamtheit konnte das Rahmenwerk zudem in Modelle der Produktentstehung eingegliedert werden, wodurch gegenüber heuristisch geprägtem Handeln die weiteren Vorteile einer Strukturiertheit, Nachvollziehbarkeit, Prozesstransparenz und Reproduzierbarkeit des Ablaufs entstehen. Potenzielle Nachteile sowie Bedarfe und Empfehlungen für angeschlossene Forschungsarbeiten werden im folgenden Kapitel diskutiert.

9 Diskussion und Ausblick

Im Rahmen dieser Arbeit wurde ausgehend von einer systemtheoretischen Analyse ein Rahmenwerk für die systematische Beherrschung von Herausforderungen der Produktgruppe Fahrerassistenz erstellt und evaluiert. Nun sollen abschließend gesamtheitliche Aspekte der Übertragbarkeit, Grenzen sowie Empfehlungen für anschließende Forschung diskutiert werden.

9.1 Übertragbarkeit

Nachdem in den vorangegangenen Kapiteln die für die Verfahren konzipierten Anwendungsbereiche benannt wurden, soll an dieser Stelle zusammenfassend die Ergebnisübertragbarkeit diskutiert werden. Hierzu werden mögliche Effekte bei Betrachtung einer anderen Produktgruppe als FAS, einer anderen Marke als der Porsche AG sowie zeitliche und regionale Einflüsse analysiert.

Eine Übertragbarkeit des Verfahrens V1 auf andere Produktgruppen wird als möglich und zweckmäßig erachtet. Die systemtheoretisch hergeleitete Hypothese war: Ein Teilprodukt bzw. Ausstattungsmerkmal wird als zu seinem Gesamtprodukt passend angesehen und vom Kunden besser akzeptiert, sofern mit diesem identische Attribute assoziiert werden. Für die Produktgruppe FAS wurde dies am Beispiel der Porsche AG empirisch aufgezeigt. Für eine Beschränkung auf FAS besteht allerdings keine Veranlassung und so scheint eine Übertragung auf beliebige andere Produkte, auch nicht technischer Art, zulässig. Zu beachten ist hierbei natürlich der zusätzliche Aufwand für die Anwendung des Verfahrens, welcher für kurzlebige, preisgünstige Produkte nicht angemessen scheint.

Das Verfahren V2 scheint zunächst spezialisierter auf FAS. Allerdings kann das Vorgehen des zur Parametrierung von FAS-Funktionen operationalisierten Attributs „Dynamik" ebenso auf weitere die Dynamik beeinflussende Subsysteme des Gesamtfahrzeugs, z. B. Motor, Getriebe, Fahrwerk und Karosserie, übertragen werden. Das komplette Verfahren lässt durch seinen abstrakten Charakter ebenso die Operationalisierung anderer Attribute, wie z. B. Exklusivität zu. Die Zweckmäßigkeit der Anwendung lässt sich auf Grundlage der in Kapitel 5 vorgenommenen Diskussion und Gruppierung der Attribute abschätzen. Der Fokus des Verfahrens liegt wie dort hergeleitet auf Attributen der Perzeptionsebene (siehe Abbildung 5.7). Zudem scheint eine Übertragung von V2 vor allem auf Produkte zweckmäßig, welche ohnehin umfangreiche und aufwendige Entstehungsprozesse durchlaufen. Die Anwendung auf preisgünstige Konsumgüter mit kurzen Entwicklungs- und Innovationszyklen, wie z. B. einfache MP3-Player wird hingegen nicht empfohlen.

Eine Übertragbarkeit des Verfahrens V3 auf andere Produktgruppen ist prinzipiell denkbar, da die zugrunde liegende Nutzwertmatrix allgemeingültiges Wissen über den Menschen als informationsaufnehmende und -verarbeitende Instanz kondensiert. Selbstredend ist das Verfahren nur in Kontexten zweckmäßig, in denen Meldungen eines technischen Systems an einen Benutzer ausgegeben werden, hierzu verschiedene Modalitäten zur Verfügung stehen und die Meldungseigenschaften (siehe Kapitel 6) bewertbar sind. Dies gilt beispielsweise bei Schienenfahrzeugen oder in der Luftfahrt.

Die Empfehlungen, welche mittels Verfahren V4 generiert werden können, sind auf das Design digitaler Anzeigen bezogen. Insofern kann eine Übertragung auf Produktgruppen mit dieser Art von Anzeigen erfolgen, sofern die erwünschten zu erwirkenden Attribute bekannt sind bzw. mithilfe von V1 ermittelt wurden.

Die nächste Überlegung hinsichtlich einer Übertragbarkeit der Verfahren betrifft die Marke. Zwar erfolgte der empirische Nachweis ausschließlich am Beispiel der Porsche AG, es scheinen jedoch keinerlei Einschränkungen für eine analoge Anwendung für FAS beliebiger anderer Fahrzeughersteller zu existieren.

Als weiterer möglicher Einfluss auf die Verfahren und deren Ergebnisse wurde die zeitliche Komponente benannt. Die im Rahmen von V1 bestimmten Markenattribute können eine zeitliche Veränderung aufweisen, die allerdings in den meisten Fällen als sehr langfristig anzunehmen ist. Als Beispiel für ein seit Jahrzehnten kaum bzw. nicht verändertes Markenattribut der Porsche AG kann „Exklusivität" gelten. Durch äußere Einflüsse, wie gesellschaftlicher Wertewandel, können sich jedoch Relevanzreihenfolgen ändern und neue Attribute hinzukommen. Ein Beispiel, das Attribut „Evolution", wurde bereits in der Diskussion der Ergebnisse von Kapitel 4 aufgegriffen. Es hat als stetiger Verbesserungs- und Effektivierungsprozess entsprechend dem allgemeinen Zeitgeist der letzten Jahre generell und spezifisch für die Marke Porsche an Bedeutung gewonnen. Solche Veränderungen in Markenwerten sind wie erwähnt als langwierig einzuschätzen, weshalb die zeitliche Beeinflussung des Verfahrens V1 als gering beurteilt wird.

Die zeitliche Wirkung auf die Ergebnisse des Verfahrens V2 ist ebenfalls gering. Die beispielhafte Operationalisierung der Dynamik (Kapitel 5) unterliegt in ihrem Prinzip keinerlei Wandel. Lediglich der technologische Fortschritt könnte die Präzision des Versuchs erhöhen, z. B. durch genaueres GPS, und zumindest marginalen Einfluss auf die Resultate ausüben.

Direkteren Einfluss besitzt die Zeitkomponente auf das Verfahren V3. Der Literaturfundus, welcher der Nutzwertmatrix zugrunde liegt, stellt jeweils nur eine Momentaufnahme des Wissensstandes dar. Die Forschung bezüglich menschlicher Informationsaufnahme und -verarbeitung generiert fortwährend neue Erkenntnisse, die idealerweise in einem kontinuierlichen Prozess in die Nutzwertmatrix eingepflegt werden sollten. Denkbar ist an dieser Stelle eine firmenübergreifende Datenbank, etwa nach dem Vorbild der GIDAS, zur vorwettbewerblichen Zusammenarbeit bei der Erstellung von HMI-Basiskonzepten für FAS.

Bezüglich Verfahren V4 könnte zunächst ein ähnlicher Bedarf für die Pflege des Literaturfundus angenommen werden. In Unterscheidung zum wissenschaftlichen Bereich der Verkehrspsychologie scheinen grundlegend neue und präzise Forschungserkenntnisse hinsichtlich der Anmutungsleistungen von Formen und Farben jedoch die Ausnahme zu sein. Recherchierte Zusammenhänge zwischen Markenattributen und Screen-Designs können somit als weitestgehend robust angesehen werden, wobei auch hier ein langfristiger Wandel von Assoziationen und Wirkungen nicht ausgeschlossen wird. Einem kurzfristigen Wandel entsprechend aktuellen Modetrends unterliegt häufig die Gestaltung von Konsumgütern, auch im elektronischen Bereich. Dies kann allerdings eher als Zeichen einer Volatilität bezüglich der gewünschten und beabsichtigten Attribute (z. B. Sportlichkeit, Eleganz, Effizienz) denn einer prinzipiellen Veränderung in der Anmutung von Formen und Farben interpretiert werden.

Eine letzte mögliche Einflussgröße auf die Verfahrensergebnisse soll besprochen werden – die Region. Das Bestreben eines OEMs sollte ein international konsistentes Firmenimage sein, um die Markenstärke und den Wiedererkennungseffekt global zu steigern. Faktisch kann es jedoch zu unterschiedlichen Wahrnehmungen einer Marke in unterschiedlichen regionalen Märkten kommen, wenn das Firmenimage nicht lange und scharf genug kommuniziert wurde. In Bezug auf die Porsche AG wurde dies ausgeschlossen, weshalb die Befragten für die ersten beiden Schritte des Verfahrens vollständig aus dem Inland stammten. Hinsichtlich des dritten Schrittes, der Zuordnung von Attributen zu FAS, konnte eine regionale Übertragbarkeit der Ergebnisse a priori nicht sicher angenommen werden. Aus diesem Grund erfolgte eine Zusammensetzung von Befragten aus acht Ländern. Die Auswertung offenbarte teilweise Unterschiede zwischen den einzelnen Märkten (siehe Abschnitt 4.2.3), wobei die regionale Übertragbarkeit des Verfahrens selbst gezeigt wurde.

An den Realfahrversuchen für die Operationalisierung der Dynamik in Verfahren V2 nahmen ausschließlich Probanden aus dem Inland teil. Einflüsse der Herkunft auf die wahrgenommene Dynamik können allerdings nicht ausgeschlossen werden. Zwar identifiziert die European Commission (2006) in ihrer breit angelegten Befragung kaum Unterschiede im Fahrverhalten verschiedener Europäer, jedoch berichtet Zschocke (2009) von interkulturellen Differenzen bei der Objektivierung des Lenkmomentes.

Eine Übertragbarkeit zwischen unterschiedlichen Regionen ist hinsichtlich der Verfahrensergebnisse von V3 teilweise gegeben. Die Basis der Empfehlungen sind psycho-physiologische Forschungserkenntnisse mit allgemeiner Gültigkeit für den Menschen. Allerdings ist eine durch Prägung im Kulturkreis erzeugte Präferenz oder Ablehnung einer Modalität für Rückmeldungen in Fahrzeugen nicht unwahrscheinlich. So berichten Gudykunst & Kim (2002) von diversen Hürden in der interkulturellen Kommunikation aufgrund unterschiedlicher Spezifika. Eine Analogie zur Mensch-Technik-Interaktion scheint nahe liegend.

Das Verfahren V4 stellt Zusammenhänge zwischen Markenattributen und Farben und Formen her. Diesbezüglich scheint die kulturelle Prägung einen größeren Einfluss zu besitzen und eine Übertragbarkeit nur bedingt möglich. So wird beispielsweise die Farbe Grün in Westeuropa und den USA mit Natur und Umwelt, in Japan mit Jugend und Energie und in arabischen Ländern mit Fruchtbarkeit und Stärke assoziiert (Mankowski-Duncker 2011). Eine international einheitliche Wirkung von Designs scheint insofern systematisch unmöglich, was die Fahrzeug- und Produkthersteller unabhängig von dem hier besprochenen Verfahren vor prinzipielle Herausforderungen stellt.

9.2 Grenzen und Hemmnisse

Inhaltliche und methodische Verbesserungspotenziale bezüglich der Einzelverfahren V1 bis V4 wurden bereits in den Diskussionen der Kapitel 4 bis 7 aufgezeigt. Diese sollen nun zusammengefasst und mit Blick auf den Aufwand, welcher durch ihre Anwendung entsteht, besprochen werden. Bei Verfahren V1 ist dieser Aufwand als gering bis mittel anzusehen, je nachdem, ob und wie Markenattribute bereits in Unternehmensdokumenten festgehalten und verfügbar sind. Die Umfänge der vorgesehenen Befragungsstudien schreibt das Verfahren nicht explizit vor, sondern erlaubt eine Anpassung an die jeweiligen Gegebenheiten. Im Rahmen dieser Arbeit wurden beispielsweise für den dritten Verfahrensschritt über 200 Personen aus acht Ländern befragt. Sinnvolle und zweckmäßige Ergebnisse können jedoch auch mit einer deutlich geringeren Anzahl an Befragten erzielt werden. Dem Aufwand der Durchführung steht der Ergebnisnutzen des Verfahrens gegenüber, welcher ausführlich in Kapitel 4 dargestellt wurde. Als Grenze des Verfahrens ist dessen übergreifende Hypothese aufzuführen, die bisher nur punktuell empirisch nachgewiesen wurde. Ausschließlich für die Produktgruppe FAS wurde gezeigt, dass diese Systeme als zum Gesamtfahrzeug passender empfunden werden, wenn sie die gleichen Markenattribute implementieren. Das Verfahren beansprucht Gültigkeit auch für andere Produktsysteme und Teilprodukte, was plausibel und augenscheinvalide ist, bisher jedoch nicht empirisch bestätigt wurde.

Das Verhältnis aus Aufwand und Nutzen soll im Vergleich zu bisherigem Vorgehen beurteilt werden. Wie bereits in Kapitel 4 angemerkt, entsteht durch die Anwendung des Verfahrens zunächst einmal zusätzlicher Aufwand. Die Entscheidung über eine Auswahl von Funktionen, welche durch eine Einzelperson ohne spezifisch methodisches Vorgehen getroffen wird, kann schneller und unaufwendiger erfolgen. Häufig werden hierzu gegenüber Entscheidungsträgern Vorführungen von Prototypen organisiert, auf deren Grundlage über die Adäquatheit des jeweiligen FAS entschieden wird. Dieses Vorgehen ist offenkundig stark von Subjektivitäten geprägt und sowohl unzureichend plan- als auch reproduzierbar, was im Sinne der Produktentstehung klare Nachteile sind. Mit Blick auf das in Kapitel 2 dargestellte enorme Sicherheits- und betriebswirtschaftliche

Potenzial der Produktgruppe FAS scheint der durch die Anwendung von V1 zusätzlich nötige Aufwand in einem günstigen Verhältnis zum generierten Nutzen zu stehen, welcher in Kapitel 4 skizziert wurde. Bei der Einführung einer solchen Objektivierung von Entscheidungsprozessen sind Akzeptanzprobleme allerdings nicht auszuschließen.

Im Hinblick auf Verfahren V2 kann eine empirisch fundierte Bewertung des Aufwand-Nutzen-Verhältnisses lediglich für das hier operationalisierte Attribut „Dynamik" erfolgen. Der Aufwand für die Durchführung der Fahrversuche im Realfahrzeug mit insgesamt 36 Teilnehmern ist als hoch anzusehen. Die Zuverlässigkeit des entstandenen Dynamik-Faktors ist mit rund 50 % aufgeklärter Varianz im Bereich empirischer Forschung gut, in Bezug auf eine präzise Parametrierung der FAS-Funktion jedoch lediglich als akzeptabel einzuschätzen. Für die Anwendung des Verfahrens hinsichtlich anderer Attribute können der Aufwand und Ergebnisnutzen mit Blick auf andere Forschungsarbeiten abgeschätzt werden. So quantifiziert Kraft (2010) objektiv-subjektiv-Zusammenhänge unter anderem bezüglich des Nick- und Wankverhaltens von Pkw. Der empirische Aufwand mit Versuchspersonen im Realfahrzeug ist vergleichbar mit den hier getriebenen Aufwänden. Die dort gefundenen Varianzaufklärungen sind mit $\geq 85\,\%$ sehr hoch und übersteigen deutlich die bisherige Prädiktionsgüte des Dynamik-Faktors. Ein solcher Vergleich ist allerdings nur bedingt zulässig. Konkret wurde die subjektive Empfindung Nick- bzw. Wankverhalten jeweils mit dem objektiven Parameter Nick- bzw. Wankwinkelgradient korreliert. Die zu operationalisierende Größe ist in diesem Fall kein Markenattribut, sondern lediglich ein spezieller Unteraspekt eines solchen. Nick- und Wankverhalten bilden mit Blick auf die in Kapitel 5 vorgenommene Gruppierung von Attributen (siehe Abbildung 5.7) insofern noch eine Gruppe unterhalb der Perzeptionsebene, in diesem Fall als Unteraspekte des Markenattributs Komfort. Die aufgestellte These einer besseren Operationalisierbarkeit von Attributen niederer Ebenen kann auf deren Unteraspekte erweitert werden und erfährt durch die genannten höheren Varianzaufklärungen Unterstützung.

Ferner sind für Operationalisierungen nicht zwingend Fahrversuche im Realfahrzeug notwendig, sondern in Abhängigkeit der Attributebene (siehe Abbildung 5.7) beispielsweise die Analyse vorliegender Statistiken und Diskussionsrunden hinreichend, was den Aufwand minimieren kann. Sollte sich für ein Attribut verglichen mit der hier operationalisierten „Dynamik" ein deutlich schlechteres Verhältnis von Aufwand und Nutzen abzeichnen, wird die Anwendung des Verfahrens aus Effizienzgründen nicht empfohlen. In einem solchen Fall kann die Berücksichtigung des Attributs dennoch, wie bisher häufig üblich, implizit und ohne spezifisch methodisches Vorgehen durch die Entwicklungsingenieure erfolgen.

Verfahren V3 verursacht in seiner Anwendung lediglich einen sehr geringen Aufwand. Das Bewerten der Meldungseigenschaften und das Eintragen in die Nutzwertmatrix können schnell und einfach erfolgen. Es ist allerdings zusätzlich eine fortwährende Pflege der zugrunde liegenden Literatursammlung notwendig, um jeweils aktuelle Forschungserkenntnisse berücksichtigen zu können.

Im Bereich der Mensch-Technik-Interaktion ist auch in Zukunft mit neuen Forschungserkenntnissen zu rechnen, welche idealerweise mit in die durch das Verfahren generierten Empfehlungen einfließen sollten. Der Aufwand hierfür ist als tendenziell hoch anzusehen, da entsprechende Literatur regelmäßig gesichtet, ausgewertet und die zentralen Aussagen integriert werden müssten. Dies wird dennoch empfohlen, da die auf diese Weise verfügbaren, stets dem aktuellen Forschungsstand entsprechenden und objektivierten Empfehlungen für die HMI-Gestaltung als ausgesprochen wertvoll anzusehen sind. Als Grenze des Verfahrens ist hier der bereits in Kapitel 6 diskutierte Aspekt eines gesamtheitlichen Konzepts zu nennen. Bisher wurden die Validität und Zweckmäßigkeit der Empfehlungen zur Rückmeldungsgestaltung empirisch lediglich für einzelne, isolierte Meldungen aufgezeigt. Das Funktionieren des Verfahrens, z. B. bei Kaskaden von Warnmeldungen, wurde bisher nicht explizit nachgewiesen. Weitergehende Ausführungen hierzu finden sich in der Zusammenfassung und Diskussion des genannten Kapitels.

Das Verfahren V4 dient dem Generieren von Gestaltungsempfehlungen und kann als Katalog bzw. Datenbank fortgeführt werden. Es wurde bereits in Kapitel 7 auf die systematische Grenze eines solchen Vorgehens hingewiesen. Ein vollumfänglicher Katalog ist aufgrund der komplexen, situations- und kontextspezifischen Zusammenhänge auch in Zukunft kaum denkbar. Ein jedes Gestaltungsdetail vorgebender, statischer Katalog wäre zudem in einem kreativen und flexiblen Prozess der Designfindung sicher nicht zielführend und es wäre mit erheblichen Akzeptanzproblemen bei den für das Design verantwortlichen Personen zu rechnen. Das Verfahren in seiner hier aufgezeigten Form birgt jedoch Potenzial der zweckmäßigen Unterstützung in der Gestaltung und sensibilisiert für systematische Zusammenhänge zwischen Design und erzielten Assoziationen.

Sämtliche Grenzen, die bezüglich der Verfahren V1 bis V4 identifiziert wurden, stellen potenziell den tatsächlichen Einsatz hemmende Momente dar. Zusätzlich benennen Albers & Schweinberger (2001, S. 6 f.) allgemeine Widerstände und Hemmnisse bei der Einführung von Verfahren zur Unterstützung der Produktentwicklung in das operative Geschäft. Ein zusätzliches Entscheidungskriterium für einen faktischen Einsatz sind die hierdurch entstehenden Kosten. Diese korrelieren mit dem oben jeweils qualitativ abgeschätzten Anwendungsaufwand, bedürften jedoch einer separaten Analyse, welche nicht im Rahmen dieser Arbeit vorgenommen wird. Das Ziel war in diesem ersten Schritt, ein Rahmenwerk inhaltlich zu konzipieren und empirisch zu validieren, wodurch die quantitative Betrachtung entstehender Kosten bei einem möglichen operativen Einsatz explizit ausgeblendet wurde. Die Analyse, wie realitätsnah das Rahmenwerk für eine bestimmte Firma ist, kann außerdem lediglich unter Kenntnis der individuellen organisatorischen Struktur und des Produktentstehungsprozesses vorgenommen werden. Auch eine solche spezifische Betrachtung anhand eines Beispiels ist kein Bestandteil der vorliegenden Arbeit.

9.3 Empfehlungen für weiterführende Forschung

Die Empfehlungen für folgende Forschungsarbeiten schließen naturgemäß an identifizierte Grenzen der bisherigen Ergebnisse an. Hinsichtlich des Verfahrens V1 ist eine empirische Evaluation der bisher nur theoretisch hergeleiteten Übertragbarkeit auf andere Produktgruppen als FAS wünschenswert. Hierzu sollten nach dem Vorbild der in Kapitel 4 durchgeführten Studien ebenfalls Befragungen von Experten und Kunden vorgenommen werden. Besonders nahe liegend scheint eine Übertragung auf ähnlich hochtechnologische Produkte mit einer Vielzahl einzelner Module bzw. Funktionen, beispielsweise Smartphones.

Die tatsächliche Anwendung des Verfahrens V2 wurde im Rahmen dieser Arbeit lediglich für *ein* ausgewähltes Attribut vorgenommen. Hier besteht weiterer Forschungsbedarf. In Kapitel 5 wurde eine Unterteilung der Attribute in die Emotions-, Interpretations- und Perzeptionsebene vorgenommen (Abbildung 5.7) und eine starke Abhängigkeit des spezifischen empirischen Vorgehens von dem zu operationalisierenden Attribut impliziert. Dies stellt bislang eine lediglich theoretische Erkenntnis dar. Das praktische Aufzeigen und Nachweisen anderer Attributoperationalisierungen wird daher als interessantes Ziel weiterführender Forschung gesehen.

Bereits mehrfach erwähnt wurde die bisher lediglich für einzelne, isolierte Meldungen und mit Einschränkung auf die Akzeptanzerhöhung empirisch nachgewiesene Gültigkeit des Verfahrens V3. Es wurde in Kapitel 6 erklärt, inwiefern das Bestimmen der idealen Rückmeldemodalität ausschließlich anhand der einzelnen Meldungseigenschaften zu statischen, robusten Ausprägungen führt und warum dies als Vorteil gesehen wird. Dennoch könnte hier Verbesserungspotenzial hinsichtlich des Verfahrens gefunden werden. So sollten weitere empirische Studien erfolgen, um die Zweckmäßigkeit der generierten Empfehlungen für kaskadierte FAS-Rückmeldungen aufzuzeigen bzw. zu erwirken. Hierzu sind ähnliche wie die im Rahmen dieser Arbeit bereits durchgeführten Versuche denkbar. In einer Sitzkiste bzw. einem Fahrsimulator könnten kurz aufeinanderfolgende, kritische Situationen dargestellt und die Akzeptanz und Effektivität der Verfahrensempfehlungen in ihrer bisherigen Form überprüft werden. Im nächsten Schritt als Erweiterung denkbar sind außerdem konzeptionelle Verschmelzungen mit bestehenden Ansätzen der Verwaltung von FAS-Meldungen unter Berücksichtigung der Umgebungssituation und des Fahrerzustandes.

Der als Basis des Verfahrens V4 erstellte Gestaltungskatalog dokumentiert eine Vielzahl von Farb- und Formwirkungen und kann somit für zahlreiche Attribute unterschiedlicher Marken und Produktgruppen eingesetzt werden. Dennoch ist der zugrunde liegende Literaturfundus lediglich als ein erster Schritt anzusehen. Da die empirische Evaluation im Rahmen dieser Arbeit zudem auf 14 relevante Attribute der Marke Porsche beschränkt wurde, sollten weitere Recherchen und Befragungsstudien durchgeführt werden. Außerdem ist ein expliziter Nachweis der tatsächlich höheren Kundenakzeptanz derjenigen Darstellungen anzustreben, welche auf Grundlage des Gestaltungskatalogs entstanden sind und somit die Markenattribute implementieren. Es sei jedoch abermals auf die systematische Grenze des gewählten Ansatzes hingewiesen.

Neben diesen Einzelaspekten sollten die potenziellen Hemmnisse sowie die faktische Anwendbarkeit des gesamten Rahmenwerks anhand eines realen automobilen PEP weiter untersucht werden. Hierzu zählt neben strukturellen Überlegungen zur effizienten Positionierung der Verfahren innerhalb bestehender Prozessordnungen auch die Quantifizierung des für die Anwendung notwendigen Ressourceneinsatzes

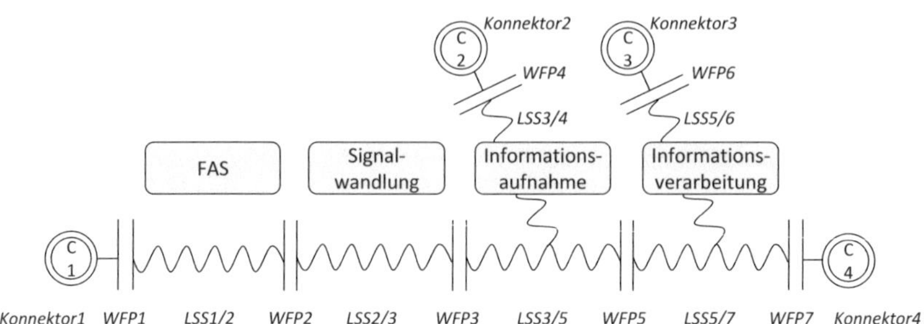

Abb. 9.1: Mögliche Formalisierung des Informationsflusses zwischen Fahrzeug und Fahrer mittels des Contact and Channel-Connector-Approach nach Albers et al. (2011)

und somit schließlich eine Kostenrechnung. Zusätzlich zur fundierten Quantifizierung der Aufwände ist weiterer Aufschluss über den durch die Anwendung des Rahmenwerks erzielten betriebswirtschaftlichen Nutzen wünschenswert. Werden angebotene Assistenzfunktionen inklusive Parametrierung und Designausgestaltung von Kunden als markenadäquater wahrgenommen und sind deren Rückmeldungen zudem noch ergonomisch optimiert dargeboten, sollten mittelfristig absolute Verkaufszahlen der FAS, relativer Wertanteil am Gesamtfahrzeug sowie die Kundenzufriedenheit steigen. Diese Wirksamkeit lässt sich im realen Einsatz durch einen Automobilhersteller jedoch nur schwierig nachweisen, da der spezifische Beitrag des Rahmenwerks im Kontext anderer Veränderungen innerhalb und außerhalb des Unternehmens kaum zu separieren sein dürfte. Der Nutzen kann auf Grundlage der Ergebnisse aus den Kapiteln 4 bis 7 abgeschätzt und einer detaillierten Analyse des zusätzlichen Ressourcenaufwandes gegenübergestellt werden.

Vornehmlich aus wissenschaftlicher Perspektive scheint an dieser Stelle zusätzlich eine Diskussion der Verknüpfung des Rahmenwerks mit dem bereits angesprochenen Contact and Channel-Connector-Approach ($C\&C^2$-A) nach Albers et al. (2011) interessant. Der $C\&C^2$-A stellt eines der Mentalmodelle, die dem iPeM (siehe Abbildung 2.27) zugrunde liegen, dar und wird vor allem zur Analyse technischer Konstruktionen verwendet, z. B. von Dylla (2009) und Sedchaicharn (2010). Das generalisierte Konzept des $C\&C^2$-A besteht aus Wirkflächenpaaren (WFP), Leitstützstrukturen (LSS) und Konnektoren (C). Es dient zur Formalisierung konkreter Bauteilgestalt, wobei eine Übertragung auf abstrakte Sachverhalte, z. B. Simulationskonzepte, ebenfalls möglich ist (Ottnad 2009). Bezüglich des hier vorgestellten Rahmenwerks könnte das Konzept post-hoc zur Identifikation potenzieller Erweiterungen der einzelnen Verfahren sowie zum Betonen potenziell kritischer Schnittstellen dienen.

Eine mögliche allgemeine Formalisierung des Informationsflusses vom Fahrzeug an den Fahrer zeigt Abbildung 9.1. Die Konnektoren 2 und 3 repräsentieren weitere auf die Informationsaufnahme und -verarbeitung wirkende und potenziell störende Elemente, d. h. die intrinsische und extrinsische Gesamtsituation. Im Rahmen der systemtheoretischen Analyse in Kapitel 3 wurden die sich bezüglich der Produktgruppe Fahrerassistenz stellenden Herausforderungen hierarchisch dargestellt (siehe Abbildung 3.2). Mittels des C&C^2-Ansatzes kann eine weitere Detaillierung erfolgen, welche am Beispiel des Verfahrens V3 aufgezeigt werden soll. Die Leitstützstruktur FAS ist mit einer LSS zur Wandlung des digitalen Signals in eine für den Menschen wahrnehmbare Form verbunden. Dies kann im Falle der auditiven Modalität ein Lautsprecher sein. Die konkrete LSS zur Informationsaufnahme ist dann das menschliche Ohr, wobei der C&C^2-A eine weitere, hier allerdings nicht gewünschte Analyse der physiologischen Details zulassen würde. Das WFP3 stellt das Übertragungsmedium (Luftstrecke) dar. Schließlich folgt die Informationsverarbeitung – das menschliche Gehirn. Das Verfahren V3 generiert Empfehlungen, mittels welcher Modalität das FAS eine Meldung an den Fahrzeugführer übertragen sollte, und stützt sich hierbei auf eine Literaturdatenbank mit umfassenden Ergebnissen zur menschlichen Informationsaufnahme und -verarbeitung. Diese Bereiche sind insofern repräsentiert. Die vorgenommene Analyse des formalisierten Informationsflusses weist mit der LSS „Signalwandlung" jedoch deutlich auf eine potenzielle Erweiterung des Verfahrens hin. Bisher beinhalten die Empfehlungen von V3 keinerlei Parameter der auditiven Ausgabe, wie Lautstärke, Frequenz usw., womit ein Teilaspekt des Informationsflusses bislang unberücksichtigt bleibt. Als Mehrwert im Vergleich zu einfachen Wirkkettendarstellungen werden mittels C&C^2-A die Schnittstellen als eigene Elemente (WFP) ausgeführt und deren Relevanz somit betont. Dies sensibilisiert bezüglich des dargestellten Informationsflusses zwischen Fahrzeug und Fahrer für die Gefahr des Informationsverlustes an jeder der vorhandenen Schnittstellen. Die post-hoc-Anwendung des Ansatzes zeigt eine zweckmäßige Verbindung zu dem Rahmenwerk der vorliegenden Arbeit. Für weiterführende Forschung wäre eine solche Analyse neben der hier durchgeführten systemtheoretischen Betrachtung ein adäquates

Vorgehen zur Herleitung einer Zielsetzung. Die Diskussion von Effektivität und Effizienz der unterschiedlichen Vorgehen ist ebenfalls ein Ansatzpunkt für folgende Arbeiten.

Mit dem vorgestellten methodischen Rahmenwerk werden Beiträge zur Beherrschung einer Herausforderung, welche sich in Bezug auf die Produktgruppe Fahrerassistenz in Pkw stellt, geleistet. Ausgehend von einer systemtheoretischen Analyse wurden die Bedarfe hergeleitet und hierzu spezielle Verfahren konzipiert sowie empirisch validiert. Neben der gesamtheitlichen Anwendung wurden schließlich Ansätze für weiterführende Forschungsarbeiten aufgezeigt und diskutiert. In Summe kann das Rahmenwerk die Maximierung der Kundenakzeptanz von FAS unterstützen und durch verstärkten Einsatz dieser Systeme im Fahrzeug helfen, deren Potenzial zur Steigerung der Verkehrssicherheit zu nutzen.

10 Abkürzungen

ABS
Antiblockiersystem

ACC
Adaptive Cruise Control, Abstandsregeltempomat

ANB, CW/CM
Automatische Notbremsung, Collision Warning / Collision Mitigation

AV
Abhängige Variable des Versuchsdesigns

BSD
Blind Spot Detection, Totwinkelüberwachung

C&C^2-A
Contact and Channel-Connector-Approach

CSW
Curve Speed Warning, Kurvengrenzgeschwindigkeitsanzeige

Destatis
Statistisches Bundesamt Deutschland

ESP
Elektronisches Stabilitätsprogramm

FAS
Fahrerassistenzsystem/e

GIDAS
German In-Depth Accident Study, Projekt: Erhebung von Unfalldaten in Deutschland

HMI
Human-Machine Interaction / Interface, Mensch-Maschine-Interaktion / -Schnittstelle

iPeM

Integriertes Produktentstehungs-Modell

LCA

Lane Change Assistant, Spurwechselassistent

LDW

Lane Departure Warning, Spurverlassenswarnung

LSS

Leitstützstruktur, Begriff des C&C^2-A

NV

Night Vision, Nachtsicht

OEM

Original Equipment Manufacturer, hier: Automobilhersteller

PEP

Produktentstehungsprozess

QFD

Quality Function Deployment, Methode der Produktentwicklung

TSR

Traffic Sign Recognition, Verkehrszeichenanzeige

UV

Unabhängige Variable des Versuchsdesigns

VDI

Verein Deutscher Ingenieure e. V.

WFP

Wirkflächenpaar, Begriff des C&C^2-A

WSP

Warning: Sleeping Policemen, Bremshügelwarner

ZHO

Zielsystem, Handlungssystem, Objektsystem; Technikgenese in der Systemtechnik

11 Anhang

11.1 Verfahren V1

Formulierungen des Fragebogens zum Bestimmen einer Relevanzreihenfolge der Markenattribute (V1.2)

- Rennstrecke. Mit diesem Fahrzeug würde ich gern einmal auf dem Nürburgring fahren.
- Statussymbol: Der Besitz dieses Fahrzeugs würde eine besondere gesellschaftliche Position unterstreichen.
- Dynamik: Mit einem VW Golf würde ich sportlicher fahren als mit diesem Fahrzeug.
- Ausfallsicherheit: Dieses Fahrzeug ist zuverlässig.
- Emotion: Dieses Fahrzeug langweilt mich.
- Leidenschaft: Dieses Fahrzeug weckt die Lust schnell zu fahren.
- Tradition: Zu diesem Fahrzeug passt die Formulierung „Aus Tradition gut".
- Faszination: Dieses Fahrzeug fasziniert mich.
- Ingenieurskunst: Dieses Fahrzeug symbolisiert Ingenieurskunst.
- Mythos: Dieses Fahrzeug ist „sagenumwoben".
- Effizienz: Dieses Fahrzeug bietet ein gutes Verhältnis zwischen Fahrerlebnis und aufgewendeten Ressourcen.
- Alltagstauglichkeit: Mit diesem Fahrzeug würde ich meine Wochenendeinkäufe erledigen.
- Innovation: Dieses Fahrzeug beinhaltet kaum technische Neuheiten.
- Qualität: Dieses Fahrzeug ist rundum gut verarbeitet.
- Exklusivität: Das Fahren dieses Fahrzeugs ist für jedermann erschwinglich.
- Querdenken: Dieses Fahrzeug ist „irgendwie anders".
- Vernunft: Ich finde es vernünftig, dieses Fahrzeug zu fahren.
- Souveränität: Mit diesem Fahrzeug wäre ich in jeder Situation „Herr der Lage".

- Sicherheit: In diesem Fahrzeug bin ich sicher.
- Evolution: Dieses Fahrzeug symbolisiert stetige Weiterentwicklung und Verbesserung.
- Design: Dieses Fahrzeug besitzt ein ansprechendes Design.
- Wertstabilität: Dieses Fahrzeug ist im Wert stabil.
- Anschaffungspreis: Die Anschaffung und Unterhaltung dieses Fahrzeugs sind kostengünstig.
- Komfort: Den Fahrzeugkomfort (Ein-/Ausstieg, Federung, Sitze, ...) schätze ich als eher gering ein.
- Raumangebot: Das Platzangebot des Fahrzeugs schätze ich als ausreichend ein.
- Vertrauen: Diesem Fahrzeug schenkt man Vertrauen.
- Performance: Mit diesem Fahrzeug wäre ich beim Ampelrennen meistens Verlierer.

Glossar des Fragebogens zur Zuordnung von FAS und Attributen (V1.3)

Die Bilder und inhaltliche Aspekte der Beschreibung stammen aus den ebenfalls im Stand der Forschung (Abschnitt 2.1) verwendeten Quellen: Deutscher Verkehrssicherheitsrat e. V. (2007), Deutscher Verkehrssicherheitsrat e. V. (2008) und Deutscher Verkehrssicherheitsrat e. V. (2010).

ACC *(Active Cruise Control, Abstandsregeltempomat)*

ACC ist eine elektronische Regelung, die das Fahrzeug auf Fernstraßen und Autobahnen bis zu einem gewissen Grad abbremst, wenn sich der Abstand zum vorausfahrenden Fahrzeug unter einen vorgegebenen Abstand verringert und wieder beschleunigt, wenn sich der Abstand zu vergrößern beginnt.

LDW *(Lane Departure Warning, Spurverlassenswarnung)*

Droht das Fahrzeug die Fahrspur zu verlassen, warnt LDW den Fahrer mit einem akustischen oder haptischen Alarm (z.B. Vibration des Lenkrads).

LCA *(Lane Change Assistant, Spurwechselassistent)*
oder **BSD** *(Blind Spot Detection, Totwinkelassistent)*

Der Spurwechselassistent (oder Totwinkelassistent) ist ein Fahrerassistenzsystem zur Warnung des Fahrers vor drohenden Kollisionen beim Spurwechsel und warnt den Fahrer vor Kollisionen mit herannahenden Fahrzeugen auf der Nachbarspur.

Abb. 11.1: Glossar mit Erklärungen zu betrachteten FAS als Bestandteil des Fragebogens, S. 1

TSR *(Traffic Sign Recognition, Verkehrszeichenanzeige)*

TSR stellt sicher, dass dem Fahrer die gegenwärtig gültige Geschwindigkeitsbegrenzung permanent angezeigt wird. Mit Hilfe einer Frontkamera werden Verkehrszeichen erkannt und identifiziert.

NV *(Night Vision, Nachtsichtassistent)*

Technologie sorgt für Umgebungsdarstellung bei Dunkelheit (Nachtsichtgeräte) und somit besseren Sichtverhältnissen.

BHW *(Sleeping Policemen, Bremshügelwarner)*

BHW warnt den Fahrer vor einem vorausliegenden Bremshügel, beispielsweise innerhalb eines verkehrsberuhigten Bereichs.

Abb. 11.2: Glossar mit Erklärungen zu betrachteten FAS als Bestandteil des Fragebogens, S. 2

CSW *(Curve Speed Warning, Kurvengrenzgeschwindigkeitsanzeige)*

Der Fahrer wird in Abhängigkeit von der gefahrenen Geschwindigkeit gewarnt, wenn seine aktuelle Geschwindigkeit zu hoch ist, um die Kurve sicher zu durchfahren. Diese Warnung kann zum Beispiel als akustisches Signal oder visueller Hinweis auf dem Navigationssystem bzw. direkt im Anzeigeinstrument umgesetzt werden.

AA *(Attention Assistant, Fahrerzustandsüberwachung)*

Beim Aufmerksamkeitsassistenten erhält das System durch Erfassen der Kopfposition und damit der Orientierung des Fahrers sowie der Augenposition und des Lidschlags Rückschlüsse auf den Konzentrationszustand des Fahrers.

Abb. 11.3: Glossar mit Erklärungen zu betrachteten FAS als Bestandteil des Fragebogens, S. 3

11.2 Verfahren V2

Demografiefragebogen (V2.2)

Sofern Verständnisfragen auftauchten, z. B. bezüglich des Begriffs „teilautomatisiertes Fahren", wurden diese vom Versuchsleiter beantwortet.

Fragebogen Versuchsperson xx

Die im Anschluss erhobenen Daten werden anonymisiert behandelt und ausgewertet. Sie dienen ausschließlich der Testauswertung und werden nur im Zuge dieses Projektes verwendet. **Alle Angaben sind freiwillig!**

Personendaten

Geschlecht   ☐ weiblich   ☐ männlich

Altersbereich   ☐   ☐   ☐   ☐   ☐   ☐
               <25   25 - 34   35 - 44   45 - 54   55 - 64   >65

Fragen

1.) Wie viele Kilometer pro Jahr fahren Sie?

☐   ☐   ☐   ☐   ☐
<1 Tkm   1 - 5 Tkm   5 - 15 Tkm   15 - 30 Tkm   >30 Tkm

2.) Welche Fahrzeugklasse bzw. -typ fahren Sie überwiegend?

☐ Porsche
☐ Kleinwagen (z. B. VW Lupo)
☐ Untere Mittelklasse / Kompaktwagen (z. B. VW Golf)
☐ Mittelklasse (z. B. Audi A4)
☐ Obere Mittelklasse (z. B. Audi A6)
☐ Oberklasse (z. B. Audi A8)
☐ Sportwagen (außer Porsche)
☐ SUV (außer Porsche)

☐ Schaltgetriebe   ☐ Automatik

Abb. 11.4: Demografiefragebogen Seite 1

3.) Bitte schätzen Sie Ihren eigenen Fahrstil hinsichtlich der Sportlichkeit auf folgender Skala ein:

- ☐   1   sehr komfortorientiert
- ☐   2
- ☐   3
- ☐   4
- ☐   5
- ☐   6
- ☐   7
- ☐   8
- ☐   9
- ☐   10   sehr dynamisch

4.) Allgemein gesprochen fühle ich mich in der Rolle des Beifahrers…

- ☐   sehr wohl
- ☐   wohl
- ☐   neutral
- ☐   unwohl
- ☐   sehr unwohl

5.) Wie ist Ihre generelle Einstellung gegenüber teilautomatisiertem Fahren?

- ☐   sehr positiv
- ☐   positiv
- ☐   neutral
- ☐   negativ
- ☐   sehr negativ

Abb. 11.5: Demografiefragebogen Seite 2

11.3 Verfahren V3

Nutzwertmatrix

Die Tabellen 11.1 und 11.2 zeigen die komplette Nutzwertmatrix.

			unimodal visuell			unimodal auditiv			haptisch
			analog	alphanumerisch	Symbol/Ikon	einfacher Ton	auditory Icon	Sprachmitteilung	
			A	B	C	D	E	F	G
Dringlichkeit	unkritisch	1	0,5	0,75	0,625	0,25	0,25	0,75	0
	normal	2	0,625	0,25	0,625	0,25	0,5	0,5	0,5
	kritisch	3	0,25	0,25	0,75	0,75	0,875	0	1
Dauer	kurz	4	0,25	0,25	0,25	0,75	0,75	0,75	1
	mittel	5	0,5	0,5	0,5	0,5	0,5	0,5	0,75
	lang	6	0,75	0,75	0,75	0,25	0,25	0,25	0,5
Häufigkeit	selten	7	0,75	0,75	0,75	0,75	0,75	0,75	1
	mittel	8	0,75	0,75	0,75	0,5	0,5	0,5	0,5
	häufig	9	0,75	0,75	0,75	0,25	0,25	0,25	0
Informations-komplexität	gering	10	0,5	0,75	0,75	0,75	0,5	0,5	0,75
	mittel	11	0,5	0,75	0,75	0,375	0,25	0,625	0,375
	hoch	12	0,5	0,75	0,75	0	0,125	0,75	0
Wichtigkeit	unwichtig	13	0,875	0,875	0,875	0,25	0,25	0,5	0
	mittel	14	0,5	0,5	0,5	0,5	0,5	0,5	0,5
	wichtig	15	0,125	0,125	0,125	0,75	0,75	0,5	1

Tab. 11.1: Nutzwertmatrix, unimodaler Teil

			visuell - auditiv		visuell - haptisch	auditiv - haptisch	
			visuell - Ton	visuell - Sprache		Ton - haptisch	Sprache - haptisch
			H	I	J	K	L
Dringlichkeit	unkritisch	1	0,25	0,25	0	0	0
	normal	2	0,5	0,5	0,5	0,5	0,5
	kritisch	3	0,75	0,75	1	1	1
Dauer	kurz	4	0,75	0,75	0,875	0,75	0,875
	mittel	5	0,5	0,5	0,75	0,5	0,5
	lang	6	0,25	0,25	0,5	0,25	0,125
Häufigkeit	selten	7	0,875	0,875	1	1	1
	mittel	8	0,5	0,5	0,5	0,5	0,5
	häufig	9	0,125	0,125	0	0	0
Informations-komplexität	gering	10	0,625	1	0,625	0,75	0,75
	mittel	11	0,625	1	0,625	0,375	0,75
	hoch	12	0,625	1	0,625	0	0,75
Wichtigkeit	unwichtig	13	0,125	0,375	0	0	0
	mittel	14	0,5	0,5	0,5	0,5	0,5
	wichtig	15	0,875	0,625	1	1	1

Tab. 11.2: Nutzwertmatrix, bimodaler Teil

In den Tabellen 11.3 bis 11.14 werden die einzelnen Werte der Nutzwertmatrix aufgelistet und die Angabe der Fundierung hinzugefügt. In der umfangreichen Literaturrecherche wurden Aussagen zur Transformation der linguistischen Variablen in Nutzwerte dokumentiert. Diejenigen Nutzwerte, hinter denen keine separate Literaturaussage steht, werden inhaltlich hergeleitet. Zu dieser Herleitung werden die folgenden drei Vorgehen genutzt:

- Interpolieren zwischen Nutzwerten zweier angrenzender Felder,
- Invertieren (1 - x) eines bereits fundierten Wertes,
- Übertragen eines bereits fundierten Wertes.

Tab. 11.3: Ausschnitt der Nutzwertmatrix, Spalte A: unimodal visuell(analog)

Zeile	Fundierung
1	Belz (1997, S. 26), Campbell et al. (2007, S. 4-2, 4-4, 4-5), ISO (2005, S. 16), Spath (2009, S. 9)
2	Campbell et al. (2007, S. 4-4)
3	Campbell et al. (2007, S. 4-4), ETSI (2002, S. 39), Fricke et al. (2006, S. 2), Fricke (2007, S. 293), Hess (2006, S. 49)
4	ETSI (2002, S. 40)
5	Lineare Interpolation A4 - A6
6	Belz (1997, S. 26), Campbell et al. (2007, S. 4-2, 4-4, 4-5), ETSI (2002, S. 40), Fricke (2007, S.293), ISO (2005, S. 16), Sarter (2006, S. 440 f.), Spath (2009, S. 9)
7	Campbell et al. (2007, S. 4-2), ISO (2005, S. 16, 34), Spath (2009, S. 9)
8	Campbell et al. (2007, S. 4-2), ISO (2005, S. 16, 34), Spath (2009, S. 9)
9	Campbell et al. (2007, S. 4-2), ISO (2005, S. 16, 34), Spath (2009, S. 9)
10	Belz (1997, S. 26), Brown (2005, S. 7), Campbell et al. (2007, S. 4-2, 4-4), ETSI (2002, S. 40), Fricke et al. (2006, S. 3), Fricke (2007, S. 293), Fricke (2009, S. 34), ISO (2005, S. 16), Pierowicz (2000, S. 5 ff.), Sarter (2006, S. 440 f.), Spath (2009, S. 9)
11	Belz (1997, S. 26), Brown (2005, S. 7), Campbell et al. (2007, S. 4-2, 4-4), ETSI (2002, S. 40), Fricke et al. (2006, S. 3), Fricke (2007, S. 293), Fricke (2009, S. 34), ISO (2005, S. 16), Pierowicz (2000, S. 5 ff.), Sarter (2006, S. 440 f.), Spath (2009, S. 9)
12	Belz (1997, S. 26), Brown (2005, S. 7), Campbell et al. (2007, S. 4-2, 4-4), ETSI (2002, S. 40), Fricke et al. (2006, S. 3), Fricke (2007, S. 293), Fricke (2009, S. 34), ISO (2005, S. 16), Pierowicz (2000, S. 5 ff.), Sarter (2006, S. 440 f.), Spath (2009, S. 9)
13	Invertierung A15
14	Lineare Interpolation A13 - A15
15	Brown (2005, S. 7), Campbell et al. (2007, S. 4-3), Fricke et al. (2006, S. 2), Hess (2006, S. 31)

Tab. 11.4: Ausschnitt der Nutzwertmatrix, Spalte B: unimodal visuell(alphanumerisch)

Zeile	Fundierung
1	Belz (1997, S. 26),Campbell et al. (2007, S. 4-2, 4-4, 4-5), Fricke (2009, S. 34), ISO (2005, S. 16), Spath (2009, S. 9)
2	Campbell et al. (2007, S. 4-4)
3	Campbell et al. (2007, S. 4-4), ETSI (2002, S. 39), Fricke et al. (2006, S. 2), Fricke (2007, S. 293), Fricke (2009, S. 34), (Hess 2006, S. 49)
4	ETSI (2002, S. 40)
5	Lineare Interpolation B4 - B6
6	Belz (1997, S. 26), Campbell et al. (2007, S. 4-2, 4-4), ETSI (2002, S. 40), Fricke (2007, S. 293), ISO (2005, S. 16), Spath (2009, S. 9)
7	Campbell et al. (2007, S. 4-2, 4-4), ISO (2005, S. 34), Spath (2009, S. 9)
8	Campbell et al. (2007, S. 4-2, 4-4), ISO (2005, S. 34), Spath (2009, S. 9)
9	Campbell et al. (2007, S. 4-2, 4-4), ISO (2005, S. 34), Spath (2009, S. 9)
10	Belz (1997, S. 26), Brown (2005, S. 7), Campbell et al. (2007, S. 4-4), Fricke et al. (2006, S. 3), Fricke (2007, S. 293), Fricke (2009, S. 34), ISO (2005, S. 16, 19, 32), Pierowicz (2000, S. 5 ff.), Sarter (2006, S. 440 f.)
11	Belz (1997, S. 26), Brown (2005, S. 7), Campbell et al. (2007, S. 4-4), Fricke et al. (2006, S. 3), Fricke (2007, S. 293), Fricke (2009, S. 34), ISO (2005, S. 16, 19, 32), Pierowicz (2000, S. 5 ff.), Sarter (2006, S. 440 f.)
12	Belz (1997, S. 26), Brown (2005, S. 7), Campbell et al. (2007, S. 4-4), Fricke et al. (2006, S. 3), Fricke (2007, S. 293), Fricke (2009, S. 34), ISO (2005, S. 16, 19, 32), Pierowicz (2000, S. 5 ff.), Sarter (2006, S. 440 f.)
13	Invertierung B15
14	Lineare Interpolation B13 - B15
15	Brown (2005, S. 7), Campbell et al. (2007, S. 4-3), Fricke et al. (2006, S. 2), (Hess 2006, S. 31, 49)

Tab. 11.5: Ausschnitt der Nutzwertmatrix, Spalte C: unimodal visuell(Symbol/Ikon)

Zeile	Fundierung
1	Belz (1997, S. 26), Campbell et al. (2007, S. 4-2, 4-4, 4-5), Fricke (2009, S. 33), ISO (2005, S. 16), Spath (2009, S. 9)
2	Campbell et al. (2007, S. 4-2, 4-4)
3	Belz (1997, S. 26), Campbell et al. (2007, S. 3-4, 4-4), ETSI (2002, S. 40), Fricke (2007, S. 293), (Hess 2006, S. 49), ISO (2005, S. 25)
4	ETSI (2002, S. 40)
5	Lineare Interpolation C4 - C6
6	Belz (1997, S. 26), Campbell et al. (2007, S. 4-2, 4-4), ETSI (2002, S. 40), Fricke (2007, S. 293), ISO (2005, S. 16), Sarter (2006, S. 440 f.), Spath (2009, S. 9)
7	Campbell et al. (2007, S. 4-2, 4-4), ISO (2005, S. 16), Spath (2009, S. 9)
8	Campbell et al. (2007, S. 4-2, 4-4), ISO (2005, S. 16), Spath (2009, S. 9)
9	Campbell et al. (2007, S. 4-2, 4-4), ISO (2005, S. 16), Spath (2009, S. 9)
10	Belz (1997, S. 26), Brown (2005, S. 7), Campbell et al. (2007, S. 4-4), ETSI (2002, S. 40), Fricke et al. (2006, S. 2), ISO (2005, S. 16, 79), Pierowicz (2000, S. 5 ff.), Spath (2009, S. 9)
11	Belz (1997, S. 26), Brown (2005, S. 7), Campbell et al. (2007, S. 4-4), ETSI (2002, S. 40), Fricke et al. (2006, S. 2), ISO (2005, S. 16, 79), Pierowicz (2000, S. 5 ff.), Spath (2009, S. 9)
12	Belz (1997, S. 26), Brown (2005, S. 7), Campbell et al. (2007, S. 4-4), ETSI (2002, S. 40), Fricke et al. (2006, S. 2), ISO (2005, S. 16, 79), Pierowicz (2000, S. 5 ff.), Spath (2009, S. 9)
13	Invertierung C15
14	Lineare Interpolation C13 - C15
15	Campbell et al. (2007, S. 4-3), Fricke et al. (2006, S. 2), (Hess 2006, S. 31, 49)

Tab. 11.6: Ausschnitt der Nutzwertmatrix, Spalte D: unimodal auditiv(einfacher Ton)

Zeile	Fundierung
1	Campbell et al. (2007, S. 3-4), DINENISO (2007, S. 7), Pierowicz (2000, S. 5 ff.)
2	Campbell et al. (2007, S. 3-4), DINENISO (2007, S. 7)
3	Belz (1997, S. 26, 31, 32, 39), Brown (2005, S. 5), Campbell et al. (2007, S. 3-2, 3-4), DINEN (2009, S. 19 f.), DINENISO (2007, S. 7), ETSI (2002, S. 39 f.), Fricke et al. (2006, S. 2), Fricke (2009, S. 29, 33, 34, 36, 39), (Hess 2006, S. 12, 49), ISO (2005, S. 39, 41, 68, 78, 97), Pierowicz (2000, S. 5 ff.), Roetting (2007, S. 213), Spath (2009, S. 9)
4	Belz (1997, S. 26, 39), Campbell et al. (2007, S. 3-2, 3-3, 3-4), DINEN (2009, S. 19 f.), ETSI (2002, S. 40), ISO (2005, S. 16), Sarter (2006, S. 440 f.), Spath (2009, S. 9)
5	Lineare Interpolation D4 - D6
6	Campbell et al. (2007, S. 3-2, 3-4, 3-7, 3-8), ETSI (2002, S. 40)
7	DINEN (2009, S. 19 f. f.), ISO (2005, S. 16), Spath (2009, S. 9)
8	Lineare Interpolation D7 - D9
9	Campbell et al. (2007, S. 3-2, 3-4, 3-13), Krüger (2001, S. 4), Pierowicz (2000, S. 5 ff.)
10	Belz (1997, S. 26, 32), Campbell et al. (2007, S. 3-2, 4-4), DINEN (2009, S. 19 f.), Fricke (2007, S. 293), Fricke (2009, S. 34), ISO (2005, S. 16, 68), Spath (2009, S. 9)
11	Lineare Interpolation D10 - D12
12	Belz (1997, S. 39), Campbell et al. (2007, S. 3-2), DINENISO (2007, S. 10), DINEN (2009, S. 20), Fricke (2009, S. 34), ISO (2005, S. 16), Pierowicz (2000, S. 5 ff.)
13	Invertierung D15
14	Lineare Interpolation D13 - D15
15	Belz (1997, S. 33, 39), Brown (2005, S. 5), Campbell et al. (2007, S. 3-2, 3-6), DINEN (2009, S. 19 f.), ETSI (2002, S. 40), Fricke et al. (2006, S. 2), Fricke (2009, S. 34), (Hess 2006, S. 31, 47, 49), ISO (2005, S. 16)

Tab. 11.7: Ausschnitt der Nutzwertmatrix, Spalte E: unimodal auditiv(auditory Icon)

Zeile	Fundierung
1	Campbell et al. (2007, S. 3-4)
2	Campbell et al. (2007, S. 3-4)
3	Belz (1997, S. 26, 31, 32, 39), Brown (2005, S. 5), Campbell et al. (2007, S. 3-2, 3-4), DINEN (2009, S. 19 f.), ETSI (2002, S. 39 f.), Fricke et al. (2006, S. 2 f.), Fricke (2008), Fricke (2009, S. 4, 29, 33 ff.), Graham (1999, S. 1233 ff.), ISO (2005, S. 39, 41, 53, 68, 78, 97), Pierowicz (2000, S. 5 ff.), Rösler et al. (2007, S. 213), Spath (2009, S. 10)
4	Belz (1997, S. 26, 39), Campbell et al. (2007, S. 3-2, 4-4), DINEN (2009, S. 19 f.), ETSI (2002, S. 40), ISO (2005, S. 16), Sarter (2006, S. 440 f.), Spath (2009, S. 10)
5	Lineare Interpolation E4 - E6
6	Campbell et al. (2007, S. 3-2, 3-7, 3-8), ETSI (2002, S. 40)
7	DINEN (2009, S. 19), ISO (2005, S. 16), Spath (2009, S. 10)
8	Lineare Interpolation E7 - E9
9	Campbell et al. (2007, S. 3-2, 3-4, 3-13), Krüger (2001, S. 4), Pierowicz (2000, S. 5 ff.)
10	Belz (1997, S. 26, 29, 32), Campbell et al. (2007, S. 3-2), DINEN (2009, S. 19), Fricke (2007, S. 293), ISO (2005, S. 16, 68), Spath (2009, S. 10)
11	Lineare Interpolation E10 - E12
12	Belz (1997, S. 39), Campbell et al. (2007, S. 3-2), DINEN (2009, S. 20), Fricke (2009, S. 34), Pierowicz (2000, S. 5 ff.)
13	Campbell et al. (2007, S. 3-4), DINENISO (2007, S. 10)
14	Lineare Interpolation E13 - E15
15	Belz (1997, S. 40), Brown (2005, S. 5), Campbell et al. (2007, S. 3-2, 3-4, 3-6), DINEN (2009, S. 19), ETSI (2002, S. 39), Fricke et al. (2006, S. 2 f.), Fricke (2009, S. 34, 36, 39, 42, 43), (Hess 2006, S. 31, 47), ISO (2005, S. 16, 39, 100)

Tab. 11.8: Ausschnitt der Nutzwertmatrix, Spalte F: unimodal auditiv(Sprache)

Zeile	Fundierung
1	Belz (1997, S. 32, 42), Campbell et al. (2007, S. 3-4), DINENISO (2007, S. 7), Fricke (2009, S. 33), ISO (2005, S. 59, 68)
2	Campbell et al. (2007, S. 3-4), DINENISO (2007, S. 7)
3	Belz (1997, S. 32, 33, 39), Campbell et al. (2007, S. 3-4, 3-11), DINENISO (2007, S. 7), ETSI (2002, S. 39 f.), Fricke (2009, S. 33, 37), Graham (1999, S. 1234), ISO (2005, S. 39, 56, 58, 68, 97), Sarter (2006, S. 441),
4	Belz (1997, S. 26), ISO (2005, S. 16, 59), , Sarter (2006, S. 440 f.)
5	Lineare Interpolation F4 - F6
6	Belz (1997, S. 39), ETSI (2002, S. 40), ISO (2005, S. 79)
7	ISO (2005, S. 16, 63)
8	Lineare Interpolation F7 - F9
9	ISO (2005, S. 63, 115)
10	Belz (1997, S. 26), Campbell et al. (2007, S. 3-4, 3-13), Fricke (2009, S. 33, 37), ISO (2005, S. 16), Krüger (2001, S. 4), Sarter (2006, S. 441)
11	Lineare Interpolation F10 - F12
12	Belz (1997, S. 32, 39), Campbell et al. (2007, S. 3-5), Fricke (2009, S. 33), Graham (1999, S. 1233), Pierowicz (2000, S. 5 ff.)
13	Campbell et al. (2007, S. 3-4), DINENISO (2007, S. 10)
14	Campbell et al. (2007, S. 3-4), Fricke (2009, S. 33), ISO (2005, S. 68)
15	Campbell et al. (2007, S. 3-4), Fricke (2009, S. 33), ISO (2005, S. 68)

Tab. 11.9: Ausschnitt der Nutzwertmatrix, Spalte G: unimodal haptisch

Zeile	Fundierung
1	Invertierung G3
2	Lineare Interpolation G1 - G3
3	Abel et al. (2007, S. 12), Campbell et al. (1998), Campbell et al. (2007, S. 5-2), ETSI (2002, S. 40), Fausten & Folke (2004, S. 10), Fricke et al. (2006, S. 26), Fricke (2009, S. 29, 43), (Hess 2006, S. 12, 31, 48, 50), Ho et al. (2005, S. 1108), ISO (2005, S. 16, 86), Krüger (2001, S. 2), Lee et al. (2004, S. 65, 70), Pierowicz (2000, S. 5 ff.), Sarter (2007, S. 188 f.)
4	ETSI (2002, S. 40)
5	Lineare Interpolation G4 - G6
6	ETSI (2002, S. 40), ISO (2005, S. 71)
7	Campbell et al. (2007, S. 5-2)
8	Lineare Interpolation G7 - G9
9	Invertierung G7
10	Campbell et al. (2007, S. 5-2), Sarter (2007, S. 190)
11	Lineare Interpolation G10 - G12
12	Brown (2005, S. 7, 10), Campbell et al. (2007, S. 5-2, 5-3), Fricke (2009, S. 34, 43), ISO (2005, S. 86), Krüger (2001, S. 3), Lee et al. (2004, S. 66), Pierowicz (2000, S. 5 ff.), Sarter (2007, S. 188 ff.)
13	Invertierung G15
14	Lineare Interpolation G13 - G15
15	ETSI (2002, S. 39), Fausten & Folke (2004, S. 10), Fricke et al. (2006, S. 2), Fricke (2009, S. 34, 43), (Hess 2006, S. 31, 47, 53), ISO (2005, S. 86)

Tab. 11.10: Ausschnitt der Nutzwertmatrix, Spalte H: bimodal visuell-auditiv(Ton)

Zeile	Fundierung
1	Invertierung H3
2	Lineare Interpolation H1 - H3
3	Belz (1997, S. 27, 33), Brown (2005, S. 14), Campbell et al. (2007, S. 3-3, 3-5, 4-2, 4-4), DINEN (2009, S. 19), Fricke et al. (2006, S. 2), Fricke (2008), Fricke (2009, S. 4, 44), Ho et al. (2007, S. 1109, 1111), ISO (2005, S. 73, 77, 94, 97), Lee et al. (2004, S. 66), Vilimek (2007, S. 52 f.)
4	⇒ D4, E4
5	Lineare Interpolation H4 - H6
6	Fricke (2009, S. 44), G9, H9
7	⇒ A7, E7
8	Lineare Interpolation H7 - H9
9	⇒ E9, F9
10	Vilimek (2007, S. 29)
11	Vilimek (2007, S. 29)
12	Vilimek (2007, S. 29)
13	Invertierung H15
14	Lineare Interpolation H13 - H15
15	DINEN (2009, S. 19), Fricke (2009, S. 4, 44), ISO (2005, S. 72, 73, 81), Vilimek (2007, S. 28, 52 ff.)

Tab. 11.11: Ausschnitt der Nutzwertmatrix, Spalte I: bimodal visuell-auditiv(Sprache)

Zeile	Fundierung
1	Invertierung I3
2	Lineare Interpolation I1 - I3
3	Belz (1997, S. 27), Brown (2005, S. 14), Campbell et al. (2007, S. 4-2, 4-4), Fricke (2009, S. 44), ISO (2005, S. 73, 97), Lee et al. (2004, S. 66), Vilimek (2007, S. 52 f.)
4	Invertierung I6
5	Lineare Interpolation I4 - I6
6	I9
7	⇒ A7, B7, C7, F7
8	Lineare Interpolation I7 - I9
9	⇒ F9
10	Vilimek (2007, S. 15)
11	Vilimek (2007, S. 15)
12	Vilimek (2007, S. 15)
13	Invertierung I15
14	Lineare Interpolation I13 - I15
15	Vilimek (2007, S. 28, 52, 54)

Tab. 11.12: Ausschnitt der Nutzwertmatrix, Spalte J: bimodal visuell-haptisch

Zeile	Fundierung
1	Invertierung J3
2	Lineare Interpolation J1 - J3
3	Campbell et al. (2007, S. 4-2),Fricke et al. (2006, S. 2), Fricke (2009, S. 44), ISO (2005, S. 74, 82 ff.), Lee et al. (2004, S. 66), Vilimek (2007, S. 52 f.)
4	⇒ G4
5	Lineare Interpolation J4 - J6
6	⇒ G6
7	⇒ G7
8	Lineare Interpolation J7 - J9
9	⇒ G9
10	Vilimek (2007, S. 54)
11	Vilimek (2007, S. 54)
12	Vilimek (2007, S. 54)
13	Invertierung J15
14	Lineare Interpolation J13 - J15
15	Fricke (2009, S. 44), ISO (2005, S. 83, 85), Vilimek (2007, S. 53 f.)

Tab. 11.13: Ausschnitt der Nutzwertmatrix, Spalte K: bimodal auditiv(Ton)-haptisch

Zeile	Fundierung
1	Invertierung K3
2	Lineare Interpolation K1 - K3
3	Fricke et al. (2006, S. 2), Fricke (2009, S. 44), Ho et al. (2007, S. 1110 f.), Sarter (2007, S. 188), Vilimek (2007, S. 53 f.)
4	⇒ D4, E4
5	Lineare Interpolation K4 - K6
6	⇒ D6, E6, F6
7	⇒ G7
8	Lineare Interpolation K7 - K9
9	⇒ G9
10	⇒ G11
11	Lineare Interpolation K10 - K12
12	⇒ G12
13	Invertierung K15
14	Lineare Interpolation K13 - K15
15	Fricke (2009, S. 42), Ho et al. (2007, S. 1110 ff.), Vilimek (2007, S. 53 f.)

Tab. 11.14: Ausschnitt der Nutzwertmatrix, Spalte L: bimodal auditiv(Sprache)-haptisch

Zeile	Fundierung
1	Invertierung L3
2	Lineare Interpolation L1 - L3
3	Fricke (2009, S. 44), Ho et al. (2007, S. 1110 f.), Sarter (2007, S. 188), Vilimek (2007, S. 53 f.)
4	Invertierung L6
5	Lineare Interpolation L4 - L6
6	⇒ F6
7	⇒ G7
8	Lineare Interpolation L7 - L9
9	⇒ G9
10	⇒ G12
11	⇒ G12
12	⇒ G12
13	Invertierung L15
14	Lineare Interpolation L13 - L15
15	Vilimek (2007, S. 54)

Fragebogen zur Akzeptanzmessung

Bezüglich der antonymen Begriffe wurde keine zusätzliche Begriffsklärung seitens des Versuchsleiters vorgenommen.

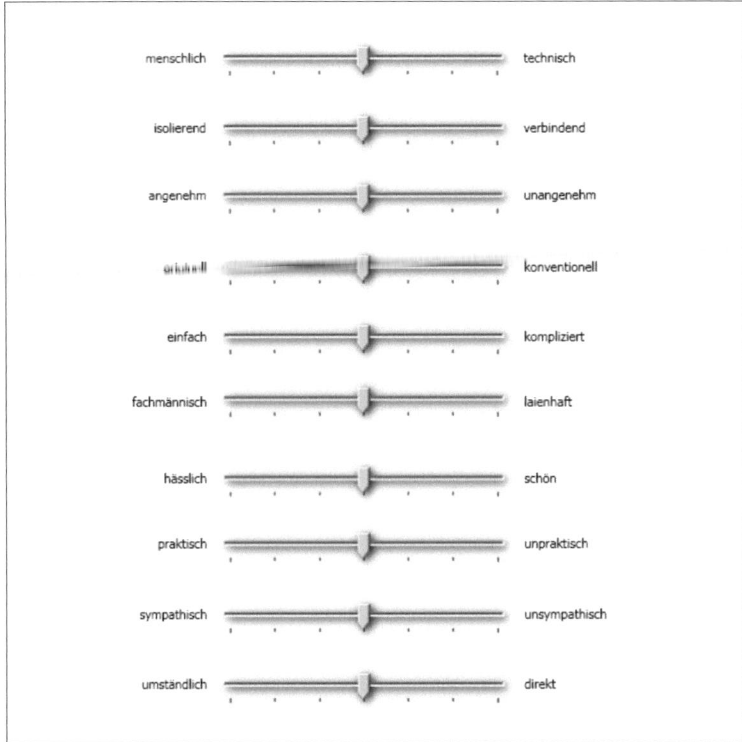

Abb. 11.6: Antonympaare des Fragebogens AttrakDiff2 nach Hassenzahl et al. (2003) – Digitale Umsetzung für Evaluationsstudie des Verfahrens V3, Seite 1

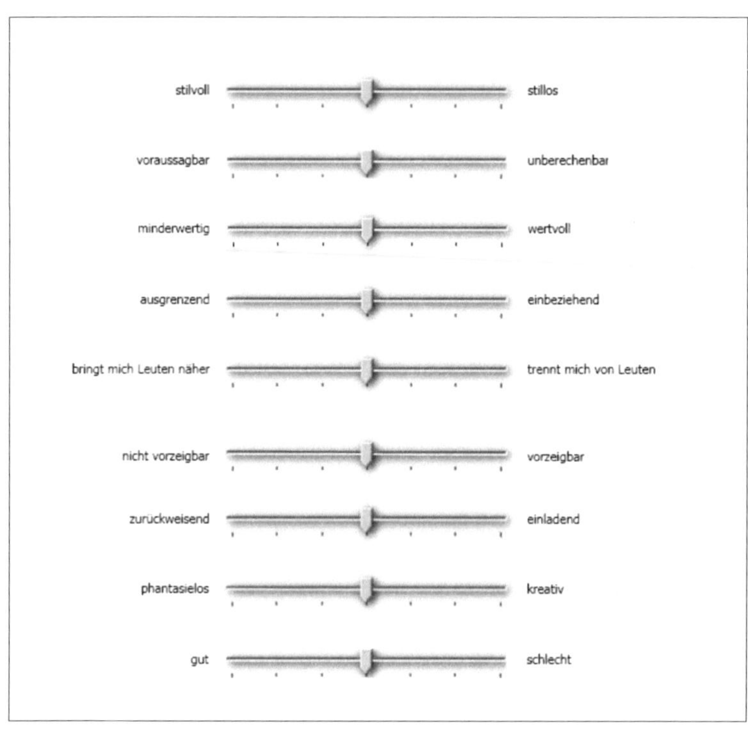

Abb. 11.7: Antonympaare des Fragebogens AttrakDiff2 nach Hassenzahl et al. (2003) – Digitale Umsetzung für Evaluationsstudie des Verfahrens V3, Seite 2

Transkription der Probandenäußerungen

Parkassistent

Serienumsetzung (visuell(analog)-auditiv(Ton))

- Balkenskala und Ton am besten gefallen, da sie detailliert genug ist und ausreichend genau anzeigt, in welchem Bereich man sich befindet
- Farbskala aus dem Augenwinkel erkennbar, deswegen besser unterstützt
- Visuell-auditive Darbietung sehr gut gefallen beim Parkvorgang
- Exakte Bedeutung der letzten und vorletzten roten Anzeige unklar
- Farb-/Balkenskala besser, intuitiver, um daraus etwas zu erkennen
- Farbskala intuitiver als Zahlen
- Visuell-auditive Rückmeldung gewohnt, funktioniert gut
- Seriendarbietung ist nicht kompliziert, das Prinzip ist einfach zu erkennen und man ist mit der Balkenanzeige und dem Ton vertrauter
- Skalenanzeige und Ton sehr menschlich und im Alltag der alphanumerischen Anzeige überlegen
- Beim Parken Blick aus dem Fahrzeug auf die kritischen Bereiche, deshalb auditive Unterstützung und visuelle Symbole einfacher wahrzunehmen als Zahlen
- Farbskala nicht hilfreich, Ton unterstützt sehr
- Farbskala und Ton besser als rein visuelle, alphanumerische Anzeige

Verfahrensempfehlung (visuell(alphanumerisch))

- Einheit der alphanumerischen Anzeige unklar
- Alphanumerisches Verfahren deutlich zu verspielt und viel zu detailliert wird die Information dem Fahrer dargeboten, die er in dieser Tiefe nicht benötigt
- Zahlen forderten exakten Blick auf das Display, um diese ablesen zu können
- Alphanumerische Anzeige als deutlich besser empfunden, weil man einfach eher den Abstand einschätzen kann (wie viele Zentimeter noch)
- Rein visuelle Ausgabe mit den Zahlen war fast zu flach und man war überrascht, wie schnell man an der Hauswand stand
- Alphanumerische Anzeige ist verspielter, technischer, auch akzeptabel, ganz witzig, wenn man langsam runterzählt in kleinere Bereichen andere Skalierung, präzisere Angabe des Abstands, man kann das System dazu benutzen seine eigene

Interpretation davon zu machen und dementsprechend zu reagieren, direkte Information

- Interesse für alphanumerische Anzeige, weil man ganz genau erkennen kann, wo man sich befindet
- Zahlenskala überflüssig
- Rein visuelle alphanumerische Anzeige schlecht handhabbar
- Visuelle Darbietung in Form von Zahlen am Display machen keinen Sinn, da man sich auf das Umfeld und die anderen Verkehrsteilnehmer konzentrieren muss
- Zahlen sind aufgrund der Konzentration darauf schwer abzulesen
- Zahlenskala besser als farbige Symbole

ACC-Übernahmeaufforderung

Serienumsetzung (visuell(Symbol)-auditiv(Ton))

- Rotes Warndreieck (Symbol) ist eingebrannt, sodass es jeder versteht
- Rotes Warndreieck aus dem Augenwinkel super zu erkennen, intuitiv zu bedienen, in Kombination mit dem Intervallton geschickter
- Visuell-auditiv sehr intuitiv als Abstandswarnung, ist aber nichts Neues
- Symbol und Ton besser als Symbol und Haptik, da Vibration am Lenkrad aus einer anderen Ursache resultieren könnte, erschreckend, evtl. Beeinflussung auf Fahraufgabe, Vibration lenkt ab und richtet die Aufmerksamkeit auf einen anderen Ort aus
- Auditiver Intervallton als sehr laut empfunden und im ersten Moment hat meine keine Information darüber was zu tun ist, wenn gewarnt wird
- Symbol und Intervallton eindeutig einer Gefahr zuzuordnen, als Handlungsaufforderung verständlich
- Symbol und Intervallton einfach zu verstehen
- Symbol und Ton eher als störend empfunden

Verfahrensempfehlung (visuell(Symbol)-haptisch)

- Haptik eher schlecht empfunden, da man in fließenden Verkehr fährt und es einfach zu Unsicherheiten aufgrund der Haptik kommen kann
- Haptische Rückmeldung am Lenkrad sehr auffällig
- Haptische Rückmeldung direkter empfunden als den Intervallton

- Haptik am Lenkrad wahnsinnig starke Eingewöhnungssache, wenn man darauf gefasst ist, dass diese Darbietung kommt, dann könnte man vermutlich sich damit anfreunden, so ist es erst einmal erschreckend, was überhaupt passiert
- Es kommen immer wieder irgendwelche Töne, teilweise im Radio, die überhört werden können oder man ist überfordert mit dem Piepsen, dass man die gar nicht mehr wahrnimmt, wie z. B. auch Meldungen in Windows, die man einfach weg- drückt, da bietet vielleicht die Warnung über das Lenkrad eine Alternative, zwar weiß man bei der ersten Vibration nicht, was die Darbietung einem sagen möchte, da müsste man sich überlegen, wie man dem Kunden die Warnung der Lenkradvi- bration beibringen kann, sodass er daraus eine Handlung ableiten kann, neuartiger Input, deutlich besser als Ton oder optische Meldung, selbst wenn es sich um ein Head-up-Display handeln würde
- Symbol und Haptik können besser verarbeitet werden als Symbol und Ton
- Haptische Darbietung löst bei der ersten Systemnutzung einen Schock aus, der aber nach einer Eingewöhnung schneller die Aufmerksamkeit erregt und deshalb positiv ist
- Haptik am Lenkrad eher verwirrend in einer Längsdynamik-Fahraufgabe, nicht direkt zuzuordnen
- Haptik am Lenkrad beim ersten Mal mit einer Vollbremsung verbunden, aber im Prinzip nicht schlecht
- Haptik am Lenkrad störend, eher mit einer anderen Ursache verbunden, haptische Rückmeldung am Sitz wünschenswert
- Haptik als Warnsignal sehr hilfreich, wenn man die Bedeutung kennt
- Symbol und Haptik besser empfunden, Haptik leitet eher dazu an eine Reaktion durchzuführen

Kollisionswarnung (CW)

Serienumsetzung (visuell(Symbol)-auditiv(Ton)

- Textdarbietung des Wortes „Abstand" fordert zu viel Zeit zu lesen
- Darbietung mit dem Schriftzug fordert deutlich zu viel Aufmerksamkeit, man konnte nicht genau einschätzen, was genau in dieser Situation das Problem der Warnung ist

- Lesen geht überhaupt nicht, wenn man sich darauf konzentrieren muss und dazu noch lesen muss, vergeht dabei zu viel Zeit
- Text „Abstand" auf dem Display bei der ersten Darbietung (System das erste Mal verwendet), zuerst das Wort lesen, bis dahin ist schon alles passiert
- Textdarbietung ist neu und verwirrend, aber nach einer Eingewöhnungszeit durchaus denkbar
- Textdarbietung auf dem Display nicht gesehen, nur den Ton gehört
- Textdarbietung unterstützt überhaupt nicht
- Textdarbietung „Abstand" erfordert eine Blickabwendung und benötigt Lese-/Verarbeitungszeit, dann erfolgt erst die Reaktion
- Textverarbeitung dauert viel zu lange
- Textdarbietung auf dem Display wahrgenommen, aber nicht bewusst verarbeitet
- Textausgabe und Ton Vermenschlichung des Fahrzeugs, Ton eher nervend

Verfahrensempfehlung (auditiv(Sprache)-haptisch)

- Lenkradvibration als Warnung sehr gut, da Aufmerksamkeit sofort erzeugt wird
- Lenkradvibration bei der ersten Darbietung unklar, man weiß zwar nicht was genau gemeint ist, aber man erhält auf jeden Fall eine Rückmeldung, dass etwas der Aufmerksamkeit bedarf, das ist positiv
- Sprachausgabe in Kombination mit der Lenkradvibration am besten
- Darbietung der Sprachausgabe mit der Lenkradvibration verleitet sofort zum Bremsen des Fahrzeugs
- Haptische Rückmeldung am Lenkrad sehr auffällig
- Haptische Rückmeldung als direkter empfunden als den Dauerton
- Haptik am Lenkrad wahnsinnig starke Eingewöhnungssache, wenn man darauf gefasst ist, dass diese Darbietung kommt, dann könnte man vermutlich sich damit anfreunden, so ist es erst einmal erschreckend, was überhaupt passiert
- Es kommen immer wieder irgendwelche Töne, teilweise im Radio, die überhört werden können oder man ist überfordert mit dem Piepsen, dass man die gar nicht mehr wahrnimmt, wie z. B. auch Meldungen in Windows, die man einfach wegdrückt, da bietet vielleicht die Warnung über das Lenkrad eine Alternative, zwar weiß man bei der ersten Vibration nicht, was die Darbietung einem sagen möchte, da müsste man sich überlegen, wie man dem Kunden die Warnung der Lenkradvi-

bration beibringen kann, sodass er daraus eine Handlung ableiten kann, neuartiger Input, deutlich besser als Ton oder optische Meldung, selbst wenn es sich um ein Head-up-Display handeln würde

- Reaktionszeit auf die Ausgabe des Wortes „Achtung" dauert relativ lange, bis man das aufnimmt und interpretieren kann
- Sprachausgabe deutlich besser als Textdarbietung
- Haptische Rückmeldung am Lenkrad sehr gut, man erschreckt nicht und kann gut reagieren
- Sprachausgabe gegenüber dem Intervallton überlegen, da diese deutlich auf die Fahraufgabe aufmerksam macht
- Haptische Warnung durch die Vibration des Lenkrads sehr angenehm, weil es sehr direkt war und eine direkte Aktion des Fahrers veranlasst
- Sprachausgabe und haptische Rückmeldung besser geeignet als, die Textdarbietung und der Ton
- Eine Alternative zum Wort „Achtung" bei der Sprachausgabe wäre das Wort „Bremsen"
- Lenkradvibration sehr gut geeignet
- Haptik am Lenkrad wirkt irritierend
- Sprachausgabe ist besser als einen Text zu lesen, wegen der Blickabwendung
- Deutlicher hat die Sprachausgabe „Achtung" gewarnt, Lenkradvibration als redundant empfunden
- Sprachausgabe sehr sinnvoll
- Sprachausgabe mit veränderter Stimmlage besser als Textdarbietung

11.4 Verfahren V4

In der Evaluationsstudie des Verfahrens V4 werden 21 beispielhafte Designumsetzungen auf Grundlage des Gestaltungskatalogs in einem Online-Fragebogen dargeboten und jeweils 14 Markenattributen als potenzielle Assoziationen gegenübergestellt. Abbildung 11.8 zeigt die komplette Fragebogenseite, welche im Aufbau stets identisch ist, weshalb für die restlichen Fragen hier lediglich die Design-Darstellungen gezeigt werden (Abbildungen 11.9 bis 11.28).

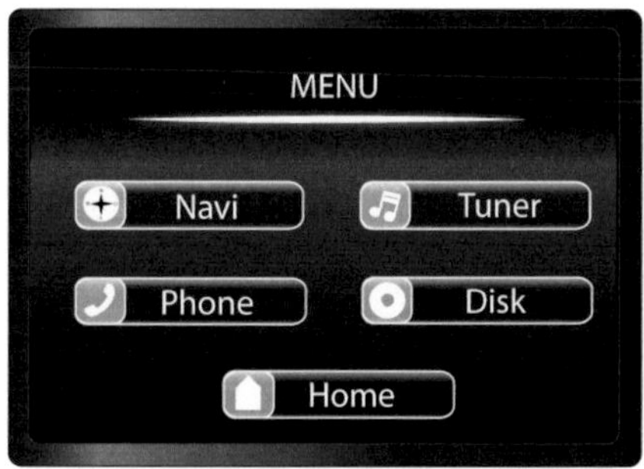

Abb. 11.8: Designbeispiel 01 auf Grundlage des Verfahrens V4 – Fragebogenseite der Evaluationsstudie

Abb. 11.9: Designbeispiel 02 auf Grundlage des Verfahrens V4

Abb. 11.10: Designbeispiel 03 auf Grundlage des Verfahrens V4

Abb. 11.11: Designbeispiel 04 auf Grundlage des Verfahrens V4

Abb. 11.12: Designbeispiel 05 auf Grundlage des Verfahrens V4

Abb. 11.13: Designbeispiel 06 auf Grundlage des Verfahrens V4

Abb. 11.14: Designbeispiel 07 auf Grundlage des Verfahrens V4

Abb. 11.15: Designbeispiel 08 auf Grundlage des Verfahrens V4

Abb. 11.16: Designbeispiel 09 auf Grundlage des Verfahrens V4

Abb. 11.17: Designbeispiel 10 auf Grundlage des Verfahrens V4

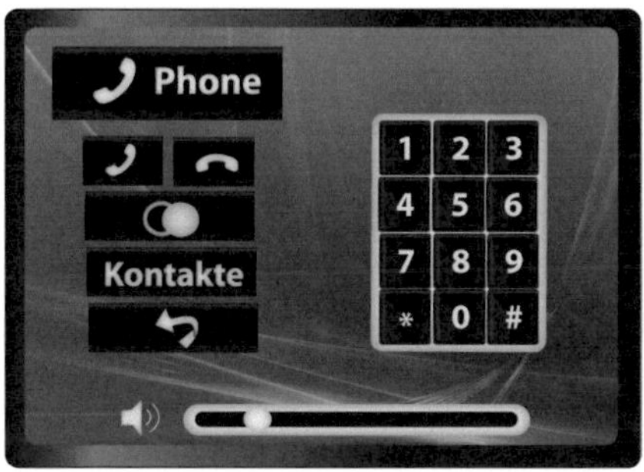

Abb. 11.18: Designbeispiel 11 auf Grundlage des Verfahrens V4

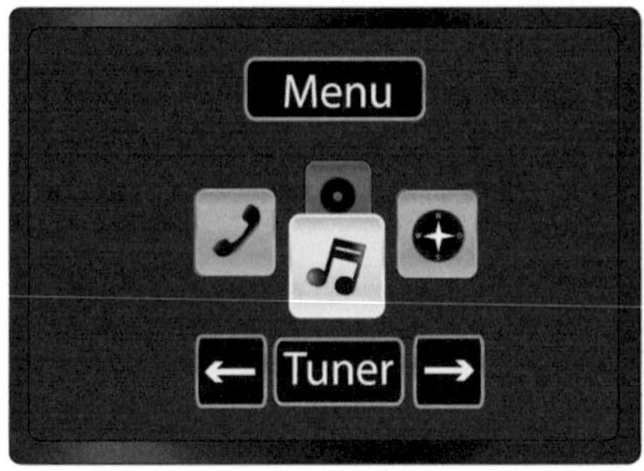

Abb. 11.19: Designbeispiel 12 auf Grundlage des Verfahrens V4

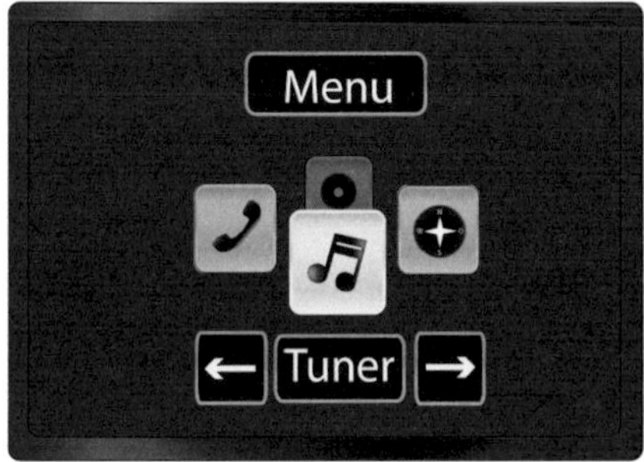

Abb. 11.20: Designbeispiel 13 auf Grundlage des Verfahrens V4

Abb. 11.21: Designbeispiel 14 auf Grundlage des Verfahrens V4

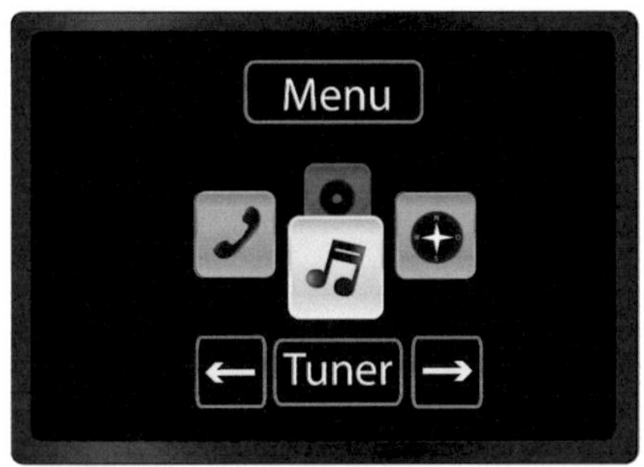

Abb. 11.22: Designbeispiel 15 auf Grundlage des Verfahrens V4

Abb. 11.23: Designbeispiel 16 auf Grundlage des Verfahrens V4

Abb. 11.24: Designbeispiel 17 auf Grundlage des Verfahrens V4

Abb. 11.25: Designbeispiel 18 auf Grundlage des Verfahrens V4

Abb. 11.26: Designbeispiel 19 auf Grundlage des Verfahrens V4

Abb. 11.27: Designbeispiel 20 auf Grundlage des Verfahrens V4

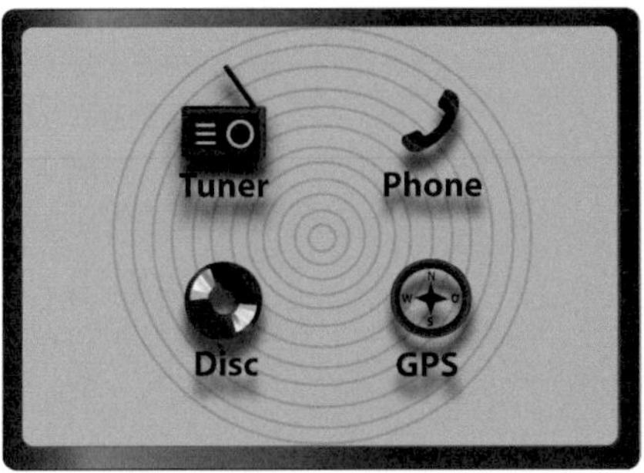

Abb. 11.28: Designbeispiel 21 auf Grundlage des Verfahrens V4

12 Abbildungsverzeichnis

13 Tabellenverzeichnis

14 Literaturverzeichnis

Abel, H.-B., Felten, M., Meier-Arendt, G., Nguyen-Thien, N. & Trübswetter, N. (2007), Adaptivität und Multimodalität – Merkmale der zukünftigen Mensch-Maschine-Schnittstelle, *Automobiltechnische Zeitschrift Elektronik (ATZe)* 03, S. 8–13.

Achiche, S. & Ahmed, S. (2008), Mapping Shape Geometry and Emotions Using Fuzzy Logic, *in* Proceedings of ASME International Design Engineering Technical Conference Computers and Information in Engineering, DETC2008-49290, S. 1–9.

Ajzen, I. (1991), The Theory of Planned Behavior, *Organizational Behaviour and Human Decision Process* (50), S. 179–211.

Albers, A. (2010), Five Hypotheses about Engineering Processes and their Consequences, *in* I. Horváth, F. Mandorli & Z. Rusák, Hrsg., Proceedings of the TMCE 2010, Organizing Committee of TMCE.

Albers, A., Burkardt, N. & Saak, M. (2002), Gezielte Problemlösung bei der Produktentwicklung mit Hilfe der SPALTEN-Methode, *in* 47. Internationales Wissenschaftliches Kolloquium, Technische Universität Illmenau.

Albers, A. & Meboldt, M. (2006), A new Approach in Product Development, Based on Systems Engineering and Systematic Problem Solving, *in* AEDS 2006 Workshop.

Albers, A., Sadowski, E. & Marxen, L. (2011), *A new Perspective on Product Engineering Overcoming Sequential Process Models.*

Albers, A., Schröter, J. & Düser, T. (2009), Durchgängige Validierungsumgebung zum Testen von Mensch-Maschine-Schnittstellen für neuartige Fahrerassistenzsysteme, *in* Erprobung und Simulation in der Fahrzeugentwicklung, Tagung des VDI e. V.

Albers, A. & Schweinberger, D. (2001), *Vom Markt zum Produkt – Impulse für die Innovationen von morgen*, LOGX Verlag GmbH, Kapitel: Methodik in der praktischen Produktentwicklung – Herausforderung und Grenzen.

Antos, G. (1995), *Wissenschaftliche Textproduktion*, Peter Lang Verlag, Frankfurt/Main, Kapitel: Sprachliche Inszenierungen von 'Expertenschaft' am Beispiel wissenschaftlicher Abstracts, S. 113–127.

Aristoteles (1907), *Aristoteles: Metaphysik.*, Deutsche Übersetzung von Adolf Lasson, Diedrichs Verlag, Jena.

Arndt, S. & Engeln, A. (2008), *Fortschritte der Verkehrspsychologie*, 1. Auflage, VS Verlag für Sozialwissenschaften, Wiesbaden, Wiesbaden, Kapitel: Prädiktoren der Akzeptanz von Fahrerassistenzsystemen, S. 313–337.

AZT (2006), Wirkungspotentiale von ACC und Lane Guard System bei Nutzfahrzeugen, Technischer Report, Allianz Zentrum für Technik.

Bainbridge, L. (1983), Ironies of Automation, *Automatica* 19, S. 775–779.

Bartel, S. (2003), *Farben im Webdesign*, Springer Verlag, Heidelberg.

Bartels, A. (2008), Roadmap Automatisches Fahren, *in* Automatisierungssysteme, Assistenzsysteme und eingebettete Systeme für Transportmittel (AAET), 9. Braunschweiger Symposium, Gesamtzentrum für Verkehr Braunschweig e. V., S. 350–364.

BASt (2003), Volkswirtschaftliche Kosten durch Straßenverkehrsunfälle in Deutschland, Technischer Report, Bundesanstalt für Straßenwesen.

BASt (2006), Bericht der BASt, Heft F60, Technischer Report, Bundesanstalt für Straßenwesen.

Bauer, H., Hrsg. (2003), *Kraftfahrtechnisches Handbuch*, Vieweg und Teubner Verlag, Wiesbaden.

Baum, H. & Grawenhoff, S. (2006), Nutzen-Kosten-Analysen von Fahrerassistenzsystemen – Methodik und empirische Ergebnisse, *in* Integrierte Sicherheit und Fahrerassistenzsysteme, VDI-Berichte 1960, Tagung des VDI e. V.

Becker, U. K. & Dosch, B. (2007), Umhegt oder überwacht? So sehen es die Autofahrer, *in* Fahrer im 21. Jahrhundert, VDI-Berichte 2015, Tagung des VDI e. V., S. 3–12.

Belz, S. M. (1997), A simulator-based investigation of visual, auditory, and mixed-modality display of vehicle dynamic state information to commercial motor vehicle operators, Dissertation, Virginia Polytechnic Institute and State University.

Berger, C., Blauth, R., Boger, D., Bolster, C., Burchill, G., DuMouchel, W., Pouliot, F., Richter, R., Rubinoff, A., Shen, D., Timko, M. & Walden, D. (1993), Special issue on Kano's methods for understanding customer-defined quality, *Center for Quality of Management Journal* 2(4), S. 3–36.

Betsch, T. (2006), Einführung in die Methoden der Psychologie, Vorlesungsunterlagen FR Psychologie, Universität Erfurt.

Bitter, T. (2006), Objektivierung des dynamischen Sitzkomforts, Dissertation, Institut für Fahrzeugtechnik, Technische Universität Braunschweig.

Bortz, J. (2005), *Statistik für Human- und Sozialwissenschaftler*, 6. Auflage, Springer Verlag, Heidelberg.

Bortz, J. & Döring, N. (2002), *Forschungsmethoden und Evaluation: für Human- und Sozialwissenschaftler*, 3. Auflage, Springer Verlag, Heidelberg.

Brasseur, G. (2005), Fahrerassistenzsysteme – Sehnsucht nach Sicherheit, *in* Herbsttagung des Forums Technik und Gesellschaft, Institut für Elektrische Meßtechnik und Meßsignalverarbeitung, Technische Universität Graz.

Brühning, E. & Seeck, A. (2006), Der Sicherheitsgewinn bisher entwickelter Fahrerassistenzsysteme und ein Blick in die Zukunft, *in* Forum Sicherheit und Mobilität, Schriftenreihe Verkehrssicherheit, 13, Deutscher Verkehrssicherheitsrat, e. V.

Brown, S. B. (2005), Effects of Haptic and Auditory Warnings on Driver Intersection Behavior and Perception, Dissertation, Virginia Polytechnic Institute and State University.

Broy, V., Rölle, C. & Klinker, G. (2008), MusicMap – Eine kartographische Metapher für Fahrerinformationssysteme, *in* Useware, VDI-Berichte 2041, Tagung des VDI e. V.

Bubb, H. (2007), Erfahrungen zur ergonomischen Gestaltung von Assistenzsystemen, *in* 16. Aachener Kolloquium Fahrzeug- und Motorentechnik, Band 1, S. 903–921.

Campbell, J., Everson, J., Garness, S. & Pittenger, J. (1998), Preliminary Human Factors Review for the intelligent Vehicle Initiative, Technischer Report, Springfield, Virginia, National Technical Information Service.

Campbell, J. L., Richard, C. M., Brown, J. L. & McCallum, M. (2007), Crash Warning System Interfaces: Human Factors Insights, Technischer Report, Washington, DC, National Highway Traffic Safety Administration.

Carlson, J. (2009), Nearly 60 Million Advanced Driver Assist Systems by 2013, Pressemitteilung iSuppli, 3. Februar.

Christen, F., Zlocki, A. & Becher, T. (2008), Sicherheitspotentiale von Fahrerassistenzsystemen in Nutzfahrzeugen, *in* Integrierte Sicherheit und Fahrerassistenzsysteme, VDI-Berichte 2048, Tagung des VDI e. V.

Cohen, A. S. (1986), Möglichkeiten und Grenzen visueller Wahrnehmung im Straßenverkehr, *Unfall- und Sicherheitsforschung Straßenverkehr,* Schriftenreihe Bundesanstalt für Straßenwesen 57.

Cross, K. D. & Fisher, G. (1977), A Study of Bicycle/Motor Vehicle Accidents: Identification of Problem Types and Countermeasure Approaches, Technischer Report, National Highway Traffic Safety Administration (NHTSA), Washington, DC.

Davis, F. D. (1989), Perceived usefulness, perceived ease of use, and user acceptance of information technology, *MIS Quarterly* 13, S. 319–339.

Düchting, H. (2003), *Grundlagen der künstlerischen Gestaltung*, Deubner Verlag.

Deml, B., Freyer, J. & Färber, B. (2007), Ein Beitrag zur Prädiktion des Fahrstils, *in* Fahrer im 21. Jahrhundert, S. 47–59.

Destatis (2009), Unfallentwicklung auf deutschen Strassen 2008, Technischer Report, Statistisches Bundesamt Deutschland, Wiesbaden.

Destatis (2010*a*), 4152 Todesopfer im Straßenverkehr im Jahr 2009, Pressemitteilung Nr. 251 des Statistischen Bundesamts Deutschland, Wiesbaden, 15. Juli.

Destatis (2010*b*), Unfallentwicklung auf deutschen Strassen 2009, Technischer Report, Statistisches Bundesamt Deutschland, Wiesbaden.

Dethloff, C. (2004), Akzeptanz und Nicht-Akzeptanz von technischen Produktinnovationen, Dissertation, Wirtschafts- und Sozialwissenschaftliche Fakultät der Universität zu Köln.

Deutscher Verkehrssicherheitsrat e. V. (2007), Fahrerassistenzsysteme – Hintergründe und Informationen, Hintergrundbroschüre der Kampagne 'Bester Beifahrer'.

Deutscher Verkehrssicherheitsrat e. V. (2008), Bester Beifahrer, Glossar im Rahmen der Kampagne.

Deutscher Verkehrssicherheitsrat e. V. (2010), Was leisten Fahrerassistenzsysteme? 2. Auflage.

DINEN (2009), 894-2–Sicherheit von Maschinen – Ergonomische Anforderungen an die Gestaltung von Anzeigen und Stellteilen – Teil 2: Anzeigen, Technischer Report, Deutsches Institut für Normung, e. V.

DINENISO (2007), 15006–Straßenfahrzeuge – Ergonomische Aspekte von Fahrerinformations- und Assistenzsystemen – Anforderungen und Konfirmitätsverfahren für die Ausgabe auditiver Informationen im Fahrzeug, Technischer Report, Internationale Organisation für Normung (ISO), Deutsches Institut für Normung e.V.

Donges, E. (1982), Aspekte der Aktiven Sicherheit bei der Führung von Personenkraftwagen, *Automobil-Industrie* 2, S. 183–190.

Dragon, L. (2008), *Forschung für das Auto von morgen – Aus Tradition entsteht Zukunft*, Springer Verlag, Heidelberg, Kapitel: Fahrzeugdynamik: Wohin fahren wir?, S. 239–260.

Duden (2009), *Die Deutsche Rechtschreibung*, 25. Auflage, Dudenverlag, Mannheim.

Dylla, S. (2009), Entwicklung einer Methode zur Objektivierung der subjektiv erlebten Schaltbetätigungsqualität von Fahrzeugen mit manuellem Schaltgetriebe, Dissertation, IPEK – Institut für Produktentwicklung, Karlsruher Institut für Technologie (KIT).

Ehrlenspiel, K. (2007), *Integrierte Produktentwicklung*, 2. Auflage, Carl Hanser Verlag, München.

eIMPACT (2008), Impact Assessment of Intelligent Vehicle Safety Systems, Technischer Report, eIMPACT Consortium.

Ellermeier, W., Hellbrück, J., Kohlrausch, A. & Zeitler, A. (2008), *Kompendium zur Durchführung von Hörversuchen inWissenschaft und industrieller Praxis*, Deutsche Gesellschaft für Akustik e.V.

Endsley, M. R. & Kiris, E. O. (1995), The Out-of-the-Loop Performance Problem and Level of Control in Automation, *Human Factors: The Journal of the Human Factors and Ergonomics Society* 37(14), S. 381–394.

Esch, F.-R., Langner, T. & Rempel, J. E. (2005), *Moderne Markenführung. Grundlagen – Innovative Ansätze – Praktische Umsetzungen*, 4. Auflage, Gabler Verlag, Wiesbaden.

ETSI (2002), Human Factors (HF); Guidelines on the Multimodality of Icons, Symbols and Pictograms, Technischer Report, European Telecommunications Standards Institute (ETSI).

European Commission (2001), European Transport Policy for 2010: Time to Decide, Technischer Report.

European Commission (2006), Use of Intelligent Systems in Vehicles, Technischer Report.

Fausten, M. & Folke, R. (2004), Kopplung von Bremssystemen und elektrischer Servolenkung zur Darstellung von Fahrerassistenzsystemen, *in* Aktive Sicherheit durch Fahrerassistenz, Technische Universität München.

Fenn, J. & Linden, A. (2005), Gartner's Hype Cycle Special Report, Technischer Report, Gartner, Inc.

Fleischer, J. und Lanza, G. (2006), *Qualitätsmanagement, QM in den frühen Produktphasen – Produktdefinition*, Universität Karlsruhe (TH), Institut für Produktionstechnik, Karlsruhe.

Frank, U. (2003), *Die Betriebswirtschaft*, Kapitel: Einige Gründe für die Wiederbelebung der Wissenschaftstheorie, S. 278–292.

Frehmann, J. (2010), *Der überzeugende persönliche Auftritt*, Gabler Verlag, Wiesbaden.

Frei, R., Frank, A., Paeulgen, M. & Poljansek, M. (2006), System zur Getriebesteuerung, Technischer Report, Europäisches Patentamt.

Fricke, N. (2007), Effects of Adaptive Information Presentation, *in* Proceedings of the Fourth International Driving Symposium on Human Factors in Driver Assessment, Training and Vehicle Design, S. 292–298.

Fricke, N. (2008), HMI-Design: Warnsignale vs. Alarme – Was brauchen wir wirklich?, *in* Integrierte Sicherheit und Fahrerassistenzsysteme, VDI-Berichte 2048, Tagung des VDI e. V.

Fricke, N. (2009), Gestaltung zeit- und sicherheitskritischer Warnungen im Fahrzeug, Dissertation, Technische Universität Berlin.

Fricke, N., Filippis, M. D. & Thüring, M. (2006), Zur Gestaltung der Semantik von Warnmeldungen, *in* Integrierte Sicherheit und Fahrerassistenzsysteme, VDI-Berichte 1960, Tagung des VDI e. V.

Fuchs, J. (1993), *Beitrag zum Verhalten von Fahrer und Fahrzeug bei Kurvenfahrt*, VDI-Berichte 184, Reihe 12 Verkehrstechnik / Fahreugtechnik, VDI Verlag, Düsseldorf.

Gabler, T., Hrsg. (2010), *Gabler Wirtschaftslexikon*, 17. Auflage, Gabler Verlag, Wiesbaden.

Gegenfurtner, K. R. (2003), *Gehirn und Wahrnehmung*, Fischer Taschenbuchverlag, Frankfurt/Main.

Gell-Mann, M. (1994), *The Quark and the Jaguar: Adventures in the Simple and the Complex*, W.H. Freeman & Company.

Gesamtverband der Deutschen Versicherungswirtschaft e.V. (2009), Demonstration von Notbrems- und Auffahrwarnsystemen am Pkw, Technischer Report, Unfallforschung der Versicherer.

Goldstein, E. B. (1997), *Wahrnehmungspsychologie*, Spektrum Akademischer Verlag, Heidelberg.

Grabowski, H. (1997), *Neue Wege zur Produktentwicklung*, Raabe Verlag, Stuttgart.

Graham, R. (1999), Use of auditory ions as ermergency warnings: evaluation within a vehicle collision avoidance application, *Ergonomics* 42(9), S. 1233–1248.

Gröppel-Klein, A. (2004), *Konsumentenverhaltensforschung im 21. Jahrhundert*, Deutscher Universitätsverlag, Wiesbaden.

Grunwald, M. & Beyer, L., Hrsg. (2001), *Der bewegte Sinn: Grundlagen und Anwendungen zur haptischen Wahrnehmung*, Birkhäuser Verlag, Basel.

Gudykunst, W. & Kim, Y. Y. (2002), *Communicating with Strangers: An Approach to Intercultural Communication*, 4. Auflage, McGraw-Hill, New York.

Hamberger, W. (1999), Verfahren zur Ermittlung und Anwendung von prädiktiven Streckendaten für Assistenzsysteme in der Fahrzeugführung, Dissertation, Technische Universität Berlin.

Happe, J. & Lütz, M. (2008), Fahrerassistenz: Trends in der Fahrerakzeptanz – Kundennutzen, Bekanntheitsgrad und Kaufbereitschaft, *in* Aktive Sicherheit durch Fahrerassistenz, 3. Tagung, Technische Universität München.

Hassenzahl, M., Burmester, M. & Koller, F. (2003), AttrakDiff : ein Fragebogen zur Messung wahrgenommener hedonischer und pragmatischer Qualität, *in* Mensch & Computer 2003: Interaktion in Bewegung, S. 187–196.

Haverkamp, M. (2008), *Synästhetisches Design. Kreative Produktentwicklung für alle Sinne.*, Carl Hanser Verlag, München.

Haworth, N. & Symmons, M. (2001), Driving to Reduce Fuel Consumption and Improve Road Safety, *in* Proceedings Road Safety Research – Policing and Education Conference Melbourne.

Heimendahl, E. (1974), *Licht und Farbe: Ordnung und Funktion der Farbwelt*, De Gruyter Verlag, Berlin.

Heissing, B. (2008), *Fahrwerkhandbuch*, Vieweg und Teubner Verlag, Wiesbaden, Kapitel: Fahrdynamik, S. 35–148.

Heller, E. (2004), *Wie Farben wirken*, Rowohlt Taschenbuch Verlag, Berlin.

Helmer, T., Schweigert, M., Lindberg, T. & Bubb, H. (2008), Erwartungsbasierte Gruppierung von Fahrerassistenzsystemen aus Sicht des Fahrers, *in* Integrierte Sicherheit und Fahrerassistenzsysteme, VDI-Berichte 2048, Tagung des VDI e. V.

Hess, W. J. (2006), Crossmodal and Intramodal Attentional Narrowings and its Interaction with Aging and Priority, Dissertation, Ohio State University.

Hirst, W. & Kalmar, D. (1987), Characterizing Attentional Resources, *Journal of Experimental Psychology, General* 116(1), S. 68–81.

Ho, C., Reed, N. & Spence, C. (2007), Multisensory in-Car Warning Signals for Collision Avoidance, *Human Factors* 49(6), S. 1107–1114.

Ho, C., Spence, C. & Tan, H. Z. (2005), Warning Signals Go Multisensory, *in* Proceedings of the 11th International Conference on Human Computer Interaction.

Huber, W., Steinle, J. & Marquardt, M. (2008), Der Fahrer steht im Mittelpunkt – Fahrerassistenz und Aktive Sicherheit bei der BMW Group, *in* Integrierte Sicherheit und Fahrerassistenzsysteme, VDI-Berichte 2048, Tagung des VDI e. V.

IIHS (2008), Crash Avoidance Potential of Five Vehicle Technologies, Technischer Report, Insurance Institute for Highway Safety.

ISO (2004), 16951 – Road Vehicles – Ergonomic aspects of transport information and control systems (TICS) Procedures for determing priority of on-board messages presented to drivers, Technischer Report, Internationale Organisation für Normung.

ISO (2005), 16352–Road vehicles – Ergonomic aspects of in-vehicle presentation for transport information and control systems – Warning systems, Technischer Report, Internationale Organisation für Normung.

Jackél, D. (2004), Computergrafik am Institut für Informatik: Virtual Reality und Virtual Environment, Vorlesungsunterlagen der Universität Rostock.

Juliussen, E. (2009), ADAS Offers Big Opportunities for Auto Manufacturers, Pressemitteilung iSuppli, 17. Juli.

Kalisch, T. (2006), Untersuchung zur rehabilitativen Leistungssteigerung taktiler, haptischer und feinmotorischer Fähigkeiten des Menschen hohen Alters mittels sensibler Coaktivierung, Dissertation, Ruhr-Universität Bochum, Institut für Neuroinformatik, Lehrstuhl für Theoretische Biologie.

Kano, N. (1984), Attractive Quality and Must-be Quality, *Hinshitsu: The Journal of the Japanese Society for Quality Control* S. 39–48.

Karabatsou, V. (2007), A-priori evaluation of safety functions effectiveness – Methodologies, Technischer Report, IST Project: TRACE.

Karmasin, H. (2008), Motivation zum Kauf von Fahrassistenzsystemen, *in* Integrierte Sicherheit und Fahrerassistenzsysteme, VDI-Berichte 2048, Tagung des VDI e. V.

Kauer, M., Schreiber, M., Bruder, R. & Hakuli, S. (2010), Akzeptanz manöverbasierte Fahrzeugführungskonzepte am Beispiel von Conduct-by-Wire, *in* Useware, VDI-Berichte 2099, S. 39–48.

KBA (2007), Verkehrsauffälligkeiten, Technischer Report, Kraftfahrt-Bundesamt.

Khanafer, A., Pusic, D., Balzer, D. & Bernhard, U. (2007), Methodik zur Bewertung aktiver Fahrerassistenzsysteme, *in* Elektronik im Kraftfahrzeug, 13. Internationaler Kongress, VDI-Berichte 2000, VDI-Gesellschaft Fahrzeug- und Verkehrstechnik, S. 775–785.

Kloepfer, M., Griefahn, B., Kaniowski, A., Klepper, G., Lingner, S., Steinebach, G., Weyer, H. & Wysk, P. (2006), *Leben mit Lärm? Risikobeurteilung und Regulation des Umgebungslärms im Verkehrsbereich*, Springer Verlag, Heidelberg.

Koebler, J. (2008), Assistenzsysteme überschätzt?, *Automobil-Produktion* 21-5, S. 16–17.

Koger, C. A. (2010), *Lexikon der Gefühle*, Books on Demand.

Kohler, T. C. (2003), *Wirkungen des Produktdesigns*, Deutscher Universitäts Verlag.

Kornhuber, H. H. (1978), *Physiologie des Menschen*, Urban & Schwarzenbeck, München, Kapitel: Blickmotorik, S. 357–426.

Kraft, C. (2010), Gezielte Variation und Analyse des Fahrverhaltens von Kraftfahrzeugen mittels elektrischer Linearaktuatoren im Fahrwerksbereich, Dissertation, FAST – Institut für Fahrzeugsystemtechnik, Karlsruher Institut für Technologie (KIT).

Krüger, H. P. (2001), Sicherheitsbewertung von Fahrerassistenzsystemen (EMPHASIS), Technischer Report, Bundesministeriums für Bildung und Forschung (BMBF).

Krönert, U. (2005), Was ist Licht?, Vorlesungsunterlagen Fachhochschule Kaiserslautern, Bereich Elektrotechnik, Fachbereich Angewandete Ingenieurwissenschaften.

Kunsch, K. & Kunsch, S. (2007), *Der Mensch in Zahlen*, Elsevier GmbH, München.

Kutzera, C. (2011), Eine Methode zur Bewertung von umfelderfassenden Sensoren und Fahrerassistenzsystemen im Fahrzeug, Dissertation, Lehrstuhl für Technische Elektronik, Friedrich-Alexander-Universität Erlangen-Nürnberg.

Lange, C. (2008), Wirkung von Fahrerassistenz auf der Führungsebene in Abhängigkeit der Modalität und des Automatisierungsgrades, Dissertation, Lehrstuhl für Ergonomie der Technischen Universität München.

Lee, J. D., Hoffman, J. D. & Hayes, E. (2004), Collision Warninig Design to Mitigate Driver Distraction, *in* Conference on Human Factors in Computing Systems, S. 65–72.

Lei, S., Welke, S. & Roetting, M. (2009), Driver's Mental Workload Assessment Using EEG Data in a Dual Task Paradigm, *in* Proceedings of 21st International Technical Conference on the Enhanced Safety of Vehicle.

Lerspalungsanti, S. (2010), Ein Beitrag zur Modellierung des menschlichen Komfortempfindens und Beurteilung der NVH-Eigenschaften in der Antriebsstrangentwicklung auf Basis von Kuenstlichen Neuronalen Netzen, Dissertation, IPEK – Institut für Produktentwicklung, Karlsruher Institut für Technologie (KIT).

Lewandowitz, L. (2008), Erstellung eines Kriterienkatalogs für die Konzeption eines situationsadaptiv koordinierenden Moduls innerhalb der Fahrer-Fahrzeug-Schnittstelle, Diplomarbeit, Technische Universität Berlin.

List, H. & Schoeggl, P. (2002), Verfahren und Vorrichtung zur Analyse des Fahrverhaltens von Kraftfahrzeugen, Technischer Report.

Mankowski-Duncker, D. (2011), Die Wirkung der Farbe, Direct Toolsuite – Imaging for Professionals.

Maurer, M. (2009), *Handbuch Fahrerassistenzsysteme*, Vieweg und Teubner Verlag, Wiesbaden, Kapitel: Entwurf und Test von Fahrerassistenzsystemen, S. 43–54.

McLaughlin, S., Hankey, J. & Dingus, T. (2009), *Engineering Psychology and Cognitive Ergonomics*, 5639, Springer Verlag, Heidelberg, Kapitel: Driver Measurement: Methods and Applications, S. 404–413.

Meboldt, M. (2008), Mentale und formale Modellbildung in der Produktentstehung – als Beitrag zum integrierten Produktentstehungs-Modell (iPeM), Dissertation, IPEK – Institut für Produktentwicklung, Karlsruher Institut für Technologie (KIT).

Meffert, H. (2005), *Markenmanagement*, Gabler Verlag, Wiesbaden.

Meyer, S. (2001), *Produkthaptik – Messung, Gestaltung und Wirkung aus verhaltenswissenschaftlicher Sicht*, Deutscher Universitätsverlag, Wiesbaden.

Mierlol, J. V., Burgwal, E. V. D. & Maggetto, G. (2004), Driving Style and Traffic Measures: Influence on Vehicle Emissions and Fuel Consumption, *in* Proceedings of the Institution of Mechanical Engineers: Journal of Automobile Engineering, D, 218.1, S. 43–50.

Mutz, M. (2007), Methoden der empirischen Sozialforschung, Vorlesungsunterlagen Sozialwissenschaftliche Fakultät der Universität Potsdam.

O'Donnell, R. D. & Eggemeier, F. T. (1986), *Handbook of perception and human performance*, Wiley, New York, Kapitel: Workload assessment methodology.

Oerding, J. (2009), Ein Beitrag zum Modellverständnis der Produktentstehung – Strukturierung von Zielsystemen mittels C&CM, Dissertation, IPEK – Institut für Produktentwicklung, Karlsruher Institut für Technologie (KIT).

Oltersdorf, K. M. & Schlager, K. (2006), Mit innovativen FAS ändert sich die gewohnte Form des Autofahrens?, *in* Fachkonferenz Fahrerassistenzsysteme, C.T.I.

OMG (2006), The Object Management Group announced the adoption of the OMG Systems Modeling Language, Pressemitteilung, 6. Juli.

Orban, G., Fiser, J., Aslin, R. N. & Lengyel, M. (2008), Bayesian Learning Of Visual Chunks By Human Observers, *Proceedings Of The National Academy Of Sciences Of The United States Of America* 105(7), S. 2745–2750.

Ottnad, J. (2009), Topologieoptimierung von Bauteilen in dynamischen und geregelten Systemen, Dissertation, IPEK – Institut für Produktentwicklung, Karlsruher Institut für Technologie (KIT).

Ovcharova, N., Benz, S., Uhler, W., Gauterin, F., Lethaus, F. & Silvestro, D. (2010), Benefit Analysis of an Advanced Emergency Braking System Based on End User Tests in a Driving Simulator, *in* FISITA World Automotive Congress.

Paavola, S. (2004), Abduction As A Logic And Methodology Of Discovery: The Importance Of Strategies, *Foundations of Science* S. 267–283.

Pfeffer, P. E. & Harrer, M. (2010), *Subjektive Fahreindrücke sichtbar machen IV – Korrelation zwischen objektiver Messung und subjektiver Beurteilung in der Fahrzeugentwicklung*, Expert Verlag, Renningen, Kapitel: Lenkgefühl: Die Kunst der Beschreibung, S. 231–246.

Phillips, S. V. (2009), *The Seductive Power of Home Staging*, Dog Ear Publishing, Indianapolis.

Pierowicz (2000), Intersection Collision Avoidance Using ITS Countermeasures, Technischer Report, NHTSA, Department of Transportation.

Porsche AG (2008), Dr. Ing. h. c. F. Porsche AG, Interne Präsentation.

Porsche AG (2011), Dr. Ing. h. c. F. Porsche AG, Interne Präsentation.

Pulm, U. (2004), Eine systemtheoretische Betrachtung der Produktentwicklung, Dissertation, Technische Universität München.

Rasmussen, J. (1983), Skills, Rules, and Knowledge – Signals, Signs, And Symbols, and other Distinctions in Human-Performance Models, *IEEE Transactions On Systems Man And Cybernetics* 13(3), S. 257–266.

Resch, S. & Mast, P. (2006), *Subjektive Fahreindrücke sichtbar machen III. Korrelation zwischen objektiver Messung und subjektiver Beurteilung von Versuchsfahrzeugen und -komponenten*, Expert Verlag, Renningen, Kapitel: Engineered Emotion, S. 118–126.

Response 3 (2006), Code of Practice for the Design and Evaluation of ADAS, Technischer Report, IST.

Rößger, P. (2010), Die Harman Automotive Infotainment Plattform: Konzepte, Tools, Technologien, *in* Applications 2 Automotive.

Rockwell, T. H. (1972), Eye movement analysis of visual information acquisition in driving:an overview, *in* Proceedings of the 6th Conference of the Australian Road Research Board, S. 316–331.

Roetting, M. (2007), Warnen im Kraftfahrzeug: Experimentelle Untersuchung zur Detektion und Bewertung optischer und akustischer Signale, *in* ZMMS Spektrum, Band 21.

Ropohl, G. (1979), *Eine Systemtheorie der Technik – Zur Grundlegung der allgemeinen Technologie*, Carl Hanser Verlag, München. Buchausgabe der Habilitationsschrift Universität Karlsruhe 1978.

Ropohl, G. (2009), *Allgemeine Technologie. Eine Systemtheorie der Technik*, 3. Auflage, Carl Hanser Verlag, München.

Rowsome, F. (1958), What It's Like to Drive an Auto-Pilot Car, *Popular Science* S. 105–250.

Rösler, D., Naumann, A., Tuchscheerer, S. & Krems, J. (2007), Warnen im Kraftfahrzeug: Experimentelle Untersuchung zur Detektion und Bewertung optischer und akustischer Signale, *in* M. Rötting, G. Wozny, A. Klostermann & J. Huss, Hrsg., Prospektive Gestaltung von Mensch-Technik-Interaktion, 7. Berliner Werkstatt Mensch-Maschine-Systeme, VDI Verlag, Düsseldorf, S. 209–214.

Saatweber, J., Hrsg. (2007), *Kundenorientierung durch Quality Function Deployment – Systematisches Entwickeln von Produkten und Dienstleistungen*, Carl Hanser Verlag, München.

Sarter, N. D. (2006), Multimodal Information Presentation: Design Guidance and Research Challenges, *International Journal of Industrial Ergonomics* 36, S. 439–445.

Sarter, N. B. (2007), *Attention: From Theory to Practice*, Oxford University Press, Oxford, Kapitel: 13: Multiple-Resource Theory as a Basis for Multimodal Interface Design: Success Stories, Qualifications, and Research Needs, S. 186–195.

Scheier, C. & Held, D. (2007), *Was Marken erfolgreich macht*, Haufe Verlag.

Schendera, C. (2004), *Datenmanagement und Datenanalyse mit dem SAS-System*, Oldenbourg Wissenschaftsverlag, München.

Schindler, V. (2007), Fahrerassistenzsysteme der Zukunft, *in* Fahrzeugsicherheit, VDI-Berichte 2013, Tagung des VDI e. V., S. 19–33.

Schlüter, W. (2009), Gestalt und Funktion von Animal Design. Versuch einer semiotischen Analyse, Dissertation, Universität Bielefeld, Fakultät für Linguistik und Literaturwissenschaft, Abteilung Kunst und Musik.

Schmidt, R. F., Hrsg. (2010), *Physiologie des Menschen: mit Pathophysiologie*, Springer Verlag, Heidelberg.

Schnieder, E. & Wansart, J. (2008), Modellbasierte Prognose der Absatzentwicklung neuer Fahrerassistenzsysteme, *in* Integrierte Sicherheit und Fahrerassistenzsysteme, VDI-Berichte 2048, Tagung des VDI e. V.

Schoeggl, P., Ramschak, E., Bogner, E. & Dank, M. (2001), Driveability Design. Entwicklung eines kundenspezifischen Fahrzeugcharakters, *ATZ Automobiltechnische Zeitschrift* 103, S. 186–195.

Schumann, M., Borchert, J., Goos, P. & Strahle, B. (2004), Forschungsansätze, 25. Arbeitsbericht des Institut für Wirtschaftsinformatik, Georg-August-Universität Göttingen.

Schweigert, M. (2003), Fahrerblickverhalten und Nebenaufgaben, Dissertation, Lehrstuhl für Ergonomie der Technischen Universität München.

Sedchaicharn, K. (2010), Eine rechnergestützte Methode zur Festlegung der Produktarchitektur mit integrierter Berücksichtigung von Funktion und Gestalt, Dissertation, IPEK – Institut für Produktentwicklung, Karlsruher Institut für Technologie (KIT).

Seeger, H. (2005), *Design technischer Produkte, Produktprogramme und -systeme*, Springer Verlag, Heidelberg.

Seyler, A. (2004), *Wahrnehmen und Falschnehmen*, Anabas Verlag, Wetzlar.

Spath, D. (2009), Produktgestaltung, Vorlesungsunterlagen Universität Stuttgart, Fraunhofer IAO/IAT.

Stark, C. (1996), *Architektur und Design als Grundlage für die Produktgestaltung*, Fördergesellschaft Produktmarketing, Köln.

Steininger, U., Bubb, P. & v. Westerholt, E. (2008), Gefühlte Sicherheit – was Kunden von Fahrerassistenzsystemen erwarten und wie sie sicher damit umgehen, Technische Universität München.

Stiller, C. (2007), Fahrerassistenzsysteme, *it- Information Technology* 49.1, S. 3–4.

Ständer, T., Becker, U. & Schneider, E. (2008), Branchenspezifische Normen und Standards – Aufwand, Nutzen und Herausforderungen, *in* Automatisierungssysteme, Assistenzsysteme und eingebettete Systeme für Transportmittel (AAET), 9. Braunschweiger Symposium, Gesamtzentrum für Verkehr Braunschweig e. V., S. 331–348.

Strickerschmidt, H. (2007), *Geerdete Spiritualität bei Hildegard von Bingen: Neue Zugänge zu ihrer Heilkunde*, Lit Verlag, Berlin.

Thurstone, L. L. (1974), *Scaling: A Sourcebook for Behavioral Scientists*, Transaction Publishers, New Brunswick, New Jersey, Kapitel: A Law of Comparative Judgement, S. 81–92.

Tischler, M. A. & Renner, G. (2007), Ansatz zur Messung von positivem Fahrerleben – Die Messung von Fahrspaß und Ableitungen für die Fahrzeuggestaltung, *in* Fahrer im 21. Jahrhundert, VDI-Berichte 2015, S. 105–117.

Tomiyama, T., Gu, P., Jin, Y., Lutters, D., Kind, C. & Kimura, F. (2009), Design methodologies: Industrial and educational applications, *CIRP Annals – Manufacturing Technology* CIRP 438, S. 1–24.

TU-B (2006), Human Factors, Master of Science (M. Sc.), Ausschreibung für den Studiengang des WS 2006/07.

TU-D (2004), Verkehrliche Auswirkungen von ACC auf den Kraftstoffverbrauch, Technischer Report, Technischen Universität Dresden.

TÜV (2007), Einfuss der Beleuchtung an Fahrzeugen auf das nächtliche Unfallgeschehen in Deutschland, Technischer Report, TÜV Rheinland.

Underhill, P. (2010), *What Women Want: The Global Market Turns Female Friendly*, Simon & Schuster, New York.

VDI (1993), Methodik zum Entwickeln und Konstruieren technischer Systeme und Produkte, Technischer Report, Verein Deutscher Ingenieure, e. V.

VDI (2004), Entwicklungsmethodik für mechatronische Systeme, Technischer Report, Verein Deutscher Ingenieure, e. V., Fachbereich Produktentwicklung und Mechatronik, Gesellschaft Produkt- und Prozessgestaltung.

Verwey, W. (1993), *How Can We Prevent Overload of the Driver?*, Taylor & Francis, London, Kapitel: Driving Future Vehicles, S. 235–244.

Vilimek, R. (2007), Gestaltungsaspekte multimodaler Interaktion im Fahrzeug. Ein Beitrag aus ingenieurspsychologischer Perspektive, Dissertation, Universität Regensburg.

von Regius, B., Hrsg. (2005), *Qualität in der Produktentwicklung: Vom Kundenwunsch bis zum fehlerfreien Produkt*, Carl Hanser Verlag, München.

Walther, C. (2001), *Systemtechnische Zusammenhänge zwischen Eigenschaften und Funktionen großer Systeme*, Herbert Utz Verlag, München.

Wandke, H. (2005), Assistance in Human-Machine Interaction: A Conceptual Framework and a Proposal for a Taxonomy, *Theoretical Issues in Ergonomics Science* 6(2), S. 129–155.

Weber, D., Marberger, C., Henn, R. W., Uhler, W., Hoffmann, S. & Gauterin, F. (2010), Untersuchung des Fahrerverhaltens auf visuelle Ausweichanzeigen im kontaktanalogen Head-Up-Display, *in* Fahrerassistenz und Integrierte Sicherheit, VDI-Berichte 2104, Tagung des VDI e. V.

Wegscheider, M. & Prokop, G. (2005), Modellbasierte Komfortbewertung von Fahrerassistenzsystemen, *in* Erprobung und Simulation in der Fahrzeugentwicklung – Mess- und Versuchstechnik, VDI-Berichte 1900.

Wickens, C. D. (1984), *Varieties of Attention*, Wiley, New York, Kapitel: Processing Resources in Attention.

Wieczorrek, H. & Mertens, P. (2007), *Management von IT-Projekten – Von der Planung zur Realisierung*, Springer Verlag, Heidelberg, Kapitel: Ein Rahmen für das Projektmanagement.

Wiener, N. (1948), *Cybernetics: Or the Control and Communication in the Animal and the Machine*, MIT Press, Cambridge.

Zadeh, L. A. (1972), A Fuzzy-Set-Theoretic Interpretation of Linguistic Hedges, *Journal of Cybernetics* 2.3, S. 4–34.

Zadeh, L. A. & Kacprzyk, J. (1999), *Computing with Words in Information/Intelligent Systems 1. Studies in Fuzziness and Soft Computing*, Band 33, Physica Verlag, Heidelberg.

Zhou, Y., Pies, D. & Grollius, S. (2008), Statistische Versuchsplanung, Interner Workshop des Instituts für Fahrzeugtechnik und Mobile Arbeitsmaschinen (IFFMA), Universität Karlsruhe (TH).

Zschocke, A. (2009), Ein Beitrag zur objektiven und subjektiven Evaluierung des Lenkkomforts von Kraftfahrzeugen, Dissertation, IPEK – Institut für Produktentwicklung, Karlsruher Institut für Technologie (KIT).

15 Kurzlebenslauf

Zur Person

Name	Lars Lewandowitz
Geburtsdaten	10. August 1980, in Berlin
Geschlecht	männlich
Nationalität	deutsch
Familienstand	ledig
Kontakt	Lars.Lewandowitz@gmx.de

Studium und Schulbildung

März 2008	Diplom, TU Berlin, Note: 1,2 (mit Auszeichnung)
Okt 2003 – März 2008	Studium „Fahrzeugtechnik", Technische Universität (TU) Berlin
Feb 2003	Vordiplom, HTW Berlin, Note: 2,0
Okt 2001 – Feb 2003	Studium „Fahrzeugtechnik", Hochschule f. Technik u. Wirtschaft Berlin
Juni 2000	Abitur, Note: 1,6
Juli 1993 – Juni 2000	3. Gymnasium „Käthe Kollwitz", Berlin

Praxis

Apr 2008 – März 2011	Porsche AG / Karlsruher Institut für Technologie (KIT), Dissertation
Okt 2007 – März 2008	Carmeq GmbH (Volkswagen AG), Berlin / Wolfsburg, Diplomarbeit
Jan – Juli 2007	Porsche Latin America, Inc., Miami, FL, USA, Vollzeitpraktikum
März – Dez 2006	Carmeq GmbH (Volkswagen AG), Berlin / Wolfsburg, stud. Mitarbeiter
Feb 2005 – Mai 2006	Zentrum Mensch-Maschine-Systeme, TU Berlin, stud. Mitarbeiter
Okt 2004 – Apr 2005	Human Factors Consult GmbH, Berlin, stud. Mitarbeiter
März – Aug 2003	Dr. Ing. h. c. F. Porsche AG, Vollzeitpraktikum

Karlsruher Schriftenreihe Fahrzeugsystemtechnik
(ISSN 1869-6058)

Herausgeber: FAST Institut für Fahrzeugsystemtechnik

Die Bände sind unter www.ksp.kit.edu als PDF frei verfügbar oder als Druckausgabe bestellbar.

Band 1   Urs Wiesel
Hybrides Lenksystem zur Kraftstoffeinsprung im schweren Nutzfahrzeug.
2010
ISBN 978-3-86644-456-0

Band 2   Andreas Huber
Ermittlung von prozessabhängigen Lastkollektiven eines hydrostatischen Fahrantriebsstrangs am Beispiel eines Teleskopladers.
2010
ISBN 978-3-86644-564-2

Band 3   Maurice Bliesener
Optimierung der Betriebsführung mobiler Arbeitsmaschinen. Ansatz für ein Gesamtmaschinenmanagement.
2010
ISBN 978-3-86644-536-9

Band 4   Manuel Boog
Steigerung der Verfügbarkeit mobiler Arbeitsmaschinen durch Betriebslasterfassung und Fehleridentifikation an hydrostatischen Verdrängereinheiten
2011
ISBN 978-3-86644-600-7

Band 5   Christian Kraft
Gezielte Variation und Analyse des Fahrverhaltens von Kraftfahrzeugen mittels elektrischer Linearaktuatoren im Fahrwerksbereich
2011
ISBN 978-3-86644-607-6

Band 6   Lars Völker
Untersuchung des Kommunikationsintervalls bei der gekoppelten Simulation
2011
ISBN 978-3-86644-611-3

Band 7   3. Fachtagung
Hybridantriebe für mobile Arbeitsmaschinen. 17. Februar 2011, Karlsruhe
2011
ISBN 978-3-86644-599-4

**Karlsruher Schriftenreihe Fahrzeugsystemtechnik
(ISSN 1869-6058)**

Herausgeber: FAST Institut für Fahrzeugsystemtechnik

Band 8   Vladimir Iliev
**Systemansatz zur anregungsunabhängigen Charakterisierung
des Schwingungskomforts eines Fahrzeugs**
2011
ISBN 978-3-86644-681-6

Band 9   Lars Lewandowitz
**Markenspezifische Auswahl, Parametrierung und Gestaltung
der Produktgruppe Fahrerassistenzsysteme. Ein methodisches
Rahmenwerk**
2011
ISBN 978-3-86644-701-1